富士微单摄影与视频技巧大全

胶片模拟+滤镜直出+镜头搭配+热门题材

雷波◎编著

化学工业出版社

·北京·

内 容 简 介

本书深入剖析了富士相机的多元化功能，涵盖其独特的滤镜效果、详尽的曝光调控技巧，以及针对多种摄影主题的实战应用策略。开篇即引领读者探索富士相机的实用菜单和滤镜功能，随后，细致地讲解曝光原理与实战技巧，助力读者精准捕捉光影之美。继而，聚焦于日常生活中常见的拍摄场景，传授针对性的拍摄秘籍。

鉴于当前短视频与直播行业的蓬勃兴起，本书用 3 章内容聚焦于视频创作领域。首先，讲解了拍摄短视频所需的硬件装备与关键技巧；其次，深入剖析镜头语言的运用艺术，提升视频内容的表达力；最后，结合富士相机的视频功能，详细指导视频拍摄的基础操作与菜单优化设置，确保读者能够紧跟时代步伐，玩转新媒体创作。

本书适合使用富士相机的摄影爱好者和专业摄影师，以及希望通过提升摄影技能来丰富社交媒体内容的博主和视频创作者。书中的高级技巧和实操指导，对于寻求提高作品品质量的专业人士和摄影技术探索者同样具有吸引力。此外，学生和教育工作者也能将其作为学习和参考资料。

图书在版编目（CIP）数据

富士微单摄影与视频技巧大全 ： 胶片模拟+滤镜直出+镜头搭配+热门题材 / 雷波编著. -- 北京 ： 化学工业出版社，2025. 1. -- ISBN 978-7-122-46731-7

Ⅰ. TB86；J41

中国国家版本馆CIP数据核字第20241X4X41号

责任编辑：李　辰　孙　炜　　封面设计：王晓宇
责任校对：宋　玮　　装帧设计：盟诺文化

出版发行：化学工业出版社（北京市东城区青年湖南街 13 号　邮政编码 100011）
印　　装：北京宝隆世纪印刷有限公司
710mm×1000mm 1/16　印张 $10^3/_4$　字数 220 千字　2025 年 2 月北京第 1 版第 1 次印刷

购书咨询：010-64518888　　售后服务：010-64518899
网　　址：http://www.cip.com.cn
凡购买本书，如有缺损质量问题，本社销售中心负责调换。

定　　价：69.80 元

前言

本书是一部详尽的富士微单摄影与视频创作指南，全面覆盖了从基础到进阶的摄影与视频制作技巧。书中深入讲解了富士相机独有的胶片模拟模式，以及如何轻松实现直出即大片的高级质感，让每一张照片和视频都能展现出独特的视觉风格。

在相机功能及拍摄参数设置方面，本书以富士 X-T5 相机为例，对富士相机实用的菜单功能，以及光圈、快门速度、感光度、曝光补偿、测光、对焦、拍摄模式等的设置技巧进行了详细讲解，更有详细的菜单操作图示，即使是没有任何摄影基础的初学者，也能够根据这样的图示玩转相机的菜单及功能设置。这些内容也同样适用于富士的 X-T50、X-T30、X-T3、X-H2、X-S20 等机型。

富士相机以其独特的胶片模拟技术，将传统胶片韵味融入现代数字摄影，本书第 2 章就讲解了富士相机的胶片模拟、创意滤镜以及相关的菜单功能。不仅展现了胶片模拟每款模式的色彩效果，还精心挑选了多种配方展示，让读者学会如何对画面色彩进行创新，让照片直出即具艺术感。同时，富士相机的创意滤镜功能，也能赋予图像多样风格，从复古到梦幻，一键切换，激发无限创意。再通过精细的菜单设置，如颗粒效果、色彩效果、色调曲线、锐度、白平衡等调整，摄影者可精准掌控图像细节与色彩，打造个性化视觉效果。

在镜头与附件方面，本书针对数款适合该相机配套使用的高素质镜头进行了详细点评，同时对常用的视频拍摄附件的功能和使用技巧进行了深入解析，以便各位读者有选择地购买相关镜头或附件，与富士相机配合使用，从而拍摄出更高质量的照片与视频。

针对当前热门的拍摄题材，如人像、风光、花卉、建筑等，本书提供了丰富的实战案例与拍摄技巧，让读者能够迅速掌握各类题材的拍摄要领（此部分内容在本书附赠的电子书中）。

考虑到许多相机爱好者的购买初衷是拍摄视频，因此本书特别讲解了使用富士 X-T5 相机拍摄视频时应该掌握的各类知识。除详细讲解了拍摄视频时的相机设置与重要菜单功能，还讲解了与拍摄视频相关的镜头语言、硬件准备等知识。

为了拓展本书内容，本书将赠送高清富士相机结构示意图（PDF）；笔者原创正版的四本摄影电子书（PDF），包括一本人像摆姿摄影电子书、一本花卉摄影欣赏电子书、一本鸟类摄影欣赏电子书，以及一本摄影常见题材拍摄技法及佳片赏析电子书。读者可根据本书封底信息获取。

各位读者如果希望与笔者或其他爱好摄影的朋友交流与沟通，可以添加客服微信 HJYSY1635 与我们在线沟通交流，也可以添加客服后申请加入微信群，与众多喜爱摄影的小伙伴交流。

如果希望每日接收到新鲜、实用的摄影技巧，还可以搜索并关注微信公众号“FUNPHOTO”，或者在今日头条或百度、抖音、视频号中搜索并关注“好机友摄影”或“北极光摄影”。

编著者

目　录

CONTENTS

第 1 章　认识相机结构并掌握全局性重要菜单设置

第 2 章　利用滤镜功能直出佳片

第 3 章 掌握曝光核心理论及对应参数设置方法

第 4 章　掌握 6 大曝光模式使用方法

第 5 章　高素质富士原厂镜头及常用附件介绍

第 6 章 镜头语言和 AI 撰写分镜头脚本的方法

第 7 章 富士相机录制常规、延时及慢动作视频的方法

第 1 章

认识相机结构并掌握全局性重要菜单设置

认识富士相机结构——以富士 X-T5 为例

本书主要讲解的是富士系列相机操作方法及实战技术，考虑到在富士相机系列中 XT4 及 XT5 为主流用户，且 XT4 是上代机型，因此本书的结构示范与菜单示例，均以 XT5 为例。虽然，局部可能与非 XT5 用户手中的相机略有不同，但由于富士相机的功能设置与操作一脉相承，因此，相信大家略作探索便可举一反三掌握不同之处。

富士 X-T5 相机正面结构

❶ Fn2按钮（功能按钮2）

在默认设置下，按此按钮可以显示 DRIVE 设置菜单，在此菜单中可以设置各种驱动模式

❷ 前指令拨盘

旋转此拨盘可以选择菜单选项卡或翻阅菜单、调整光圈、曝光补偿、感光度，或者在回放时切换照片；按下该拨盘可以在光圈和感光度之间来回切换，持续按住可以选择“命令转盘设定”菜单中的选项

❸ AF辅助灯/自拍指示灯

当在“AF 辅助灯”菜单中选择“开”选项时，如果拍摄场景的光线较暗，此灯会亮起以辅助对焦；当启用“自拍”功能时，此灯会闪烁进行提示

❹ 同步终端

使用同步终端可连接有同步线的闪光灯组件

❺ 手柄

在拍摄时，用右手持握此处。该手柄按照人体工程学的理念进行设计，持握起来非常舒适

❻ 镜头释放按钮

用于拆卸镜头，按住此按钮并旋转镜头的镜筒，可以把镜头从机身上取下来

❼ 对焦模式选择器

拨动选择器可选择 S（单次自动对焦）、C（连续自动对焦）和 M（手动对焦）模式

富士 X-T5 相机顶部结构

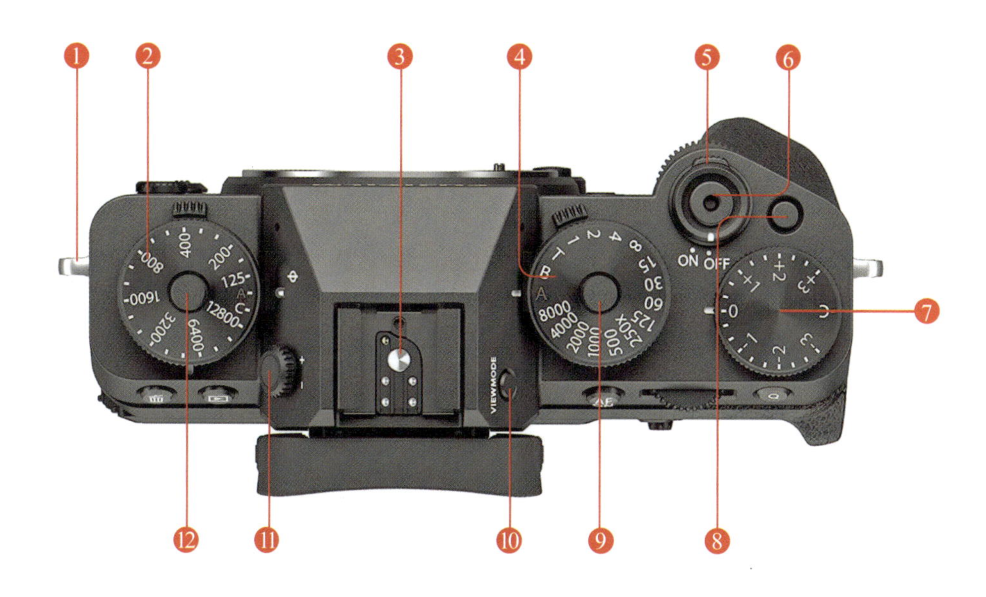

❶ 背带环

用于安装相机背带

❷ 感光度拨盘

按下感光度拨盘锁定释放按钮，然后旋转此拨盘可以选择 160 至 12800 之间的值或者 L(低感光度)、H(扩展感光度)、A (自动感光度)

❸ 热靴

用于外接闪光灯，热靴上的触点正好与外接闪光灯上的触点相合；也可以外接无线同步器，在有影室灯的情况下起引闪的作用

❹ 快门速度拨盘

按下快门速度拨盘锁定释放按钮，然后旋转此拨盘可在 S 和 M 曝光模式下选择快门速度值。当将此拨盘旋转至 A 时，则为光圈优先曝光模式；当将此拨盘和光圈环都旋转至 A 时，则为程序自动曝光模式

❺ 电源开关

用于开启或关闭相机

❻ 快门按钮

半按快门可以开启相机的自动对焦系统，完全按下时即可完成拍摄。在录制动画模式下，完全按下时快门按钮开始录制视频，再次按下快门按钮结束录制。当相机处于节电状态时，轻按快门可以恢复至工作状态。

❼ 曝光补偿拨盘

旋转此拨盘可以在 – 3~+3 之间选择曝光补偿值

❽ Fn1按钮（功能按钮 1）

在默认设置下，按此按钮可以开启或关闭脸部识别功能

❾ 快门速度拨盘锁定释放按钮

按下此按钮可以解除快门速度拨盘的锁定，然后才可以转动快门速度拨盘来选择快门速度值，再次按下该按钮可重新锁定快门速度拨盘

❿ VIEW MODE

按此按钮可以选择是用电子取景器显示还是用液晶显示屏显示，或者自动在取景器和液晶显示屏之间切换显示

⓫ 屈光度调节控制器

若电子取景器中的参数指示显示模糊，可以拉出此控制器，然后旋转此控制器直至电子取景器显示清晰对焦

⓬ 感光度拨盘锁定释放按钮

按下此按钮可以解除感光度拨盘的锁定，然后才可以转动感光度拨盘来选择感光度值，再次按下该按钮可重新锁定感光度拨盘

富士 X-T5 相机背面结构

❶ LCD显示屏/触摸屏

用于显示菜单、回放和浏览照片、显示光圈及快门速度等各项参数设定。另外，屏幕是可触摸控制的，可以通过手指在上面点击、滑动来操作。通过倾斜此显示屏，可以以更灵活的拍摄姿势进行拍摄

❷ 删除按钮

在查看照片时按此按钮，屏幕中将显示一个删除照片操作选择界面，然后按 MENU/OK 按钮即可进入删除照片界面

❸ 播放按钮

按此按钮可以回放拍摄的照片，转动前指令拨盘或按左、右方向键选择照片

❹ 电子取景器（EVF）

在拍摄时，可以通过观察电子取景器进行取景构图

❺ 眼传感器

当摄影师（或其他物体）靠近电子取景器后，眼传感器能够自动感应，然后相机会从 LCD 显示屏显示状态自动切换至电子取景器显示状态

❻ 拍摄模式拨盘

拨动此拨盘可以选择摄影或录像模式

❼ AF ON按钮

按下此按钮可以执行对焦操作，也可通过自定义按钮功能执行其他自定义操作

❽ 后指令拨盘

旋转此拨盘可以选择快门速度和光圈的组合模式（P 模式）或选择快门速度模式（S、M 模式）；在回放模式下，向右旋转后指令拨盘可放大当前照片，向左旋转则可缩小照片直至以缩略图显示；在设置快速菜单时，旋转此拨盘可更改设置；在对焦区域模式下，旋转此拨盘可以调整对焦框的大小。按下此拨盘中央的按钮，可以执行指定给此拨盘的功能，或者放大当前对焦点

❾ Q按钮

按此按钮可以进入快速设置菜单界面，在此界面中使用方向键选择所需菜单，然后转动后指令拨盘可以快速修改设置

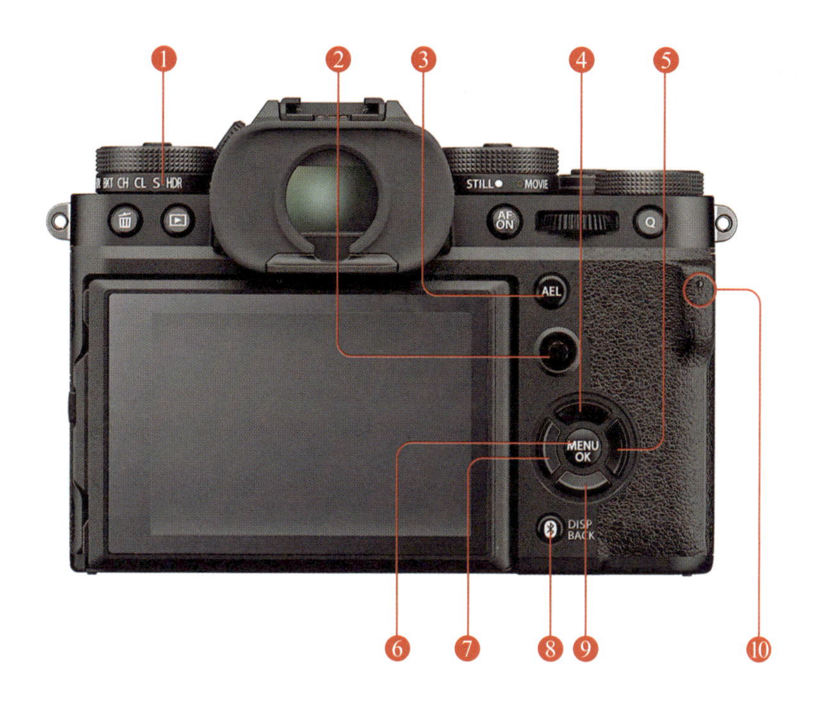

❶ 驱动拨盘

拨动拨盘使所需的图标与标志线对齐，即可选择单拍、连拍、包围、多重曝光、全景照片、创意滤镜、录制动画等驱动模式

❷ 对焦棒（对焦杆）

倾斜对焦棒可以选择对焦点的位置，按下对焦棒则选择中央对焦点

❸ AEL按钮

按此按钮可以执行锁定曝光操作，也可通过自定义按钮功能执行其他自定义操作

❹ Fn3（功能按钮3）/上方向键

按下此按钮可设置测光模式，在选择菜单的过程中，此按钮起到向上选择的作用，亦可通过自定义按钮功能执行其他自定义操作

❺ Fn5（功能按钮5）/右方向键

按下此按钮可显示白平衡列表，在选择菜单的过程中，此按钮起到向右选择的作用，亦可通过自定义按钮功能执行其他自定义操作

❻ MENU/OK按钮

在拍摄状态和回放模式下，按此按钮将显示相应的相机菜单；在选择菜单的过程中，按此按钮起到确定的作用

❼ Fn4（功能按钮4）/左方向键

按下此按钮可显示胶片模拟列表，在选择菜单的过程中，此按钮起到向左选择的作用，亦可通过自定义按钮功能执行其他自定义操作

❽ DISP/BACK/蓝牙按钮

用于控制电子取景器和 LCD 显示屏中的信息显示，在拍摄状态和回放模式下，多次按此按钮，可依次切换显示不同的信息；在选择菜单的过程中，按此按钮可退出或取消；当相机处于拍摄模式时按下此按钮可以显示蓝牙配对菜单

❾ Fn6（功能按钮6）/下方向键

按下此按钮可启用性能模式，在选择菜单的过程中，此按钮起到向下选择的作用，亦可通过自定义按钮功能执行其他自定义操作

❿ 指示灯

此灯用不同颜色和闪烁的状态来提示相机当前的工作状态。点亮绿色表示对焦锁定；闪烁绿色表示对焦或低速快门警告；闪烁绿色及橙色表示相机开启且正在记录照片或在 Wi-Fi 传输期间相机关闭；点亮橙色表示正在记录照片，且无法继续拍摄；闪烁橙色表示闪光灯正在充电；闪烁红色表示镜头或存储卡出现错误

富士 X-T5 相机侧面结构

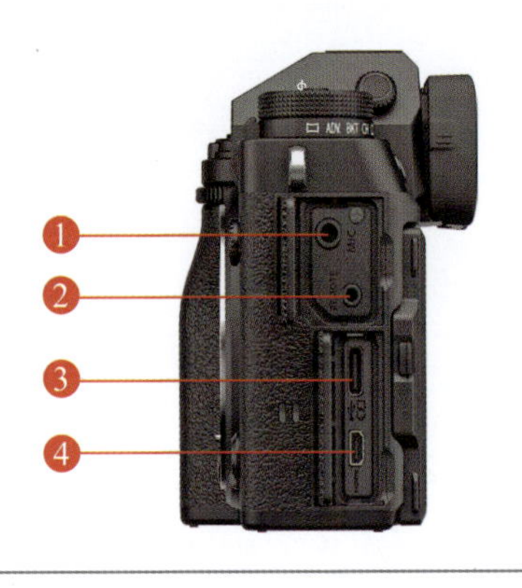

❶ 麦克风插孔

将带有立体声微型插头的外接麦克风插入此孔，便可在拍摄视频时录制立体声

❷ 遥控快门装置连接插孔

将另购的 RR-100 遥控快门线插入此孔，可以遥控相机长时间曝光拍摄摄

❸ USB 连接插孔（C型）

可以用 1.5m 以内的 USB 连接线插入此接口和计算机 USB 接口，复制照片到计算机上；连接到打印机 USB 接口则可以打印照片

❹ HDMI连接插孔（D型）

用 1.5m 以内的 HDMI 线将相机与电视机连接起来，可以在电视机上查看照片和视频

❺ 存储卡插槽1和2

用于安装 SD 存储卡

富士 X-T5 相机快速菜单

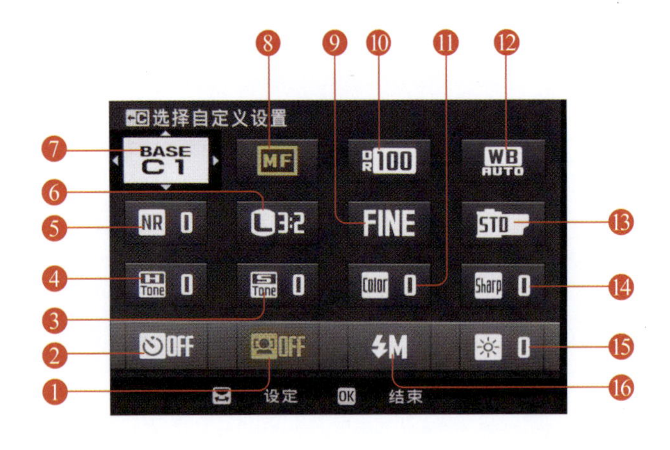

❶ 脸部识别/眼睛识别设置

❷ 自拍

❸ 阴影色调

❹ 高光色调

❺ 高ISO降噪

❻ 图像尺寸

❼ 选择自定义设置

❽ 对焦模式

❾ 图像质量

❿ 动态范围

⓫ 色彩

⓬ 白平衡

⓭ 胶片模拟

⓮ 锐度

⓯ EVF/LCD 亮度

⓰ 闪光灯功能设置

富士 X-T5 相机照片拍摄信息

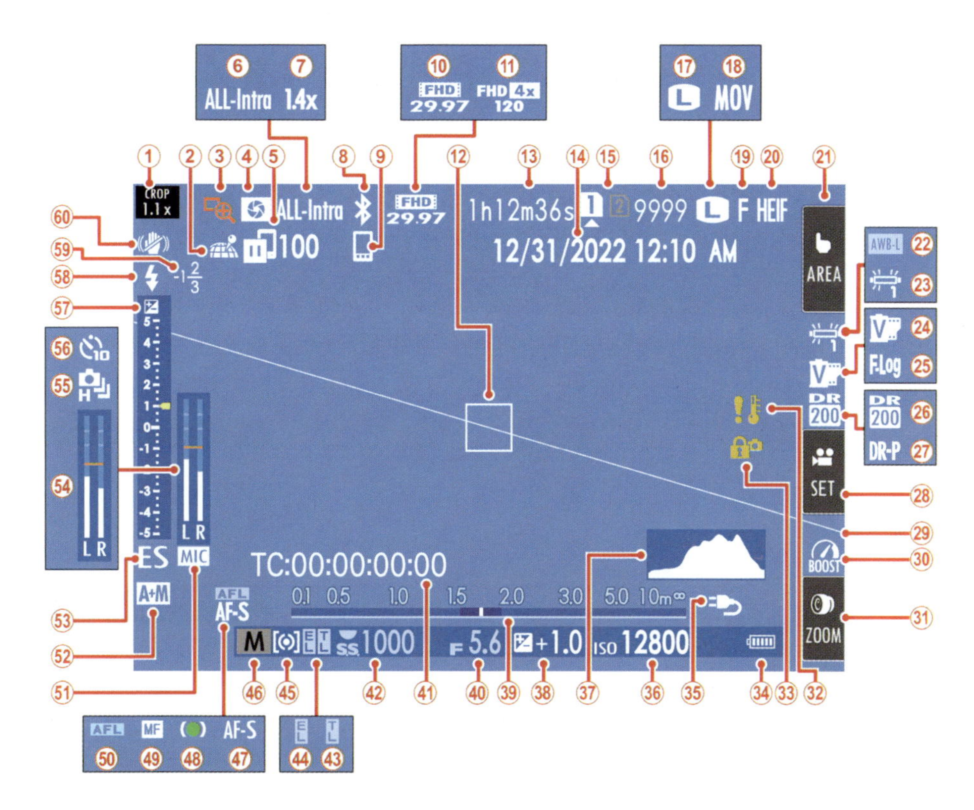

1 裁切系数
2 位置数据下载状态
3 对焦确认
4 景深预览
5 图像传输状态
6 视频压缩方式
7 数码远摄增距镜
8 蓝牙开/关
9 蓝牙主机
10 摄像模式
11 高速录制指示
12 对焦框
13 可用/已用录制时间
14 日期和时间
15 卡槽选项
16 可拍摄张数
17 图像尺寸
18 文件格式
19 图像质量
20 HEIF 格式
21 触摸屏模式
22 AWB 锁定
23 白平衡
24 胶片模拟
25 F-Log/HLG录制
26 动态范围
27 D-范围优先级
28 视频优化控制
29 虚拟水平线
30 增强模式
31 触摸缩放
32 温度警告
33 控制锁定
34 电池电量
35 电源
36 感光度
37 直方图
38 曝光补偿
39 距离指示
40 光圈
41 时间信号
42 快门速度
43 TTL 锁定
44 AE 锁定
45 测光
46 拍摄模式
47 对焦模式
48 对焦指示
49 手动对焦指示
50 AF 锁定
51 麦克风输入通道
52 AF+MF 指示
53 快门类型
54 录制音量
55 连拍模式
56 自拍指示
57 曝光指示
58 闪光灯（TTL）模式
59 闪光灯补偿
60 防抖模式 2

选择显示模式

通过按富士 X-T5 相机的 VIEW MODE 按钮，用户可以选择是通过电子取景器还是通过 LCD 显示屏拍摄，或者在电子取景器与液晶显示屏之间自动切换。

- 眼传感器：选择此模式，当眼睛靠近电子取景器时可开启电子取景器显示，并且关闭 LCD 显示屏显示。
- 限 LCD：选择此模式，则开启 LCD 显示屏显示，关闭电子取景器显示。
- 限 EVF：选择此模式，仅在电子取景器显示，关闭 LCD 显示屏显示。
- 限 EVF+ ：选择此模式，当眼睛靠近电子取景器时便可开启电子取景器显示；而将眼睛移开时则关闭电子取景器显示。LCD 显示屏一直处于关闭状态。
- 眼传感器 +LCD 显示：选择此模式，拍摄期间当眼睛靠近电子取景器时，会开启电子取景器显示；而拍摄后当眼睛从电子取景器移开时，则会使用 LCD 显示屏显示图像。

在“屏幕设置”菜单中选择“VIEW MODE 设置”选项，同样可以选择显示模式。

▲ 在拍摄微距题材时，可以选择“限 LCD”模式，在 LCD 显示屏上放大画面，以便查看对焦情况。『焦距：90mm ┆ 光圈：F4 ┆ 快门速度：1/50s ┆ 感光度：ISO200』

高手点拨：眼传感器可能对眼睛以外的其他物体或直接照在传感器上的光线做出反应。当LCD显示屏倾斜时，眼传感器将不起作用。

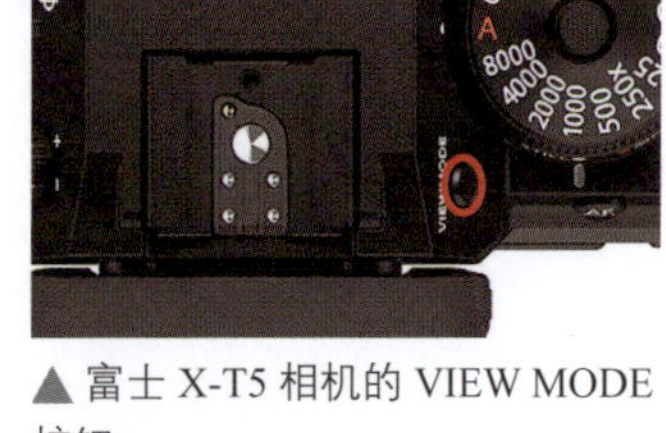

▲ 富士 X-T5 相机的 VIEW MODE 按钮

设定步骤

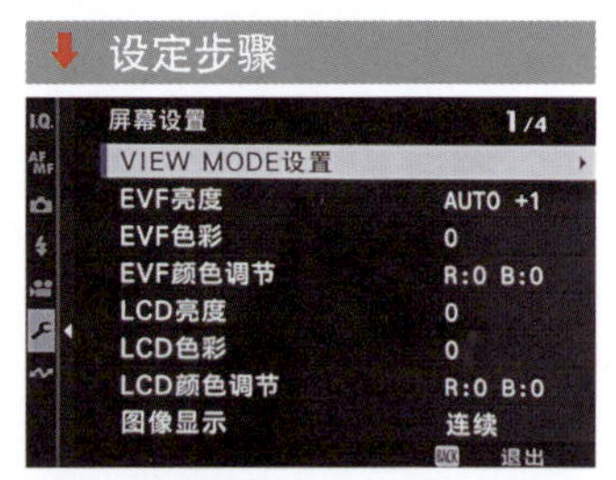

❶ 在**屏幕设置**菜单中选择 **VIEW MODE 设置**选项，按▶方向键

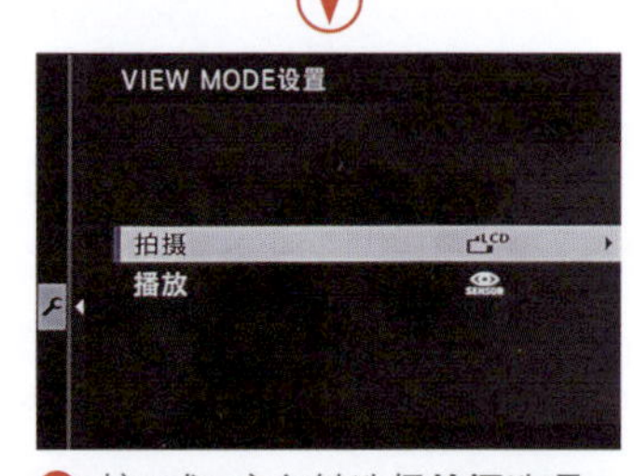

❷ 按▲或▼方向键选择**拍摄**选项，然后按▶方向键

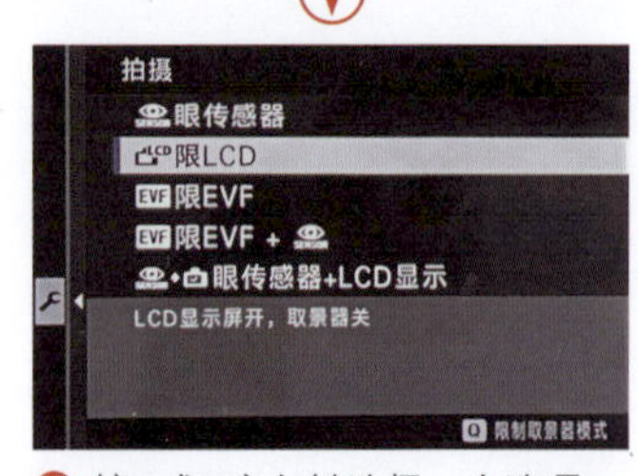

❸ 按▲或▼方向键选择一个选项

掌握富士 X-T5 相机的参数设置方法

了解菜单结构

富士 X-T5 相机的菜单非常丰富，熟练掌握与菜单相关的操作可以帮助我们更加快速、准确地进行设置。

先来认识一下富士 X-T5 相机提供的菜单设置页，即位于菜单左侧的各个图标，从上到下依次为图像质量设置菜单IQ、AF/MF设置菜单AF MF、拍摄设置菜单、闪光设置菜单、视频设置菜单、设置菜单及我的菜单MY。在操作时，按▲或▼方向键可在各个菜单设置页之间切换，还可以使用前指令拨盘选择菜单设置页。当切换至视频拍摄模式时，会显示专门的视频控制菜单。

富士 X-T5 相机菜单设置方法

下面以设置自动旋转显示屏为例，介绍菜单的设置方法。

高手点拨： 在拍摄状态下，按MENU/OK按钮并不会显示播放菜单，需要先切换到回放模式，按MENU/OK按钮才会显示。

设定步骤

❶ 开启相机进入拍摄待机界面，按 MENU/OK 按钮

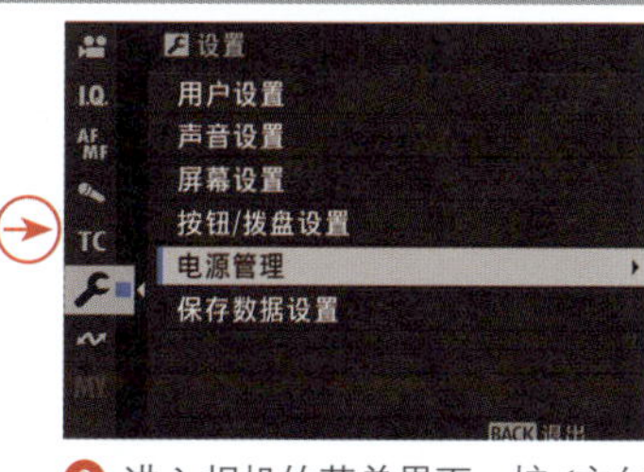

❷ 进入相机的菜单界面，按◀方向键切换至左侧的菜单设置页，然后按▲或▼方向键选择菜单设置项

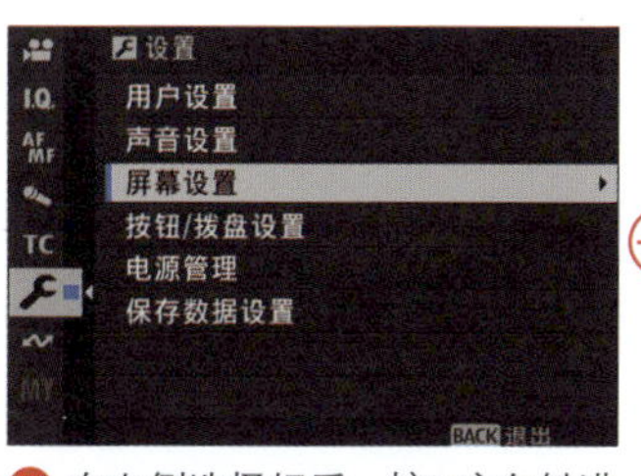

❸ 在左侧选择好后，按▶方向键进入子菜单，然后按▲或▼方向键选择**屏幕设置**选项并按▶方向键

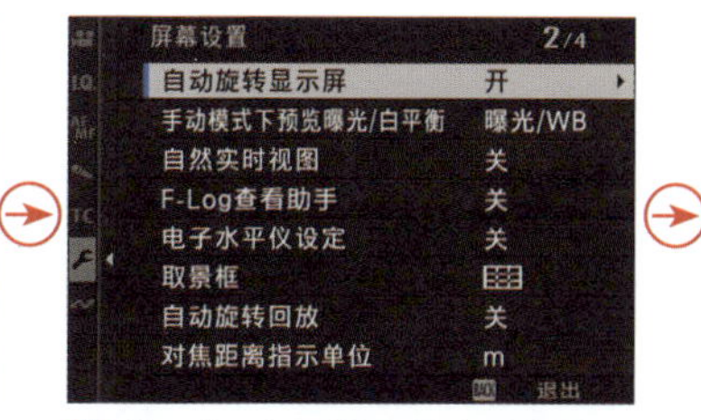

❹ 按▲或▼方向键选择**自动旋转显示屏**选项，然后按▶方向键

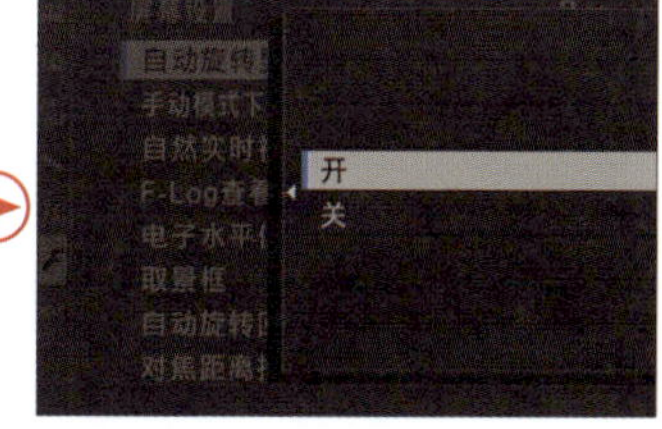

❺ 按▲或▼方向键选择一个选项，然后按 MENU/OK 按钮确认

用 Q 按钮快速设置拍摄参数

认识相机的 Q 按钮

在使用富士 X-T5 相机拍摄时，可以通过按机身背面的 Q 按钮打开快速设置菜单界面，来选择一些常用的参数，如高 ISO 降噪、图像质量、图像尺寸和自拍等。

▲ 按 Q 按钮开启快速设置菜单界面后的 LCD 显示屏

使用快速菜单设置参数的方法

使用快速菜单设置参数的方法如下。

❶ 在相机开启的情况下，按机身背面的 Q 按钮。

❷ 按▲、▼、◀、▶方向键选择要设置的项目，然后转动后指令拨盘更改数值。

❸ 参数设置完毕后，再次按 Q 按钮退出快速菜单设置界面。

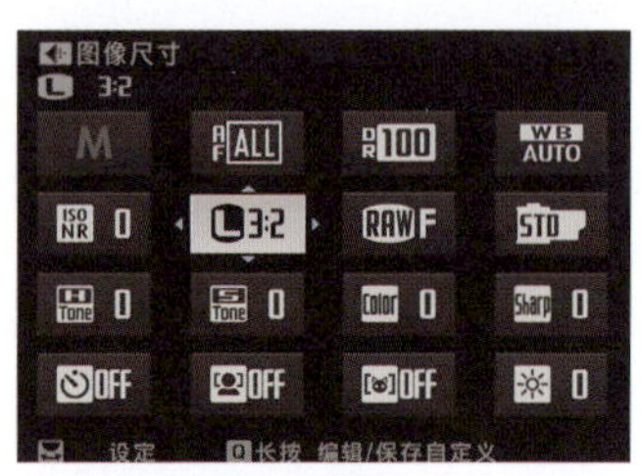

❶ 选择要修改的参数

❷ 转动后指令拨盘修改选项

用 DISP/BACK 按钮切换屏幕信息

要使用富士 X-T5 相机进行拍摄，必须了解如何显示光圈、快门、感光度、电池电量、拍摄模式、测光模式等与拍摄有关的拍摄信息，以便在拍摄时根据需要及时调整这些项目。

方法很简单，只要不断地按 DISP/BACK 按钮即可。每按一次 DISP/BACK 按钮，则在取景器中会按全屏显示→标准→双重显示（仅限手动对焦模式）的顺序切换显示拍摄信息；在 LCD 显示屏中，则按标准→无信息显示→信息显示→双重显示（仅限手动对焦模式）的显示顺序切换显示拍摄信息。

右侧上方展示了在 LCD 显示屏中 4 种不同的显示方式。

❶ 标准

❷ 无信息显示

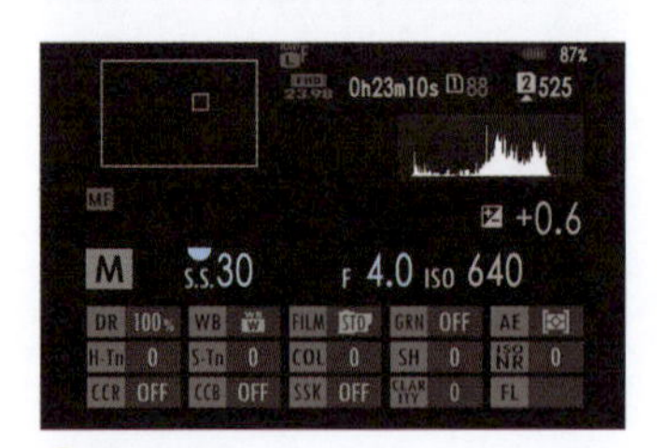

❸ 信息显示

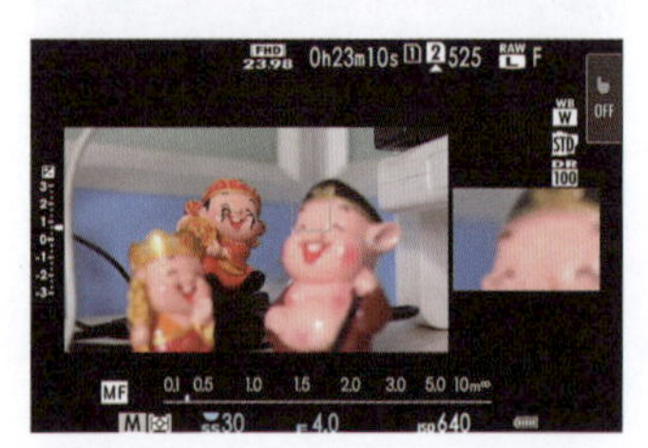

❹ 双重显示（仅限手动对焦模式）

设置相机显示参数

重设所有

利用“重设所有”菜单可以一次性将指定的菜单设置恢复到默认值。

- 静态菜单/视频菜单重置：可以将使用“编辑/保存自定义设置”所创建的自定义白平衡和自定义设置库以外的所有照片/视频菜单设置重置为默认值。
- 设置重置：将除“日期时间”“区域设定”“时差”“版权信息”以外的所有设置菜单设置重设为默认值。
- 初始化：将自定义白平衡以外的所有设置重设为默认值。

设定步骤

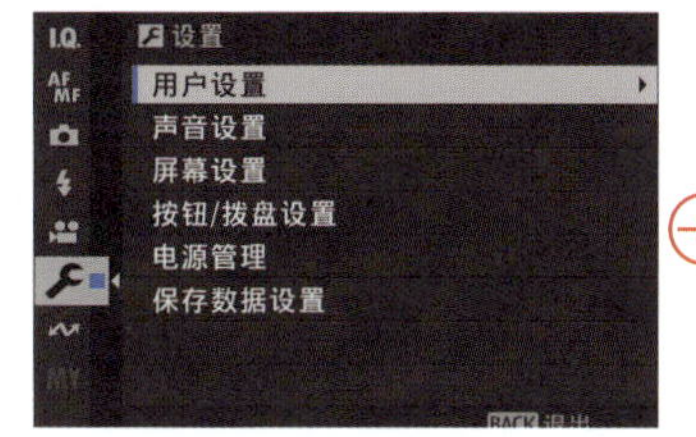

❶ 在**设置**菜单中选择**用户设置**选项，然后按▶方向键

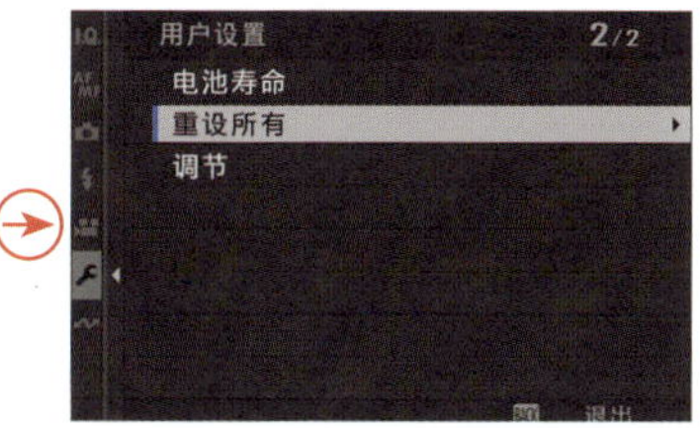

❷ 按▲或▼方向键选择**重设所有**选项，然后按▶方向键

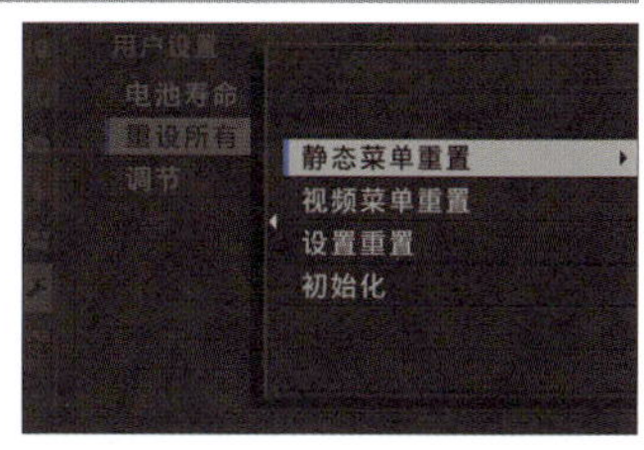

❸ 按▲或▼方向键选择要重设的菜单类型

利用网格轻松构图

富士X-T5相机的“取景框”功能可以为摄影师进行精确构图提供极大的便利，此菜单包含“显示9格”“显示24格”“HD构图”3个选项。

例如，在拍摄中要想采用黄金分割法构图，就可以选择“显示9格”选项来辅助构图。

设定步骤

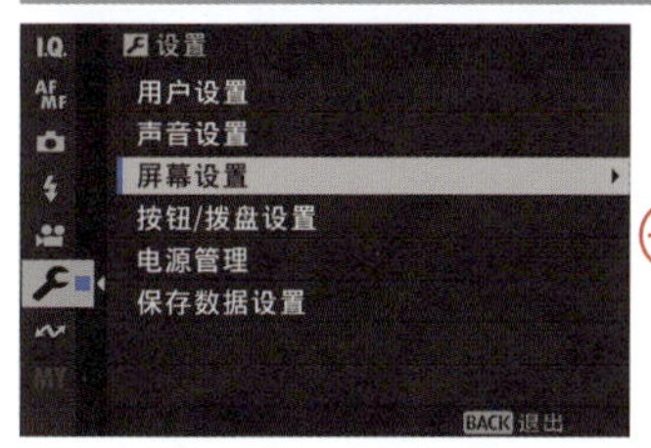

❶ 在**设置**菜单中选择**屏幕设置**选项，然后按▶方向键

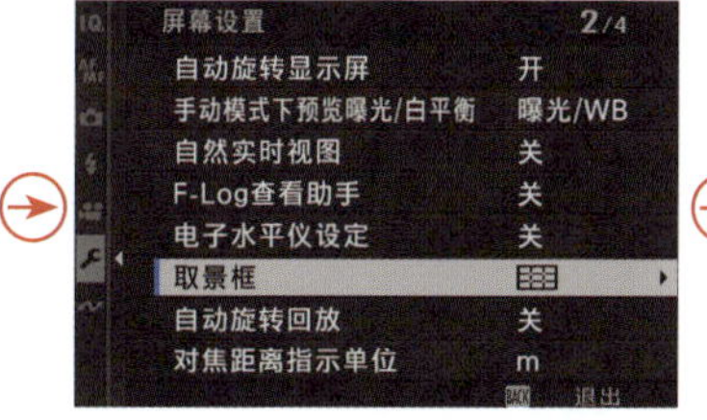

❷ 按▲或▼方向键选择**取景框**选项，然后按▶方向键

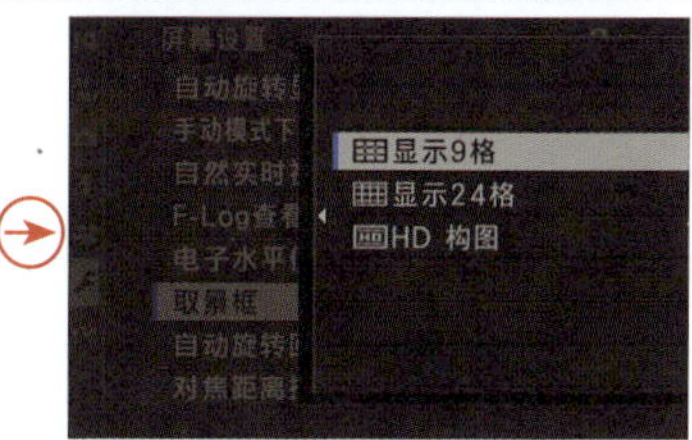

❸ 按▲或▼方向键选择一个选项，然后按MENU/OK按钮确认

- 显示9格：选择此选项，画面会被分成三等份，呈井字形。在使用时，只需将被摄主体安排在任意一条网格线附近，即可形成三分法构图。
- 显示24格：选择此选项，画面中会显示6×4网格线，在拍摄时，更容易确认构图的水平程度。例如，在拍摄风光、建筑等线条较多的题材时，较多的网格线可以辅助摄影者更加快速、灵活地构图。
- HD构图：选择此选项，屏幕顶部和底部各显示一根线条，摄影师可以依据这两根线进行构图，确保重要的图像信息在两根线之间。

注册快速菜单项目

快速菜单中显示的拍摄参数，可以在“设置”菜单中的“编辑 / 保存快捷菜单”进行自定义注册。通过将自己在拍摄时常用的拍摄参数注册到快速菜单中，可以在拍摄时快速改变这些参数。

设定步骤

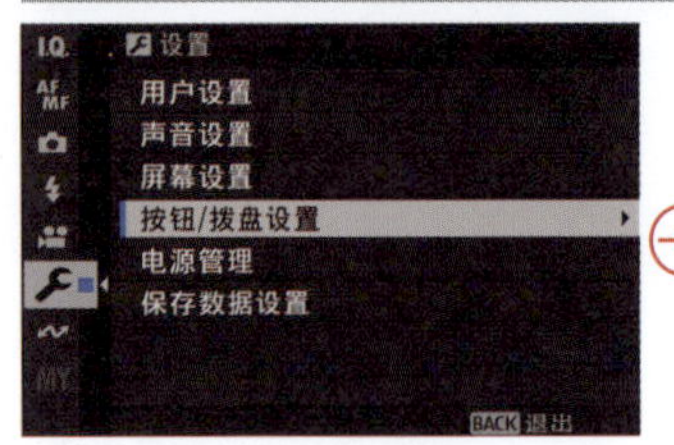

❶ 在**设置**菜单中选择**按钮/拨盘设置**选项，然后按▶方向键

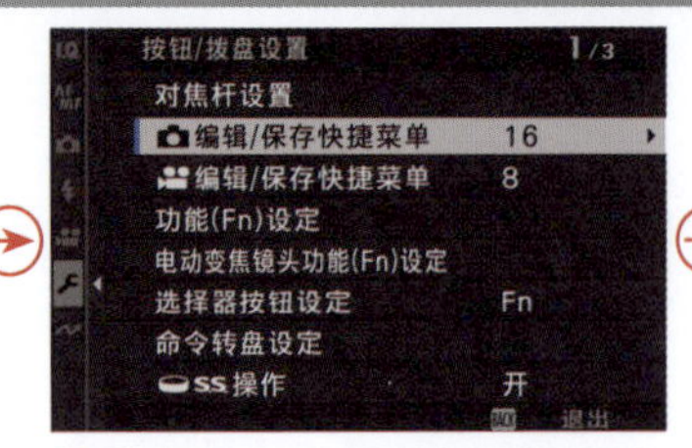

❷ 按▲或▼方向键选择**编辑/保存快捷菜单**选项，然后按▶方向键

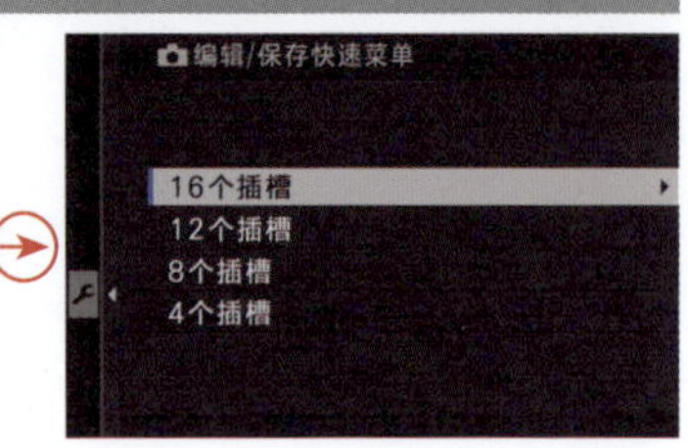

❸ 按▲或▼方向键选择 **16 个插槽**选项，然后按▶方向键

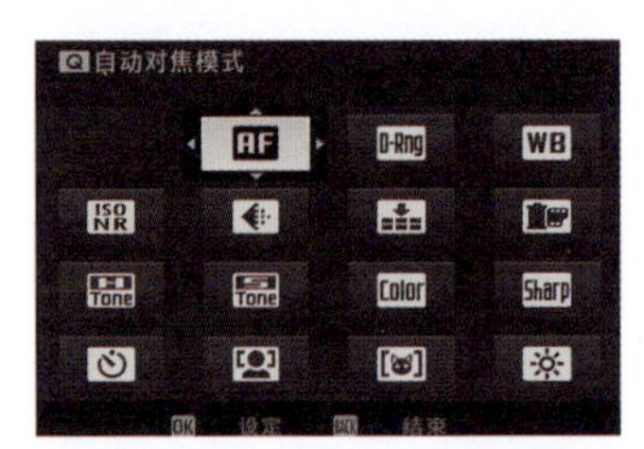

❹ 按▲、▼、◀、▶方向键选择要更换项目的位置，然后按 MENU/OK 按钮

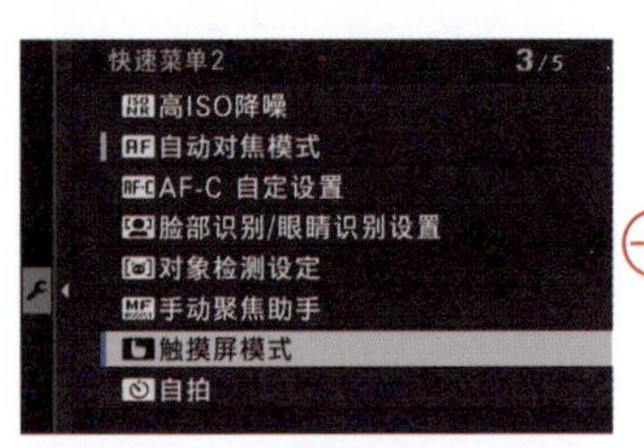

❺ 按▲或▼方向键选择一个选项，然后按 MENU/OK 按钮确认

❻ 已将所选选项成功注册到目标位置

将常用的功能注册到快捷菜单，在以后拍摄时调整功能便能省事一些。『焦距：50mm ┆ 光圈：F8 ┆ 快门速度：8s ┆ 感光度：ISO200』

自定义控制按钮

使用富士 X-T5 相机时，可以根据个人的操作习惯或临时的拍摄需求，为 Fn1~Fn6 功能按钮、AEL 按钮、后指令拨盘的中央按钮指定不同的功能。

例如，对于 Fn1 按钮而言，如果当前注册的功能为对焦确认，那么在拍摄中按下 Fn1 按钮时，则可以放大显示画面以便进行对焦确认。

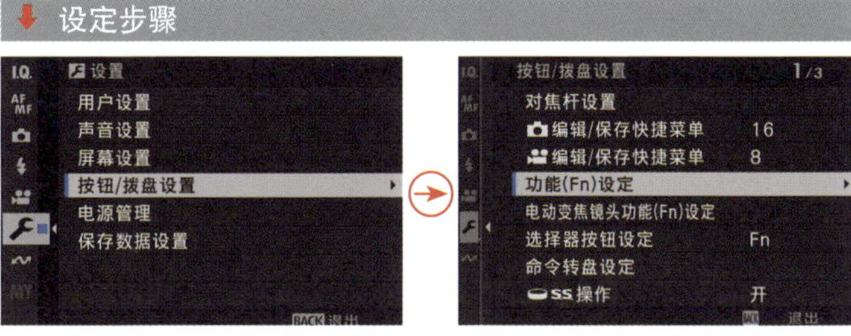

❶ 在**设置**菜单中选择**按钮/拨盘设置**选项，然后按▶方向键

❷ 按▲或▼方向键选择**功能（Fn）设定**选项，然后按▶方向键

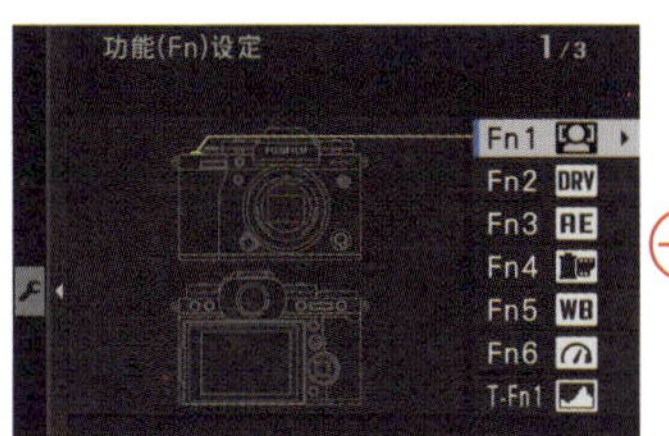

❸ 按▲或▼方向键选择一个按钮选项，然后按▶方向键

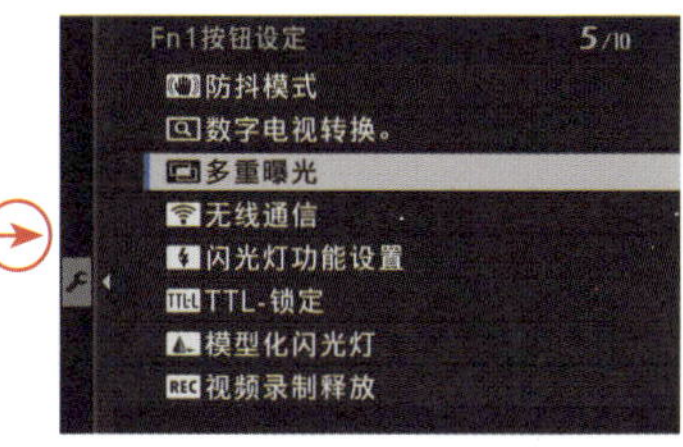

❹ 按▲或▼方向键选择一个选项，然后按 MENU/OK 按钮确认

自定义屏幕扫控操作

屏幕扫控操作是指在拍摄时，手指在屏幕上分别向上、下、左、右快速轻拨，触发相应的相机功能。

在默认情况下，向上轻拨，可在屏幕上显示直方图；向下轻拨，可激活景深预览功能；向右轻拨，可显示大尺寸图标；向下轻拨，可显示电子水平仪。

这些默认功能也可以按右侧展示的步骤修改。

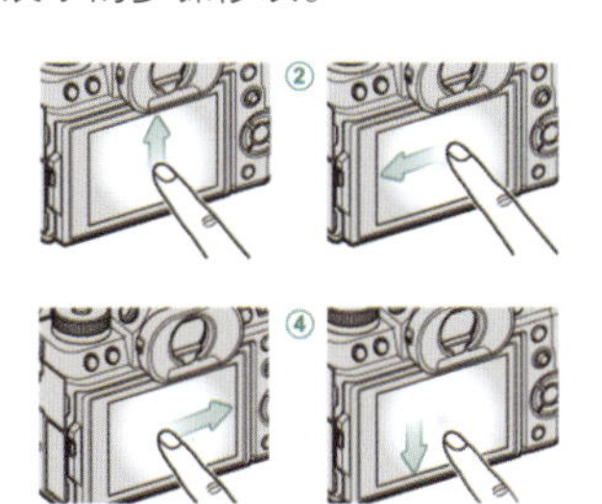

▲ 屏幕扫控示范

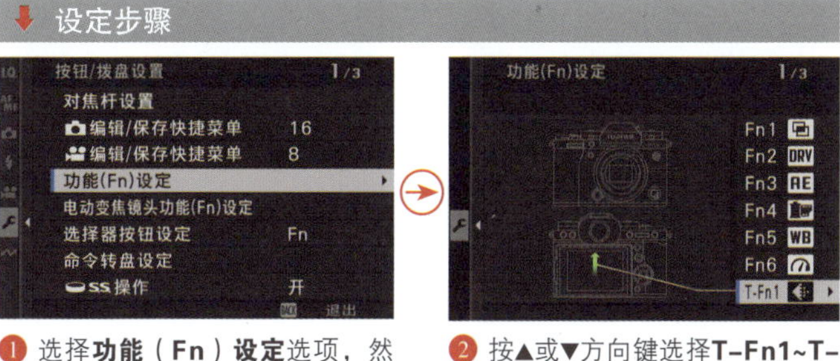

❶ 选择**功能（Fn）设定**选项，然后按▶方向键

❷ 按▲或▼方向键选择**T-Fn1~T-Fn4**选项，然后按▶方向键

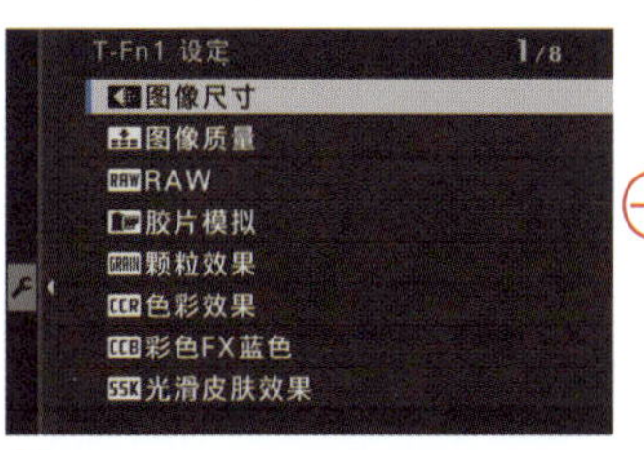

❸ 按▲或▼方向键，即可分别为 **T-Fn1~T-Fn4** 选择要定义的功能

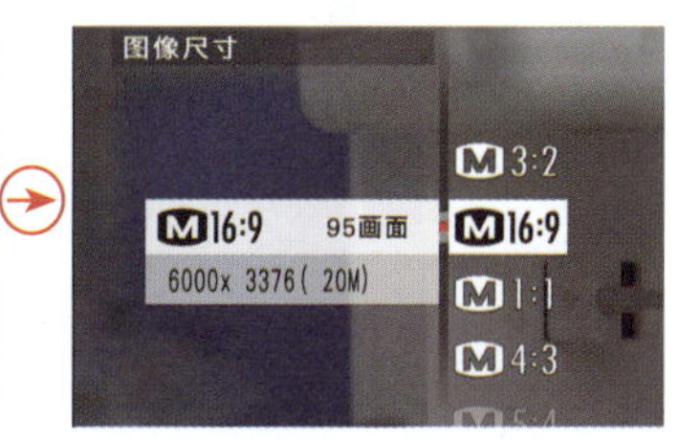

❹ 实际拍摄时用手指在屏幕上轻拨，即可调出相对应的选项

使用触摸对焦功能

在“AF/MF 设置”菜单中选择“触摸屏模式”功能后，可以设置激活相机的触摸对焦的操作功能。

设定步骤

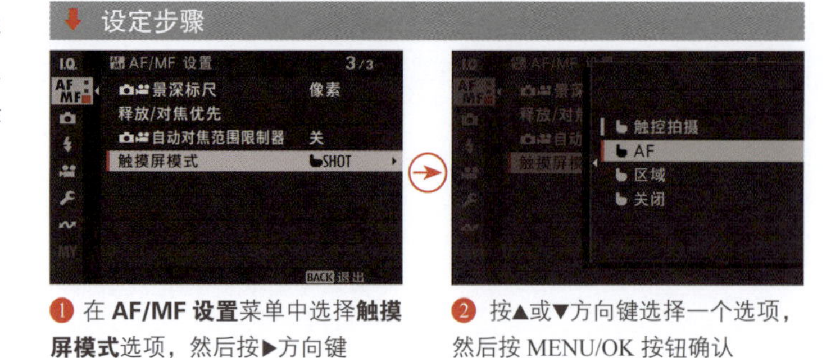

❶ 在 **AF/MF 设置**菜单中选择**触摸屏模式**选项，然后按▶方向键

❷ 按▲或▼方向键选择一个选项，然后按 MENU/OK 按钮确认

选项	静态摄影	录制视频
触控拍摄	轻触屏幕中的被拍摄对象，便可对焦并释放快门进行拍摄。在连拍模式下，按住屏幕期间将连续拍摄照片。	轻触屏幕中的被拍摄对象即可对焦并开始录制。
AF	在AF-S对焦模式下，轻触屏幕中的被拍摄对象相机将进行对焦，对焦成功后会锁定，直至轻触 AF OFF图标。 在AF-C对焦模式下，轻触被拍摄对象相机会启动对焦，然后持续追踪对焦被拍摄对象，直至轻触 AF OFF 图标。 在手动对焦模式（MF）下，可轻触屏幕使用自动对焦以对焦所选拍摄的对象。	轻触屏幕可使相机对焦于所选点。 在AF-S对焦模式下，可随时轻触屏幕中的被拍摄对象重新进行对焦。 在AF-C对焦模式下，相机将根据与所选点中的拍摄对象之间距离的变化持续调整对焦。 在MF手动对焦模式下，轻触屏幕相机将使用自动对焦进行对焦；在录制过程中，可再次轻触屏幕将对焦区域移至新的位置。
区域	轻触可选择一个对焦点进行对焦或变焦。	轻触可定位对焦区域。 在AF-S对焦模式下，可随时轻触屏幕中的被拍摄对象重新定位对焦区域。若要进行对焦，须按下指定AF-ON 功能的按钮。 在AF-C对焦模式下，相机将根据与通过轻触屏幕所选点中的拍摄对象之间距离的变化持续调整对焦。 在MF手动对焦模式下，可轻触屏幕将对焦区域置于被拍摄对象上。
关闭	将禁用触控对焦和拍摄。	将禁用触控对焦和拍摄。

设置相机存储参数

根据照片的用途设置画质

在拍摄过程中，根据照片的用途及后期处理要求，可以通过“图像质量”菜单设置照片的保存格式与品质。如果是用于专业领域或希望为后期调整留出较大的空间，则应采用 RAW 格式；如果只是日常记录或要求不太严格的拍摄过程与结果，使用 JPEG 格式即可。

采用 JPEG 格式拍摄的优点是文件占用空间小、通用性高，适用于网络发布、家庭照片洗印等，而且可以使用多种软件对其进行编辑处理。虽然压缩率较高，损失了较多细节，但肉眼基本看不出来，因此是一种最常用的文件存储格式。

RAW 格式则是数码相机专属格式，它充分记录了拍摄时的各种原始数据，因此具有极大的后期调整空间，但必须使用专用的软件进行处理，如 Photoshop、捕影工匠等，后期经过格式转换后才能够输出照片，因而在专业摄影领域常使用此格式进行拍摄。其缺点是，文件容量特别大，尤其是在连拍时会极大地减少连拍的数量。

在“图像质量”菜单中包括“FINE”“NORMAL”“FINE+RAW”“NORMAL+RAW”“RAW”等选项。虽然菜单中列出了五个选项，但实际上只是两种照片存储格式的组合，即 JPEG 与 RAW。

- FINE（精细）：选择此选项，以 JPEG 格式压缩图像。一般情况下，建议选择“精细”选项，不仅可以提供更好的图像质量，对于简单、没有高要求的后期处理也是有良好表现的。
- NORMAL（标准）：选择此选项，以 JPEG 格式压缩图像。以比“精细”更高的压缩率压缩文件，这样可以在一张存储卡上记录更多的文件，但是图像质量会略有降低，在高速连拍（如体育摄影）或需大量拍摄（旅游纪念、纪实摄影）时，“标准”格式是最佳之选。
- FINE+RAW：选择此选项，同时创建 RAW 格式照片和 JPEG 格式精细质量的照片，兼备 RAW 格式与 JPEG 格式两者的优点，JPEG 格式照片方便浏览，RAW 格式照片用于后期编辑。
- NORMAL+RAW：选择此选项，将记录两张照片，即一张 RAW 照片和一张标准品质的 JPEG 照片。
- RAW：选择此选项，将使用 RAW 格式记录照片，此格式记录的是照片的原始数据，因此后期调整空间极大。

设定步骤

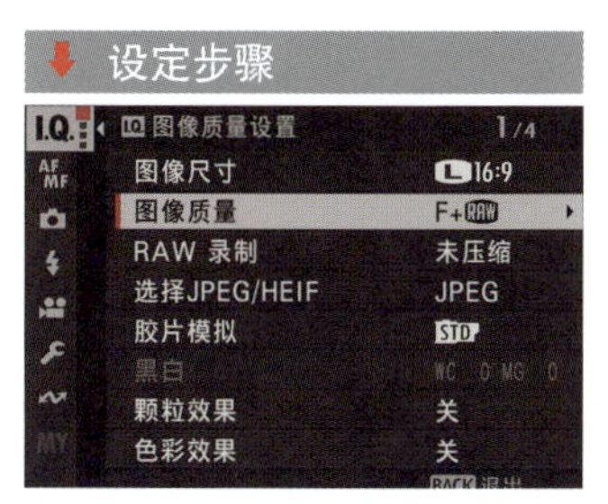

❶ 在**图像质量设置**菜单中选择**图像质量**选项，然后按▶方向键

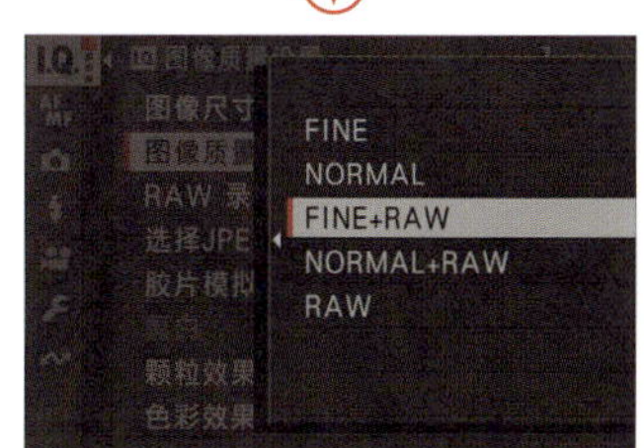

❷ 按▲或▼方向键选择一个选项，然后按 MENU/OK 按钮确认

高手点拨： 如果Photoshop软件无法打开使用富士X-T5相机拍摄并保存的扩展名为.RAF的RAW格式文件，则需要升级Adobe CameraRaw插件。该插件会根据新发布的相机型号，及时地推出更新升级包，以确保能够打开使用各种相机拍摄的RAW格式的文件。

▲ 小图是使用 RAW 格式拍摄的原图，大图是经过后期调整的效果，可以看出两者的差别非常明显。『焦距：200mm ┆ 光圈：F5.6 ┆ 快门速度：1/640s ┆ 感光度：ISO200』

根据用途及存储空间设置图像尺寸

图像尺寸直接影响着最终输出的照片大小，通常情况下，只要存储卡空间足够，就建议使用较大的尺寸来保存照片。

从最终用途来看，如果照片用于印刷、洗印，推荐使用大尺寸记录；如果只是用于网络发布、简单地记录或存储卡空间不足，则可以根据情况选择较小的照片尺寸。

照片的纵横比与构图的关系密切，不同的纵横比会使画面带给人不同的视觉感受，灵活使用纵横比可以使构图更完美。例如，在以广角镜头拍摄风光时，使用 16 ∶ 9 拍摄的画面明显要比使用 3 ∶ 2 拍摄的画面显得更宽广或更深邃。

纵横比为 3 ∶ 2 的照片，其显示比例与使用 35 mm 胶片拍摄的画面相同，而纵横比为 16 ∶ 9 的照片适合在宽屏计算机显示器或高清电视上查看，纵横比为 1 ∶ 1 的照片则是方形的。

设定步骤

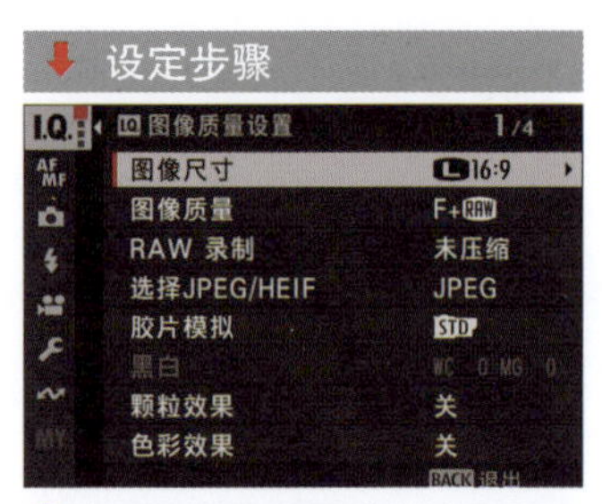

❶ 在**图像质量设置**菜单中选择**图像尺寸**选项，然后按▶方向键

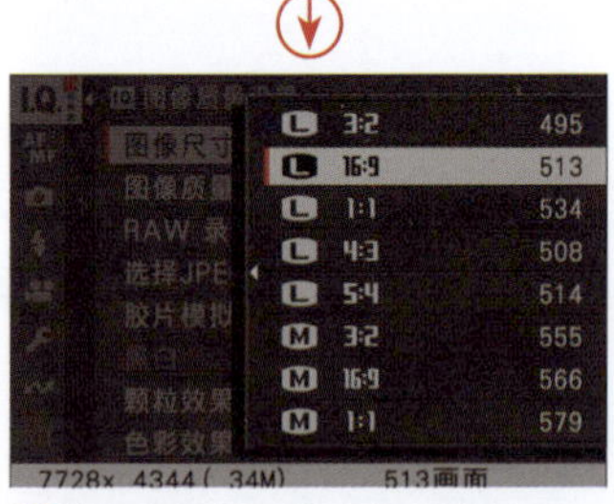

❷ 按▲或▼方向键选择一个选项，然后按 MENU/OK 按钮确认

第 2 章

利用滤镜功能直出佳片

利用创意滤镜功能为拍摄增添趣味

认识富士相机的创意滤镜

虽然使用现在流行的后期处理软件，可以很方便地为照片添加各种效果，但考虑到有一些摄影师并不习惯使用数码照片后期处理软件，因此富士相机提供了能够直接为照片添加滤镜效果的创意滤镜，可以直接拍摄出具有玩具相机、微缩景观、流行色彩、局部色彩、柔焦等创意色调和效果的个性化照片。

使用时需要先按右侧展示的操作步骤切换至创意滤镜拍摄模式，然后再按下面展示的步骤，选择不同的创意滤镜。

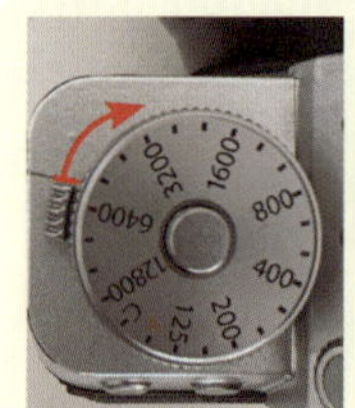

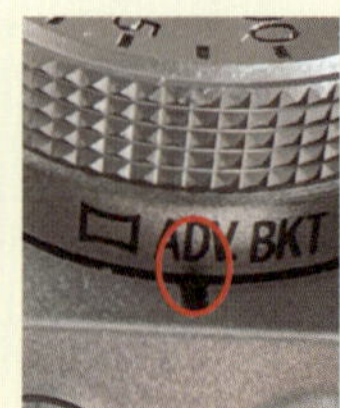

设定方法

拨动驱动拨盘将 ADV. 图标与标志线对齐，即选择了创意滤镜模式。

设定步骤

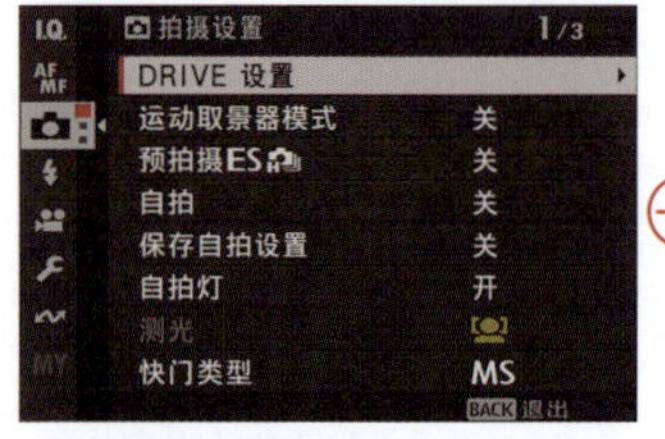

❶ 在**拍摄设置**菜单中选择 **DRIVE 设置**选项，然后按▶方向键

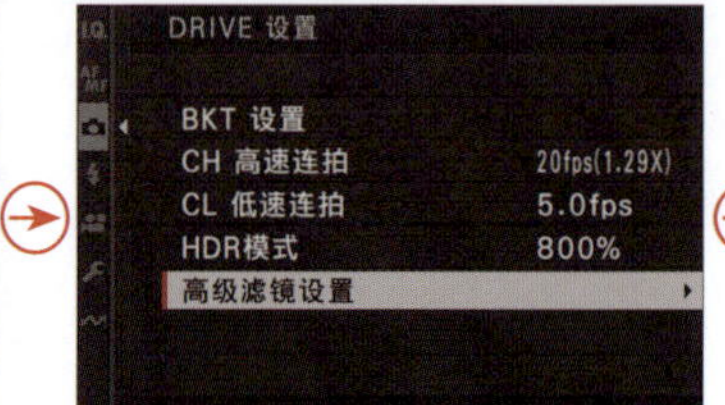

❷ 按▲或▼方向键选择**高级滤镜设置**选项，然后按▶方向键

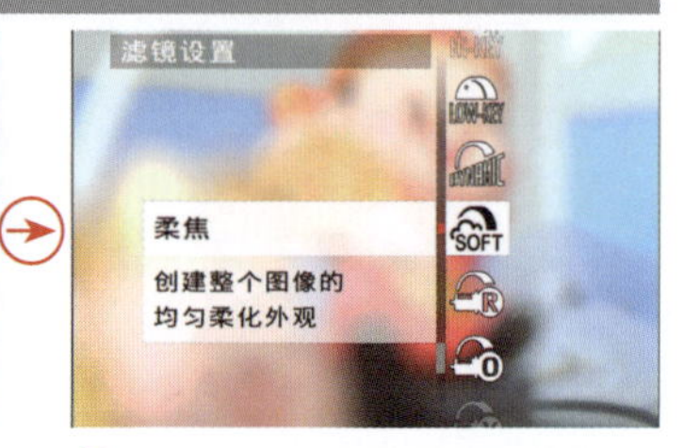

❸ 按▲或▼方向键选择所需的滤镜

玩具相机

玩具相机模式是一种有趣的创意滤镜效果，当选择玩具相机模式时，相机会自动对照片的四角进行压暗处理，使照片的中心区域更加突出，形成一种类似于老式或玩具相机镜头的特性。这种暗角效果增加了照片的艺术感和复古氛围。

使用此模式拍摄的照片，色彩会更加鲜艳和饱和。画面会显得较为夸张和生动，这种效果能够集中观众的注意力，使照片看起来更有趣味性和活力。

微缩景观

微缩景观效果的核心是模拟大景深的效果，在微缩景观摄影中，通常只有非常小的区域是清晰的，而其他部分则是模糊的。富士相机的微缩景观模式，就是通过识别照片中的前景和背景，并对它们进行不同程度的模糊处理，来模拟这种效果。

流行色彩

流行色彩模式是一种专为提升照片色彩表现力而设计的功能，通过选择此滤镜模式，摄影师可以在不进行复杂后期处理的情况下，快速增强照片的色彩效果，使画面更加吸引人。

高调

高调模式能让拍出来的照片看起来更亮，对比也不那么强烈，因此挺适合用来拍人像的，使用此模式后，拍出来的人脸会显得更柔和，整个画面具有很清爽、梦幻的效果。除了人像题材外，拍摄其他唯美和偏亮的画面也可以使用此模式。

暗调

使用此模式拍摄的画面，整体色调偏暗，但有些地方会提亮，形成明暗对比效果，当摄影师拍摄低调人像、低调风光或街拍题材时，适合使用此模式，可以让画面有深度和神秘感。

动态色调

选择此模式，会模拟使用动态范围功能时的色调效果，会提升画面的阴影和压暗高光，画面有一种奇幻效果。当画面的明暗对比效果强烈时，明暗边缘处会有些不自然。

柔焦

选择此模式，画面整体会呈现出柔和、朦胧的效果，在拍摄比较唯美的人像、花卉或静物画面时，比较适合，能增加画面的氛围感。

局部色彩（红 / 橙 / 黄 / 绿 / 蓝 / 紫）

局部色彩其实分为 6 种模式，可以选择红、橙、黄、绿、蓝、紫色彩模式，当选择了一种色彩模式，如选择局部色彩（红）模式，那么画面中的红颜色就会保留，而画面中其他颜色则会变为黑白。

▶ 使用柔焦模式拍摄花朵，使画面多了一份浪漫与妩媚的感觉.『焦距: 70mm ¦ 光圈: F5.6 ¦ 快门速度: 1/400s ¦ 感光度：ISO160』

影响画面色彩或质感的功能

调整颗粒效果增加复古感

富士相机提供了独特的颗粒效果，启用此功能后，可以为画面增添颗粒效果，使画面带有一种文艺复古感。

虽然它可以应用到所有胶片模拟模式，但是在黑白照片中效果最佳。

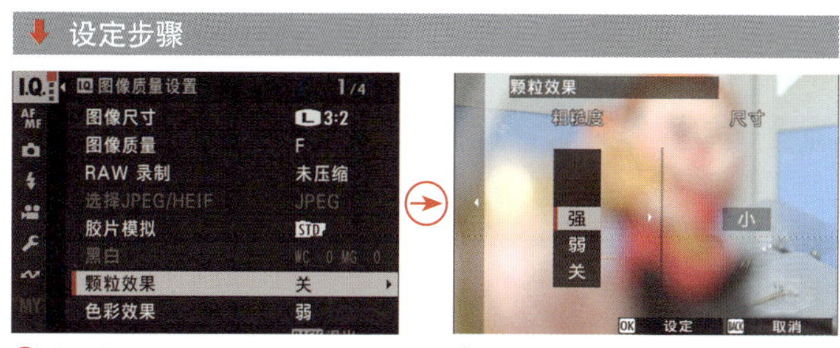

❶在**图像质量设置**菜单中选择**颗粒效果**选项，然后按▶方向键

❷按▲或▼方向键选择所需的强度，同时可以选择颗粒的尺寸

▲选择“弱”选项时的画面效果

▲选择“强”选项时的画面效果

调整色彩效果避免暖色过于饱和

在实拍中，尤其是在强光下，如果被拍摄景物有红色、黄色与绿色，极易造成色彩过饱和，在照片中形成没有细节的色块。使用“色彩效果”菜单，可以扩展这些暖色系的色彩范围，以避免出现过饱和的颜色。

增减数值，只会小幅度影响画面的暖色调，并不会影响画面的冷色调，也不会改变画面的色相。

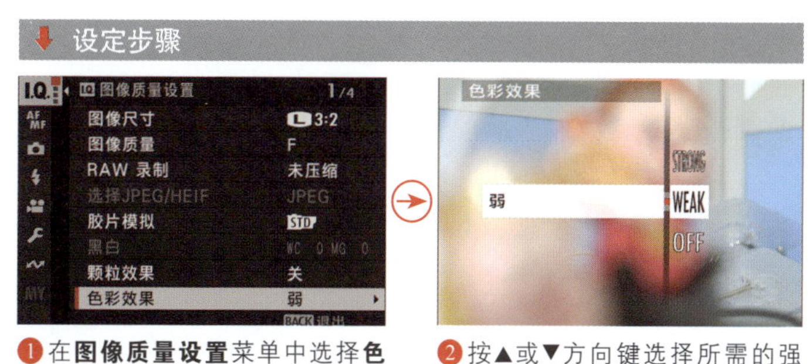

❶在**图像质量设置**菜单中选择**色彩效果**选项，然后按▶方向键

❷按▲或▼方向键选择所需的强度，然后按 MENU/OK 按钮确认

调整彩色 FX 蓝色增强蓝色

“彩色 FX 蓝色”的作用类似于上面讲述的“色彩效果”，可以扩展蓝色的色彩范围。在晴天天气条件下，选择“强”选项，可以大幅度提升蓝色的饱和度，使照片中的天空更蓝。

即使是选择“弱”选项，也能明显增强蓝色，所以在拍摄风光或画面中有大量蓝色时，可以通过此菜单来提升蓝色色调。

设定步骤

❶ 在**图像质量设置**菜单中选择**彩色 FX 蓝色**选项，然后按▶方向键

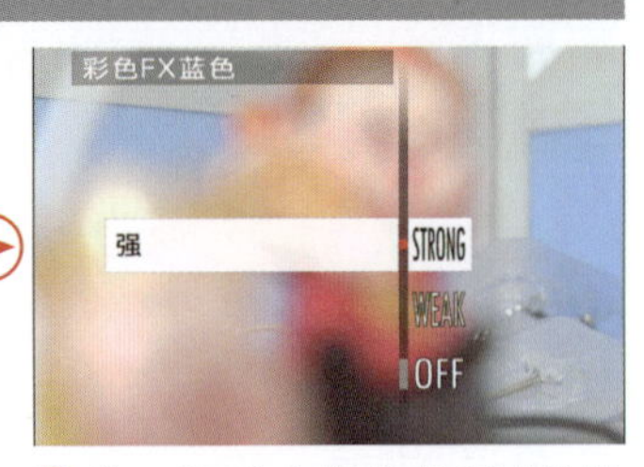

❷ 按▲或▼方向键选择所需的强度，然后按 MENU/OK 按钮确认

▲选择“关”选项时的画面效果

▲选择“弱”选项时的画面效果

▲选择“强”选项时的画面效果

控制色彩的浓淡

利用“色彩”菜单可以控制照片整体的色彩饱和度，摄影师可以在 -4~+4 范围内调整色彩鲜艳的等级。

选择负向数值可以降低饱和度，数值越低，照片色彩越淡，同时色彩的亮度也会变低；选择正向数值可以提高饱和度，数值越高，照片色彩便越浓艳，同时色彩的亮度也会变高。

不管是增加还是减少数值，都不会影响色彩的色相。

设定步骤

❶ 在**图像质量设置**菜单中选择**色彩**选项，然后按▶方向键

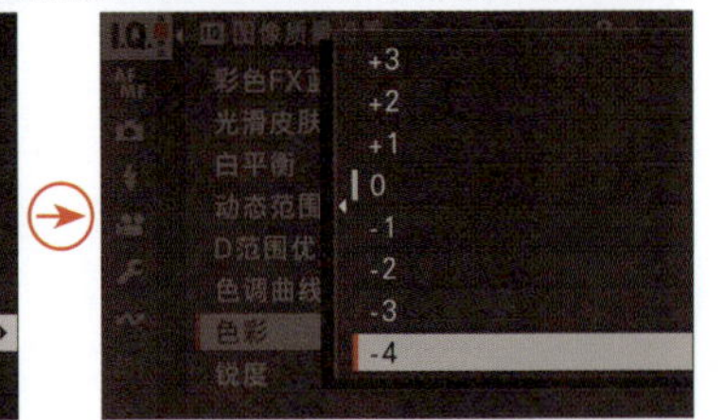

❷ 按▲或▼方向键选择所需的数值，然后按 MENU/OK 按钮确认

▲选择“0”选项时的画面效果

▲选择“+4”选项时的画面效果

控制画面锐利程度

“锐度”菜单用于调整景物的边缘，让画面变得更加锐利或柔和，用户可以在 -4~+4 范围内调整锐化的等级。选择的数值越高，图像就越锐；反之，则图像越柔。

“锐度”与“清晰度”的区别在于，“清晰度”是通过调整对比度改变照片的，让照片看上去更“通透”；而“锐度”则是改变景物的轮廓细节，让照片看上去更“锐利”。

在拍摄鸟类、动物或宠物等题材时，为了凸显它们的毛发，通常增加锐度数值。

设定步骤

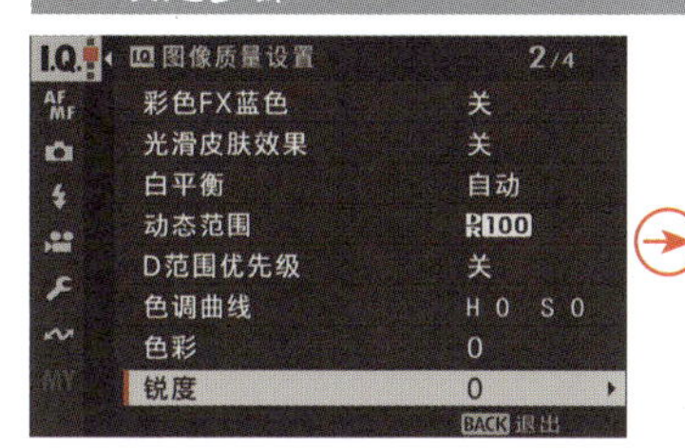

❶ 在**图像质量设置**菜单中选择**锐度**选项，然后按▶方向键

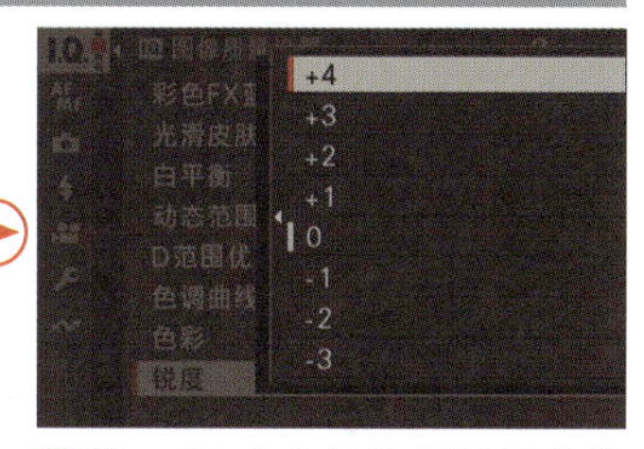

❷ 按▲或▼方向键选择所需的数值，然后按 MENU/OK 按钮确认

▲ 选择“−2”选项时的画面效果

▲ 选择“+2”选项时的画面效果

控制画面的清晰度

利用“清晰度”菜单，可以调整画面的黑白场，会增强或减弱画面的对比度，不管是增加数值还是减少数值，都不会降低画面的锐度。

较高的值可以让画面中的黑色更黑，白色更白，也增强了画面的对比度，在拍摄风光、花卉、建筑等题材时，可以增加数值。

较低的值让画面中的黑色和白色更灰，也降低了画面的对比度，在拍摄美女和儿童题材时，或想要画面有柔和质感时，可以减少数值。

设定步骤

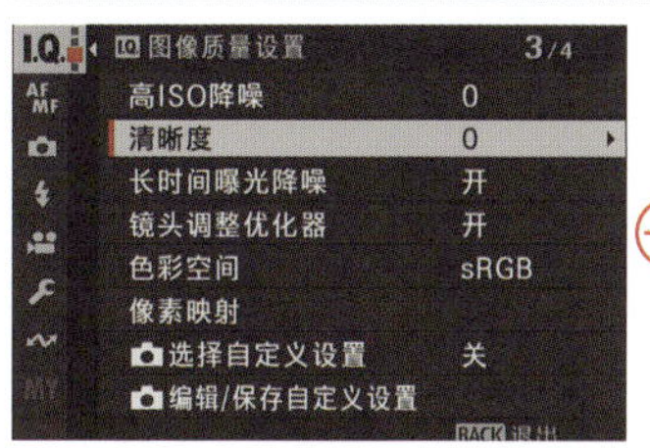

❶ 在**图像质量设置**菜单中选择**清晰度**选项，然后按▶方向键

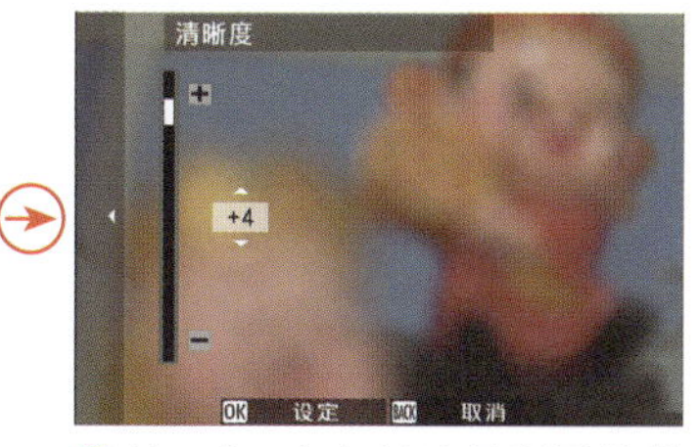

❷ 按▲或▼方向键选择所需的数值，然后按 MENU/OK 按钮确认

▶ 拍摄建筑类的照片时，可以提高清晰度，以更好地表现建筑的立体感。

为黑白添加色调

当在“胶片模拟”菜单中选择了“ACROS”或“黑白”选项时，可以在“黑白”菜单中设置是否为画面添加偏红或偏蓝色调，使画面具有暖色氛围或冷色氛围。

设定步骤

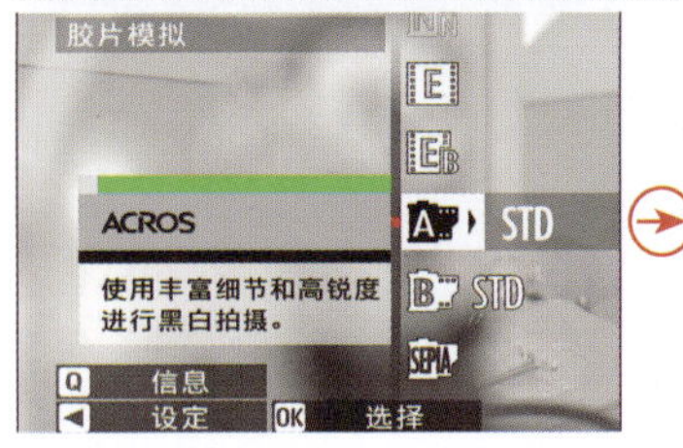

❶ 在**胶片模拟**菜单中选择 **ACROS** 或**黑白**选项

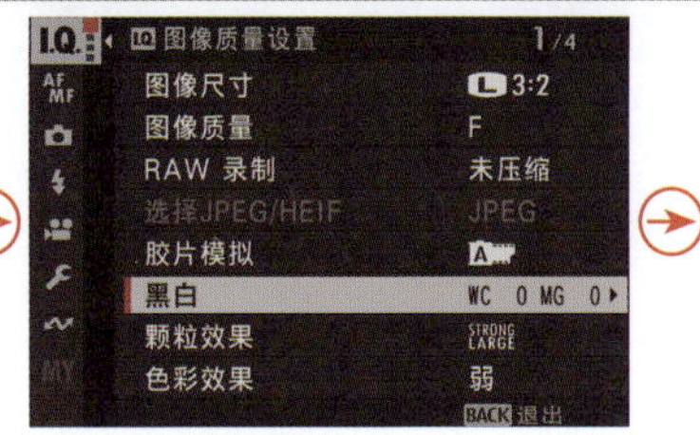

❷ 在**图像质量设置**菜单中选择**黑白**选项，然后按▶方向键

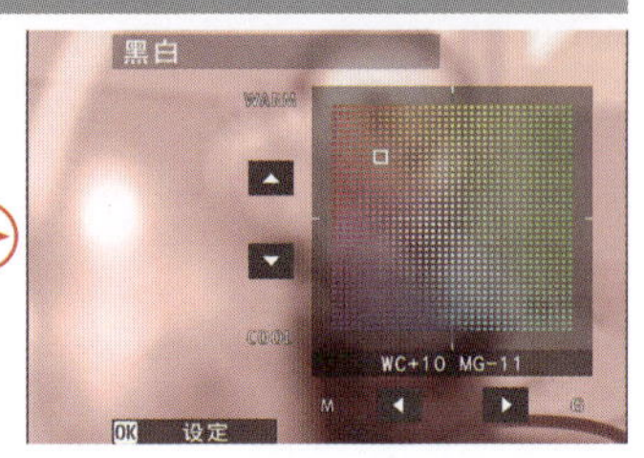

❸ 按▲或▼方向键移动白色块，使照片偏色

丰富高光区域的细节

在拍摄有大面积高亮区域的照片时，这些区域的细节极易由于过曝而丢失，通过设置“色调曲线”菜单选项，可以有效地改善高亮区域细节缺失的问题。

高光加数值，就是增强高光，画面越明亮，高光减数值，即降低高光，细节增多。

设定步骤

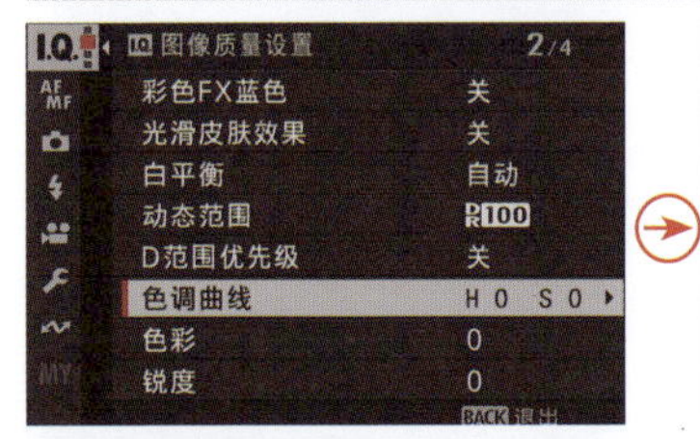

❶ 在**图像质量设置**菜单中选择**色调曲线**选项，然后按▶方向键

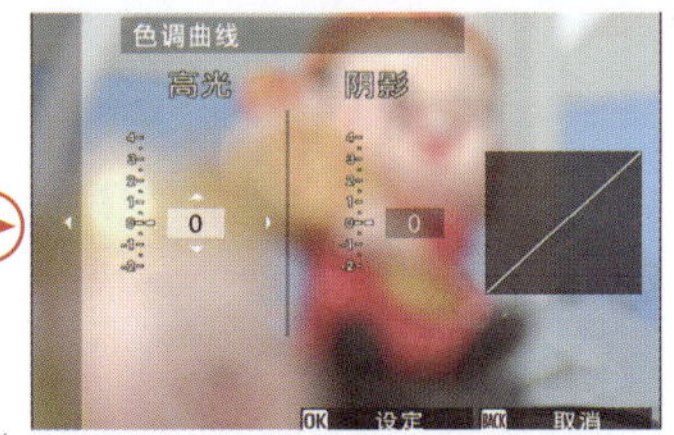

❷ 按◀方向键选择并激活**高光**参数

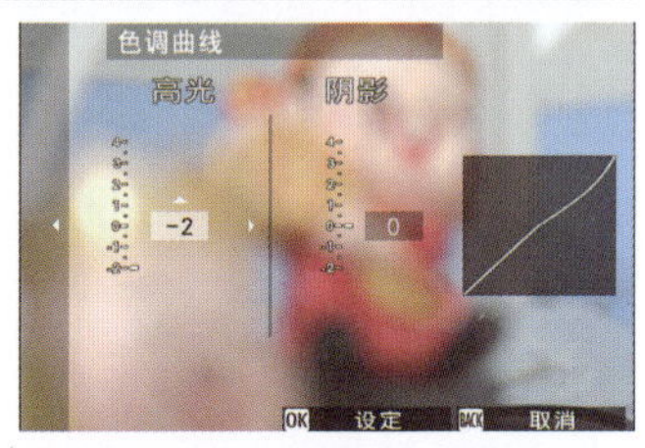

❸ 按▲或▼方向键选择所需数值，控制高光区域的细节

▲ 选择“0”选项的画面效果

▲ 选择“+4”选项时，此时高光区域更亮，细节减少

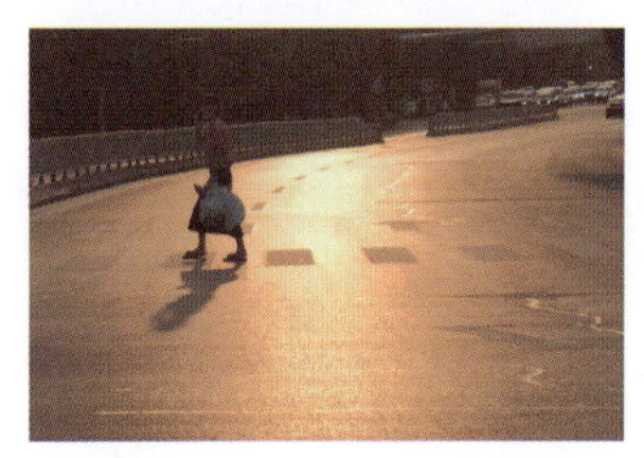

▲ 选择“-2”选项时，降低高光，此时高光区域细节更多

丰富阴影区域的细节

通过控制“色调曲线”菜单中“阴影”参数，可以改善照片阴影处的细节。

增加数值，就是增强阴影，画面阴影区域更黑，减少数值，就是降低阴影，画面阴影区域就会提亮了。

色调曲线可以和“动态范围”菜单叠加使用，当和400%动态范围叠加时，可以最大限度地恢复高光细节。

设定步骤

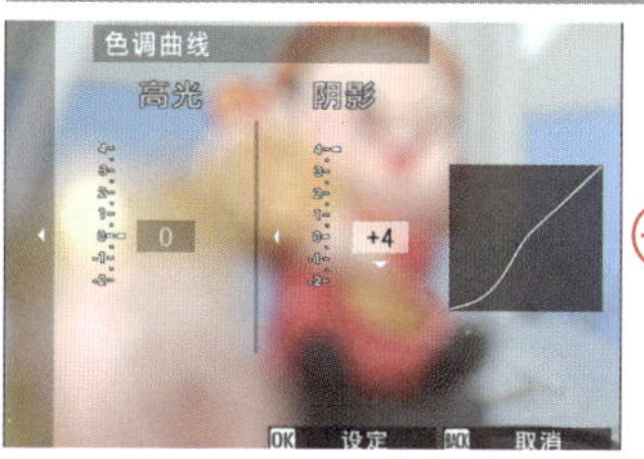

❶ 按▶方向键选择并激活**阴影**参数

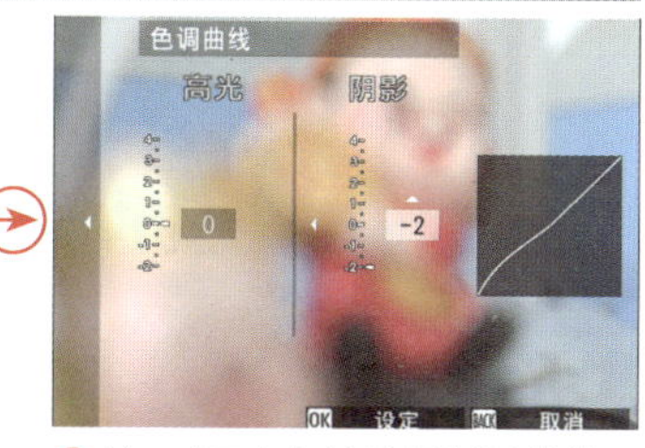

❷ 按▲或▼方向键选择所需数值，控制阴影区域的细节

▲设置“阴影”选项“+4”的拍摄效果

▲设置“阴影”选项“0”的拍摄效果

▲设置“阴影”选项为“-2”的拍摄效果

拍摄低调风格照片时，可以增加阴影数值，使阴影区域更加厚重。

利用胶片模拟增强照片视觉效果

什么是胶片模拟

简单来说，胶片模拟就是模拟不同类型胶片的成像效果。此功能是富士相机的特色功能，值得喜欢直出照片的摄影师反复尝试使用。

以富士 X-T5 相机为例，内置 13 种模式，其中在 ACROS 和黑白模式下，还可以选择加黄色滤镜、红滤镜和绿滤镜，综合起来有 19 种胶片模拟模式，为摄影师提供了丰富多彩的画面效果。

要用好胶片模拟功能，一定要综合使用“动态范围”“色调曲线”“颗粒效果”“色彩效果”“色彩”“锐度”“高 ISO 降噪”“白平衡”“白平衡偏移”这一系列菜单功能，调整这些菜单参数的过程被称为调整胶片配方，目前在网上能找到多种“配方”。

设定步骤

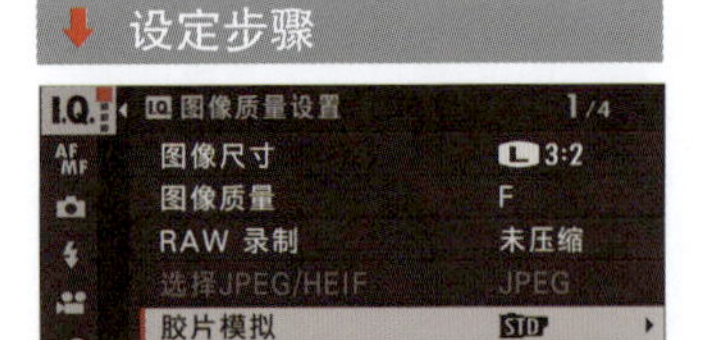

❶ 在**图像质量设置**菜单中选择**胶片模拟**选项，然后按▶方向键

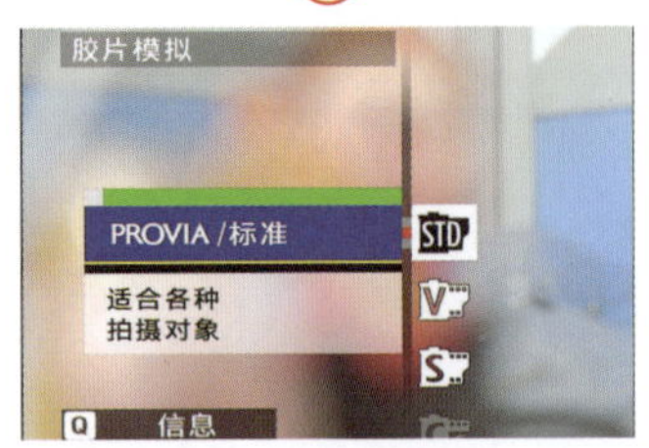

❷ 按▲或▼方向键选择所需选项，然后按 MENU/OK 按钮确认

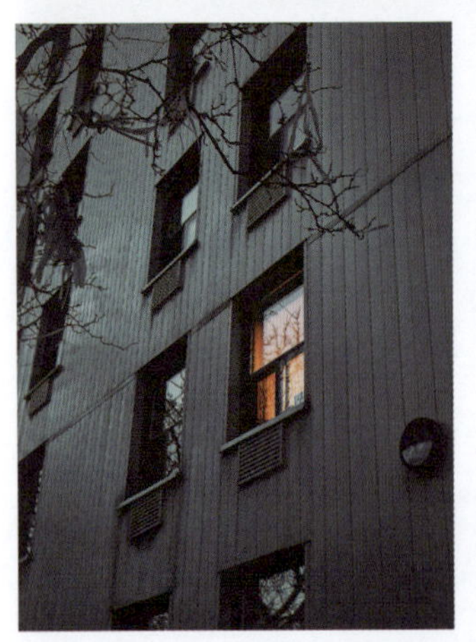

▲应用不同的胶片模拟，使画面呈现出不同的色调效果

Provia 标准模式及 9 种配方效果

Provia 胶片以其自然且平衡的色彩再现而闻名，相比一些更为鲜艳的模拟模式（如 Velvia 或 Astia），Provia 提供了较为温和的饱和度和对比度设置，同时保持了细腻的皮肤色调和丰富的细节层次，因此，适合拍摄想要保留场景真实感照片时或者喜欢直接从相机输出 JPEG 照片而不进行后期处理的摄影师使用。

此胶片模拟适用于风景、人像和日常拍摄等多种场景。在使用此胶片模拟时，可以将阴影、色彩和清晰度都各调低 1 挡，以让画面更加柔和。

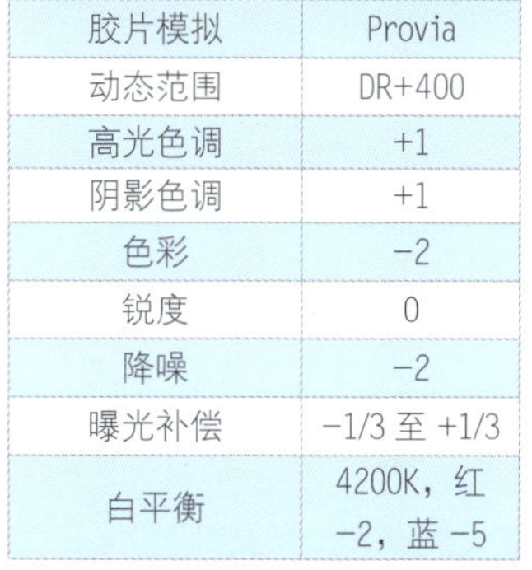

胶片模拟	Provia
动态范围	DR+400
高光色调	+1
阴影色调	+1
色彩	−2
锐度	0
降噪	−2
曝光补偿	−1/3 至 +1/3
白平衡	4200K，红 −2，蓝 −5

胶片模拟	Provia
动态范围	DR+200
高光色调	+2
阴影色调	+2
色彩	+2
锐度	−1
降噪	−2
曝光补偿	+1/3
白平衡	自动，红 −3，蓝 −9

胶片模拟	Provia
动态范围	DR+200
高光色调	0
阴影色调	+2
色彩	−2
锐度	−1
降噪	−2
曝光补偿	+1/3 至 +1
白平衡	5000K，红 −1，蓝 −3

胶片模拟	Provia
动态范围	DR- 自动
高光色调	+1
阴影色调	+2
色彩	+2
锐度	+1
降噪	-2
曝光补偿	-1/3 至 +1/3
白平衡	日光，红 0，蓝 0

胶片模拟	Provia
动态范围	DR+400
高光色调	+2
阴影色调	+2
色彩	-2
锐度	-1
降噪	-2
曝光补偿	0 至 +2/3
白平衡	3200K，红 +8，蓝 -8

胶片模拟	Provia
动态范围	DR+100
高光色调	-1
阴影色调	+1
色彩	-2
锐度	0
降噪	-2
曝光补偿	0 至 +1/3
白平衡	日光，红 -3，蓝 +1

胶片模拟	Provia
动态范围	DR+400
高光色调	+2
阴影色调	+2
色彩	-2
锐度	-1
降噪	-2
曝光补偿	0 至 +2/3
白平衡	3000K，红 +8，蓝 -9

胶片模拟	Provia
动态范围	DR+400
高光色调	+2
阴影色调	-1
色彩	-2
锐度	0
降噪	-2
曝光补偿	+1/3 至 +2/3
白平衡	日光，红 +1，蓝 -6

胶片模拟	Provia
动态范围	DR+200
高光色调	+2
阴影色调	+1
色彩	-2
锐度	0
降噪	-2
曝光补偿	+1/3 至 +2/3
白平衡	日光，红 +1，蓝 -4

Velvia 鲜艳及 7 种配方效果

此模式将提高画面饱和度、对比度以获得鲜艳的图像效果。这种胶片模拟风格实际上是使照片逼近人们印象中的色彩，而非肉眼所见色彩。此风格对蓝色与绿色有突出表现，这是因为，相机在蓝色中加入了洋红，在绿色中加入了蓝色，使蓝色与绿色显得更加生动。阴天时使用这种风格能够避免照片过灰。

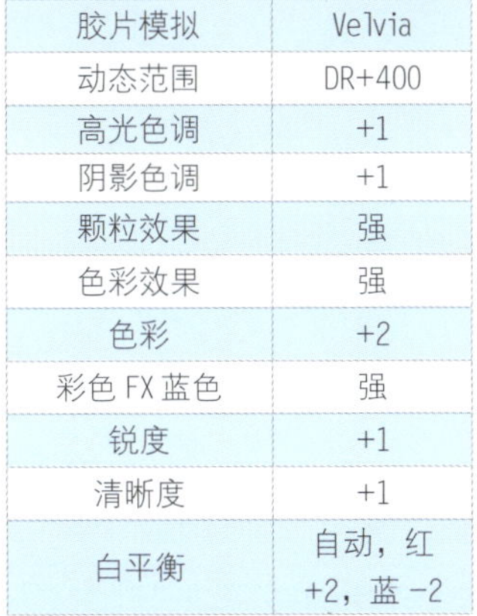

胶片模拟	Velvia
动态范围	DR+400
高光色调	+1
阴影色调	+1
颗粒效果	强
色彩效果	强
色彩	+2
彩色 FX 蓝色	强
锐度	+1
清晰度	+1
白平衡	自动，红 +2，蓝 -2

胶片模拟	Velvia
动态范围	DR+400
高光色调	-1
阴影色调	0
色彩	-2
锐度	0
降噪	-2
曝光补偿	+2/3
白平衡	日光，红 0，蓝 +2

胶片模拟	Velvia
动态范围	DR+200
高光色调	+1
阴影色调	-2
色彩	+2
锐度	+1
降噪	-2
曝光补偿	+1/3 至 +2/3
白平衡	荧光灯 1，红 -5，蓝 +5

胶片模拟	Velvia
动态范围	DR+200
高光色调	+2
阴影色调	+1
色彩	-1
锐度	0
降噪	-2
曝光补偿	+1/3 至 +2/3
白平衡	自动，红 +1，蓝 -2

胶片模拟	Velvia
动态范围	DR+200
高光色调	-1
阴影色调	-2
色彩	+2
锐度	-1
降噪	-2
曝光补偿	0 至 +2/3
白平衡	阴影，红 -2，蓝 -2

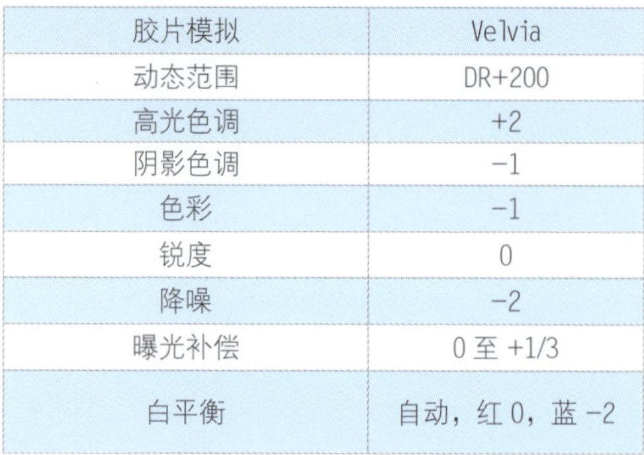

胶片模拟	Velvia
动态范围	DR+200
高光色调	+2
阴影色调	-1
色彩	-1
锐度	0
降噪	-2
曝光补偿	0 至 +1/3
白平衡	自动，红 0，蓝 -2

胶片模拟	Velvia
动态范围	DR- 自动
高光色调	0
阴影色调	+1
色彩	+2
锐度	-1
降噪	-2
曝光补偿	0 至 +1/3
白平衡	自动，红 +1，蓝 -3

Astia 柔和及 3 种配方效果

使用模式将减少洋红色，让人物的皮肤更加白皙，同时又能保留环境中的蓝天、绿地的鲜艳颜色，适合春季、夏季出游时，拍摄清新亮丽的人像照片时使用。

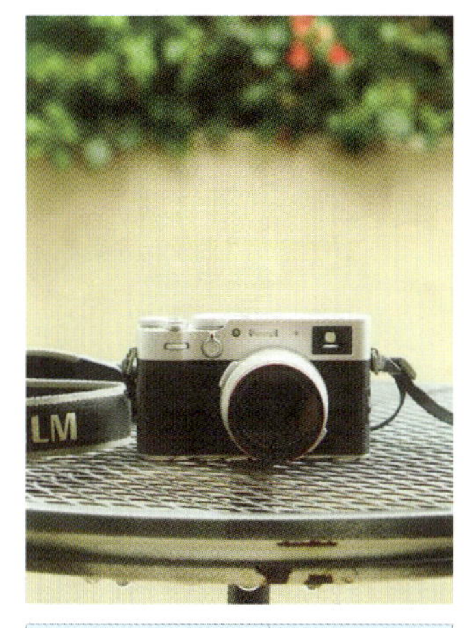

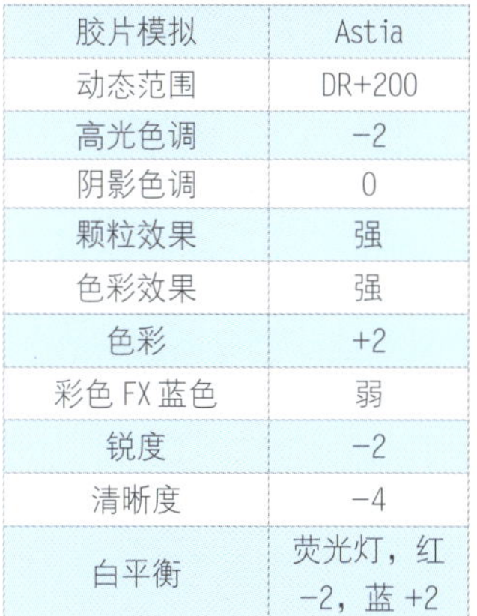

胶片模拟	Astia
动态范围	DR+200
高光色调	-2
阴影色调	0
颗粒效果	强
色彩效果	强
色彩	+2
彩色 FX 蓝色	弱
锐度	-2
清晰度	-4
白平衡	荧光灯，红 -2，蓝 +2

胶片模拟	Astia
动态范围	DR+200
高光色调	+3
阴影色调	+1
颗粒效果	强
色彩效果	强
色彩	+2
彩色 FX 蓝色	强
锐度	-2
清晰度	-4
白平衡	荧光灯 1，红 -6，蓝 -3

胶片模拟	Astia
动态范围	DR+200
高光色调	+2
阴影色调	+1
色彩	+2
锐度	0
降噪	-2
曝光补偿	+2/3 至 +1
白平衡	阴影，红 +2，蓝 +2

Classic Chrome 经典正片及 9 种配方效果

此风格拍摄的画面色彩柔和，饱和度会适当降低，但会压暗暗部来强化画面的明暗反差。另外，照片的蓝色会被单独处理成低饱和的青蓝色调，比较适合拍摄人文纪实题材，或者内容较深刻、严肃类的题材。如果画面有外景，可以考虑在秋冬季使用。

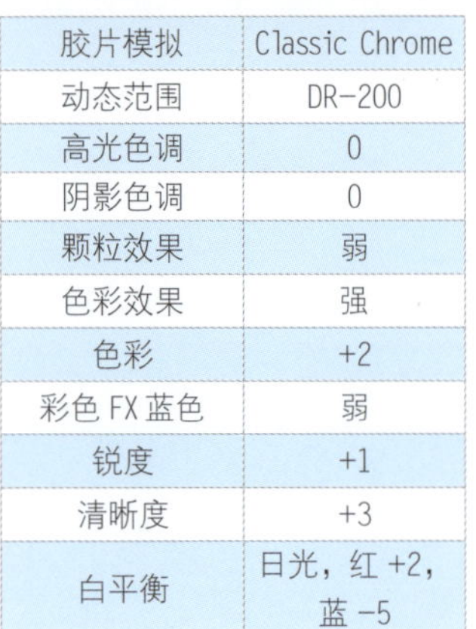

胶片模拟	Classic Chrome
动态范围	DR-200
高光色调	0
阴影色调	0
颗粒效果	弱
色彩效果	强
色彩	+2
彩色 FX 蓝色	弱
锐度	+1
清晰度	+3
白平衡	日光，红 +2，蓝 -5

胶片模拟	Classic Chrome
动态范围	DR+400
高光色调	+0.5
阴影色调	-0.5
颗粒效果	关
色彩效果	强
色彩	+1
彩色 FX 蓝色	弱
锐度	+3
清晰度	+3
白平衡	日光，红 +2，蓝 -4

胶片模拟	Classic Chrome
动态范围	DR+200
高光色调	0
阴影色调	+0.5
颗粒效果	弱
色彩效果	强
色彩	+2
彩色 FX 蓝色	关
锐度	+1
清晰度	+3
白平衡	自动，红 +2，蓝 -5

胶片模拟	Classic Chrome
动态范围	DR- 自动
高光色调	–
阴影色调	–
颗粒效果	弱
色彩效果	弱
色彩	0
彩色 FX 蓝色	弱
锐度	-1
降噪功能	-4
白平衡	自动，红 +4，蓝 -5

胶片模拟	Classic Chrome
动态范围	DR- 自动
高光色调	+1
阴影色调	+1
颗粒效果	强
色彩效果	弱
色彩	+4
彩色 FX 蓝色	关
锐度	0
降噪功能	-4
白平衡	自动，红 +1，蓝 -5

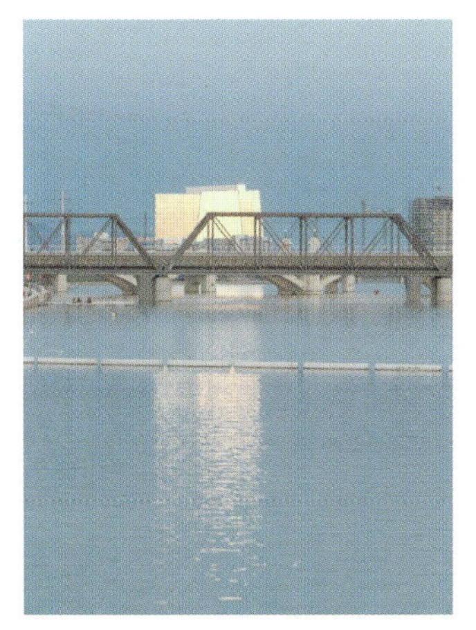

胶片模拟	Classic Chrome
动态范围	DR+400
高光色调	-0.5
阴影色调	-2
颗粒效果	弱
色彩效果	弱
色彩	+3
彩色 FX 蓝色	强
锐度	-2
降噪功能	-4
白平衡	5300K，红 0，蓝 -6

胶片模拟	Classic Chrome
动态范围	强
高光色调	–
阴影色调	–
颗粒效果	弱
色彩效果	关
色彩	+4
彩色 FX 蓝色	弱
锐度	-2
降噪功能	-4
白平衡	4350K，红 +6，蓝 -8

胶片模拟	Classic Chrome
动态范围	DR+400
高光色调	-2
阴影色调	-0.5
颗粒效果	强
色彩效果	强
色彩	+3
彩色 FX 蓝色	关
锐度	-2
降噪功能	-4
白平衡	6600K，红 -1，蓝 -3

胶片模拟	Classic Chrome
动态范围	DR+400
高光色调	0
阴影色调	-2
颗粒效果	强
色彩效果	强
色彩	+2
彩色 FX 蓝色	关
锐度	-2
降噪功能	-4
白平衡	5200K，红 +1，蓝 -6

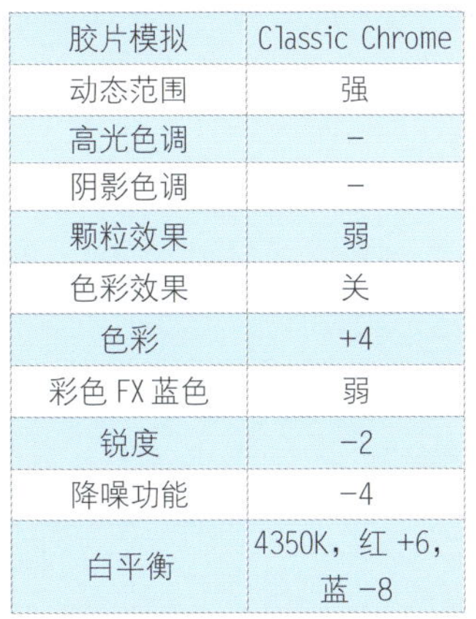

Classic Neg. 经典负片及 9 种配方效果

相比于其他模式，经典负片模式以其独特的低饱和度风格脱颖而出，其低饱和度与柔和的色调特别适合希望提升照片表现力的摄影爱好者，即便是在相对平凡的场景下拍摄，也可以显著改善最终照片的视觉效果。

它的独特之处在于，保留了胶片高光偏口红色、阴影偏青灰的特性，尤其是普通的绿色会呈墨绿色，而红色中将带一些橙色，特别适合记录日常，拍摄美食及人文题材。由于拍摄后的照片会偏暗，因此拍摄时要稍加一点儿曝光补偿，在白平衡偏移中适当向红色做偏移。

胶片模拟	Classic Neg.
动态范围	DR+400
高光色调	0
阴影色调	+2
颗粒效果	强
色彩效果	强
色彩	-3
彩色 FX 蓝色	弱
锐度	-1
降噪功能	-4
白平衡	日光，红 +3，蓝 +1

胶片模拟	Classic Neg.
动态范围	DR+400
高光色调	-1.5
阴影色调	+1.5
颗粒效果	强
色彩效果	强
色彩	-2
彩色 FX 蓝色	弱
锐度	-2
降噪功能	-4
白平衡	5500K，红 -1，蓝 -2

胶片模拟	Classic Neg.
动态范围	DR+400
高光色调	-1
阴影色调	+1
颗粒效果	强
色彩效果	强
色彩	+4
彩色 FX 蓝色	强
锐度	-1
降噪功能	-4
白平衡	阴影，红 +3，蓝 +5

胶片模拟	Classic Neg.
动态范围	DR+400
高光色调	-1
阴影色调	+1
颗粒效果	弱
色彩效果	弱
色彩	+2
彩色 FX 蓝色	弱
锐度	0
降噪功能	-4
白平衡	自动白色优先 红 -3，蓝 -1

胶片模拟	Classic Neg.
动态范围	DR- 自动
高光色调	-1
阴影色调	-2
颗粒效果	强
色彩效果	强
色彩	+1
彩色 FX 蓝色	关
锐度	-2
降噪功能	-4
白平衡	日光，红 0，蓝 -1

胶片模拟	怀旧负片
动态范围	DR+400
高光色调	0
阴影色调	-1
颗粒效果	强
色彩效果	关
色彩	+4
彩色 FX 蓝色	弱
锐度	-1
降噪功能	-4
白平衡	自动，红 +3，蓝 -5

胶片模拟	Classic Neg.
动态范围	DR+400
高光色调	-2
阴影色调	+3
颗粒效果	强
色彩效果	强
色彩	+4
彩色 FX 蓝色	弱
锐度	-2
降噪功能	-4
白平衡	5800K，红 +1，蓝 -3

胶片模拟	Classic Neg.
动态范围	DR+400
高光色调	-1.5
阴影色调	-2
颗粒效果	弱
色彩效果	强
色彩	+2
彩色 FX 蓝色	强
锐度	0
降噪功能	-4
白平衡	自动，红 -1，蓝 +1

胶片模拟	怀旧负片
动态范围	DR+400
高光色调	-1
阴影色调	-1
颗粒效果	弱
色彩效果	强
色彩	0
彩色 FX 蓝色	弱
锐度	-2
降噪功能	-4
白平衡	日光，红 0，蓝 0

PRO Neg. Std 标准色彩负片模式及 9 种配方效果

此模式与 PRO Neg. Hi 几乎相同，只是此模式拍摄出来的画面，色彩饱和度较低，对比度也较低，能再现出色的肤色，因此适合拍摄人像。其中性色调非常适合在影棚中的人像摄影，也很适合后期处理。

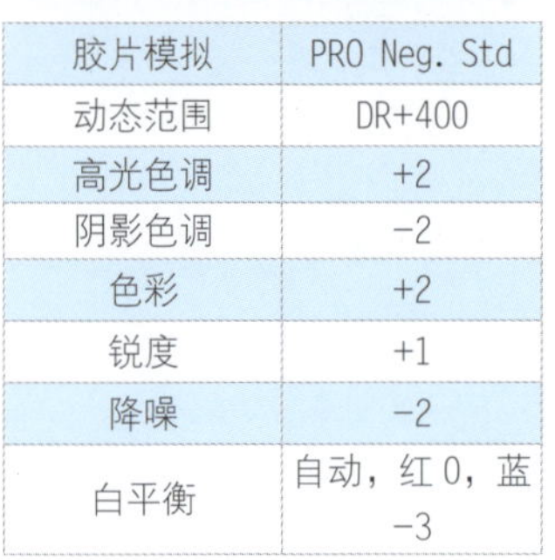

胶片模拟	PRO Neg. Std
动态范围	DR+400
高光色调	+2
阴影色调	-2
色彩	+2
锐度	+1
降噪	-2
白平衡	自动，红 0，蓝 -3

胶片模拟	PRO Neg. Std
动态范围	DR+400
高光色调	+1
阴影色调	+2
色彩	-2
锐度	+2
降噪	-2
白平衡	自动，红 +1，蓝 -2

胶片模拟	PRO Neg. Std
动态范围	DR+200
高光色调	-1
阴影色调	+1
色彩	-2
锐度	-1
降噪	-2
白平衡	日光，红 -1，蓝 -4

胶片模拟	PRO Neg. Std
动态范围	DR+200
高光色调	−1
阴影色调	+1
色彩	−1
锐度	0
降噪	−2
曝光补偿	0 至 +1/3
白平衡	自动，红 0，蓝 −1

胶片模拟	PRO Neg. Std
动态范围	DR+400
高光色调	+1
阴影色调	+2
色彩	−1
锐度	+2
降噪	−2
曝光补偿	+1/3 至 +2/3
白平衡	日光，红 −1，蓝 +3

胶片模拟	PRO Neg. Std
动态范围	DR+200
高光色调	+2
阴影色调	+1
色彩	−1
锐度	0
降噪	−2
曝光补偿	0 至 −2/3
白平衡	4300K，红 −3，蓝 −3

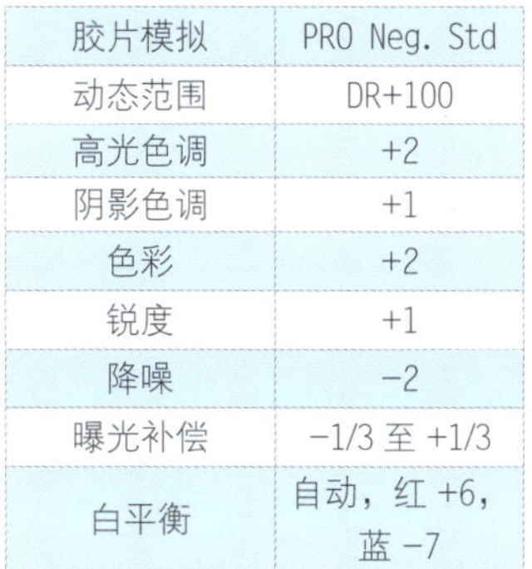

胶片模拟	PRO Neg. Std
动态范围	DR+100
高光色调	+2
阴影色调	+1
色彩	+2
锐度	+1
降噪	−2
曝光补偿	−1/3 至 +1/3
白平衡	自动，红 +6，蓝 −7

胶片模拟	PRO Neg. Std
动态范围	DR+200
高光色调	−1
阴影色调	0
色彩	−2
锐度	0
降噪	−2
曝光补偿	+1/3 至 +2/3
白平衡	5300K，红 −5，蓝 −4

胶片模拟	PRO Neg. Std
动态范围	DR+400
高光色调	0
阴影色调	+1
色彩	0
锐度	0
降噪	−2
曝光补偿	−1/3 至 +2/3
白平衡	日光，红 +2，蓝 −6

Pro Neg.Hi 专业彩色负片·高对比模式及 8 种配方效果

使用此模式所拍摄出来的画面，颜色对比度会稍微强一点儿，但又具有柔和的色调，因此，当在户外拍摄人像时合适选择此模式，能更清楚地展现户外人像的细节和层次感，营造出舒适、自然的人像氛围。

胶片模拟	Pro Neg.Hi
高光色调	+1
阴影色调	-2
颗粒效果	弱
色彩效果	关
色彩	0
彩色 FX 蓝色	弱
锐度	0
降噪功能	0
白平衡	5400K，红 +1，蓝 -1

胶片模拟	Pro Neg.Hi
动态范围	DR+100
高光色调	+1
阴影色调	+2
颗粒效果	关
色彩效果	关
色彩	+1
彩色 FX 蓝色	关
锐度	+1
白平衡	自动

胶片模拟	ProNeg.Hi
动态范围	DR+400
高光色调	-2
阴影色调	+3
颗粒效果	弱
色彩效果	强
色彩	+3
锐度	-1
白平衡	自动，红 -5，蓝 +3

胶片模拟	ProNeg.Hi
动态范围	DR+200
高光色调	-1
阴影色调	-2
色彩	+2
锐度	-1
降噪	-2
曝光补偿	-1/3 至 +1/3
白平衡	水下自动，红 0，蓝 -2

胶片模拟	ProNeg.Hi
高光色调	+3
阴影色调	-1
色彩	0
锐度	0
降噪	0
颗粒效果	关
色彩效果	关
白平衡	5300K

胶片模拟	ProNeg.Hi
高光色调	+1
阴影色调	-1
色彩	0
锐度	0
降噪	0
颗粒效果	关
色彩效果	关
白平衡	5200K，蓝 -4

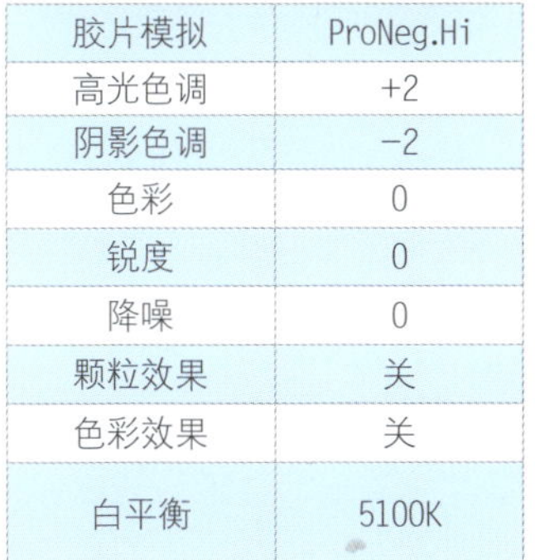

胶片模拟	ProNeg.Hi
高光色调	+2
阴影色调	-2
色彩	0
锐度	0
降噪	0
颗粒效果	关
色彩效果	关
白平衡	5100K

胶片模拟	ProNeg.Hi
高光色调	-1
阴影色调	-2
色彩	0
锐度	0
降噪	0
颗粒效果	关
色彩效果	关
白平衡	4600K，蓝 +3

Nostal Gic Neg 怀旧负片模式及 9 种配方效果

使用怀旧负片胶片模拟拍摄的照片，就像是把我们带回到 20 世纪 70 年代美国的那种彩色摄影风格，画面给人一种老电影的感觉。此模式拍摄的画面有一种朦胧的美感，同时又能保持清晰可辨的细节以及明快的色彩。这样拍出来的照片有一种怀旧、温暖的感觉，就像是回到了过去，唤醒了美好的记忆时光。

在拍摄古建筑、街拍、老人肖像题材时，又或者想要画面有怀旧感、复古感氛围时，就适合选择这个胶片模拟。

胶片模拟	怀旧负片
动态范围	DR+400
高光色调	-1.5
阴影色调	0
颗粒效果	强
色彩效果	强
色彩	0
彩色 FX 蓝色	弱
锐度	+2
降噪功能	-4
白平衡	5200K，红 +2，蓝 -2

胶片模拟	怀旧负片
动态范围	DR+400
高光色调	-1
阴影色调	+1
颗粒效果	强
色彩效果	强
色彩	+4
彩色 FX 蓝色	弱
锐度	-1
降噪功能	-4
白平衡	日光，红 +3，蓝 -2

胶片模拟	怀旧负片
动态范围	DR+400
高光色调	+2
阴影色调	-2
颗粒效果	弱
色彩效果	强
色彩	-3
彩色 FX 蓝色	关
锐度	0
降噪功能	-4
白平衡	红 +2，蓝 -3

胶片模拟	怀旧负片
动态范围	DR+100
高光色调	+1.5
阴影色调	−1.5
颗粒效果	弱
色彩效果	弱
色彩	+1
彩色 FX 蓝色	关
锐度	−1
降噪功能	−4
白平衡	5000K，红 −1，蓝 +3

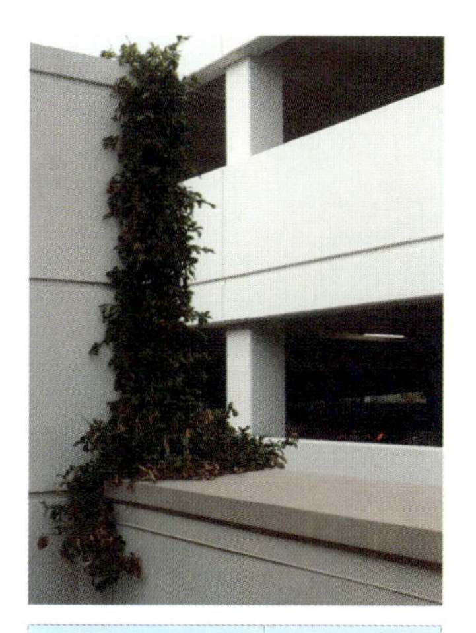

胶片模拟	怀旧负片
动态范围	DR+200
高光色调	+4
阴影色调	+3
颗粒效果	强
色彩效果	强
色彩	−1
彩色 FX 蓝色	关
锐度	−2
降噪功能	−4
白平衡	荧光灯 1，红 −5，蓝 0

胶片模拟	怀旧负片
动态范围	DR+400
高光色调	+1.5
阴影色调	+1
颗粒效果	弱
色彩效果	弱
色彩	+3
彩色 FX 蓝色	弱
锐度	−2
降噪功能	−4
白平衡	5800K，红 −3，蓝 −3

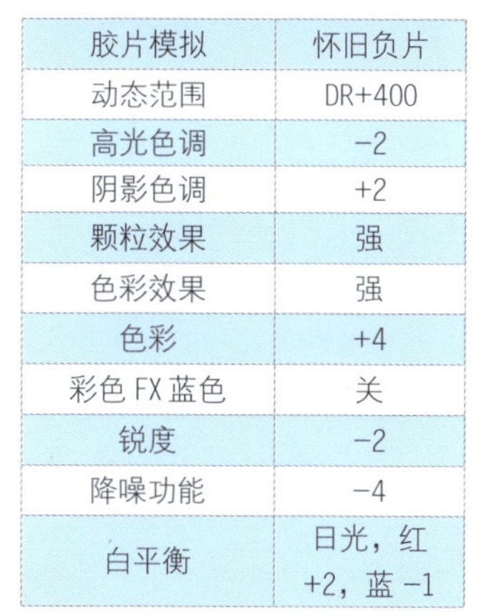

胶片模拟	怀旧负片
动态范围	DR+400
高光色调	−2
阴影色调	+2
颗粒效果	强
色彩效果	强
色彩	+4
彩色 FX 蓝色	关
锐度	−2
降噪功能	−4
白平衡	日光，红 +2，蓝 −1

胶片模拟	怀旧负片
动态范围	DR+400
高光色调	+4
阴影色调	+2
颗粒效果	强
色彩效果	关
色彩	+3
彩色 FX 蓝色	关
锐度	−4
降噪功能	−4
白平衡	5250K，红 −3，蓝 −5

胶片模拟	怀旧负片
动态范围	DR+400
高光色调	−2
阴影色调	−1
颗粒效果	弱
色彩效果	强
色彩	+4
彩色 FX 蓝色	弱
锐度	+2
降噪功能	−4
白平衡	6700K，红 −1，蓝 −6

Eterna 影院模式及 9 种配方效果

使用此模式可以模拟出电影胶片的色彩和质感，并且画面具有柔和的色调和低饱和度，以及较高的动态范围，为后期调色留下较多的处理空间。此外，使用此模式录制视频，可以轻松拍出深受观众喜爱的电影主流色调，让你的视频如同电影大片般有质感和氛围。

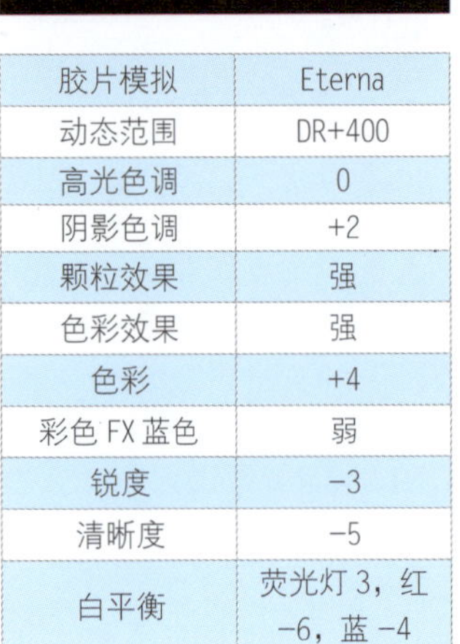

胶片模拟	Eterna
动态范围	DR+400
高光色调	0
阴影色调	+2
颗粒效果	强
色彩效果	强
色彩	+4
彩色 FX 蓝色	弱
锐度	-3
清晰度	-5
白平衡	荧光灯 3，红 -6，蓝 -4

胶片模拟	Eterna
动态范围	DR+100
高光色调	+3
阴影色调	+1
颗粒效果	强
色彩效果	关
色彩	+2
彩色 FX 蓝色	关
锐度	-1
清晰度	0
白平衡	自动，红 +2，蓝 -5

胶片模拟	Eterna
动态范围	DR+100
高光色调	+3
阴影色调	+1
颗粒效果	强
色彩效果	关
色彩	+2
彩色 FX 蓝色	强
锐度	-1
清晰度	-2
白平衡	自动，红 +2，蓝 -5

胶片模拟	Eterna
动态范围	DR+200
高光色调	+2.5
阴影色调	0
颗粒效果	强
色彩效果	强
色彩	+4
彩色 FX 蓝色	强
锐度	−1
清晰度	−3
白平衡	日光，红 +3，蓝 −7

胶片模拟	Eterna
动态范围	DR+100
高光色调	+3
阴影色调	+1
颗粒效果	强
色彩效果	关
色彩	+2
彩色 FX 蓝色	关
锐度	−1
清晰度	0
白平衡	自动，红 +2，蓝 −5

胶片模拟	Eterna
动态范围	DR+100
高光色调	+3
阴影色调	+1
颗粒效果	强
色彩效果	关
色彩	+2
彩色 FX 蓝色	强
锐度	−1
清晰度	−2
白平衡	自动，红 +2，蓝 −5

胶片模拟	Eterna
动态范围	DR+200
高光色调	+2
阴影色调	+3
颗粒效果	强
色彩效果	强
色彩	+1
彩色 FX 蓝色	强
锐度	−2
清晰度	−2
白平衡	7350K，红 −1，蓝 −4

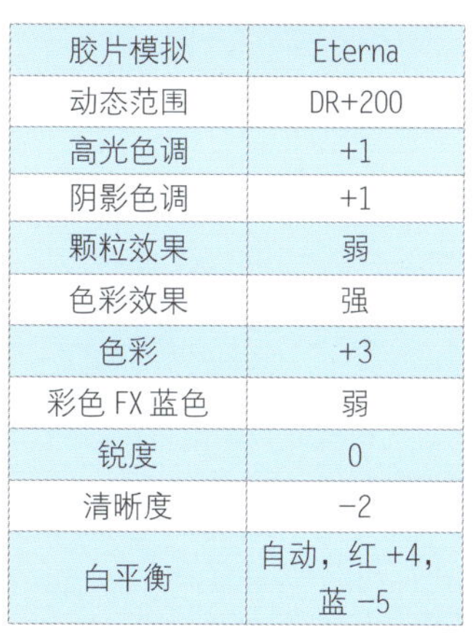

胶片模拟	Eterna
动态范围	DR+200
高光色调	+1
阴影色调	+1
颗粒效果	弱
色彩效果	强
色彩	+3
彩色 FX 蓝色	弱
锐度	0
清晰度	−2
白平衡	自动，红 +4，蓝 −5

胶片模拟	Eterna
动态范围	DR+400
高光色调	+3
阴影色调	+2
颗粒效果	强
色彩效果	强
色彩	+3
彩色 FX 蓝色	强
锐度	0
清晰度	−3
白平衡	自动白色优先，红 +4，蓝 −7

Eterna Bleach Bypass 漂白效果模式及 6 种配方效果

在所有胶片模拟模式中，此模式具有最低的饱和度和最高的对比度，其中通过对画面漂白处理，可以让画面产生高对比度、低饱和度的效果，让画面看起来几乎像是彩色照片上的黑白照片。此模式可以用于照片，但更常用于录制视频中。

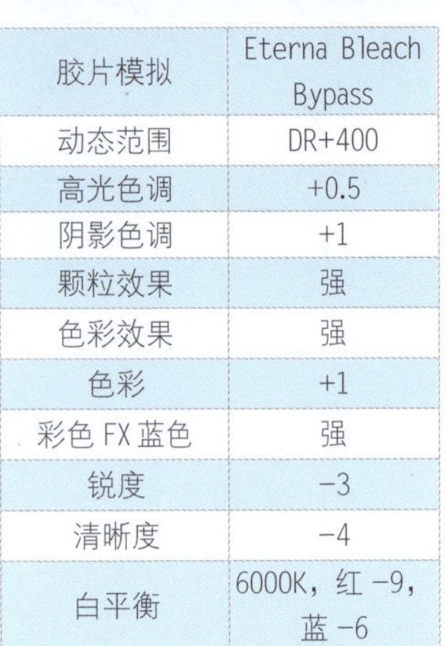

胶片模拟	Eterna Bleach Bypass
动态范围	DR+400
高光色调	+0.5
阴影色调	+1
颗粒效果	强
色彩效果	强
色彩	+1
彩色 FX 蓝色	强
锐度	-3
清晰度	-4
白平衡	6000K，红 -9，蓝 -6

胶片模拟	Eterna Bleach Bypass
动态范围	DR+400
高光色调	-0.5
阴影色调	+1.5
颗粒效果	强
色彩效果	强
色彩	+3
彩色 FX 蓝色	弱
锐度	0
清晰度	-3
白平衡	7700K，红 -9，蓝 +5

胶片模拟	Eterna Bleach Bypass
动态范围	DR+200
高光色调	0
阴影色调	+2.5
颗粒效果	强
色彩效果	强
色彩	-2
彩色 FX 蓝色	弱
锐度	-4
清晰度	-5
白平衡	自动，红 +3，蓝 -7

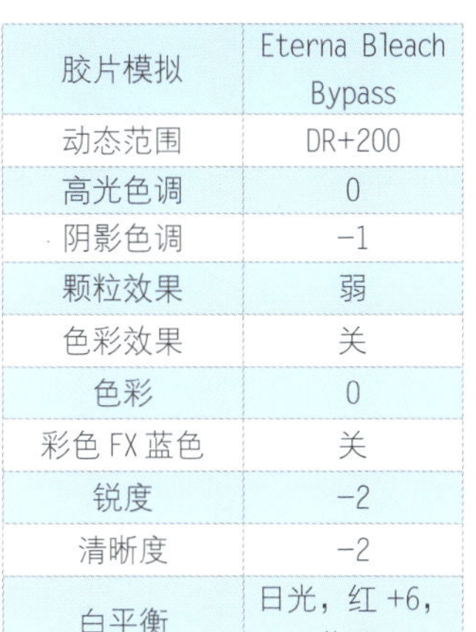

胶片模拟	Eterna Bleach Bypass
动态范围	DR+200
高光色调	0
阴影色调	-1
颗粒效果	弱
色彩效果	关
色彩	0
彩色 FX 蓝色	关
锐度	-2
清晰度	-2
白平衡	日光，红 +6，蓝 -8

胶片模拟	Eterna Bleach Bypass
动态范围	DR+400
高光色调	-2
阴影色调	-1
颗粒效果	强
色彩效果	强
色彩	+2
彩色 FX 蓝色	关
锐度	+1
清晰度	-2
白平衡	荧光灯 1，红 -2，蓝 -4

胶片模拟	Eterna Bleach Bypass
动态范围	DR+400
高光色调	-2
阴影色调	+1.5
颗粒效果	强
色彩效果	强
色彩	+3
彩色 FX 蓝色	关
锐度	-2
白平衡	日光，红 +4，蓝 -9

Acros 黑白颗粒模式及 5 种配方效果

ACROS 模式以其出色的对比度和精细的细节再现能力而闻名，它能够让画面呈现极为细腻的纹理，并且画面的高光区域和阴影部分也能保持丰富的细节。与传统的黑白胶片模拟相比，ACROS 模式拍摄的画面有更为鲜明的对比度，能够捕捉从深邃的黑色到纯净的白色之间微妙的光影过渡变化，让照片有更丰富的层次感。

即使在使用较高的 ISO 拍摄时，ACROS 模式也能有效地控制噪点水平，并营造出一种类似传统胶片的颗粒质感，从而为摄影作品增添更多的艺术氛围。

胶片模拟	Acros
动态范围	DR+400
高光色调	+1
阴影色调	+3
颗粒效果	强
单色（色调）	WC-1&MG-1
锐度	+2
清晰度	+1
白平衡	5500K，红 +4，蓝 +7

胶片模拟	Acros+ 红
动态范围	DR+100
高光色调	+4
阴影色调	+3
颗粒效果	关
色彩效果	关
彩色 FX 蓝色	关
锐度	+4
降噪	+1
白平衡	自动

胶片模拟	Acros0
动态范围	DR+400
高光色调	+2
阴影色调	+2
颗粒效果	强
色彩效果	关
彩色 FX 蓝色	关
锐度	0
降噪	0
白平衡	自动

胶片模拟	Acros
动态范围	DR- 自动
高光色调	+4
阴影色调	+4
颗粒效果	弱
锐度	+4
降噪	-4
白平衡	自动

胶片模拟	Acros
动态范围	DR+100
高光色调	-1
阴影色调	+2
颗粒效果	关
锐度	+4
降噪	0
白平衡	自动

黑白模式及 3 种配方效果

在黑白模式下，用户可以选择黄色（Ye）、红色（R）和绿色（G）滤镜，如果选择“黑白 + 黄滤镜”可以提高对比度和暗化天空；而选择“黑白 + 红滤镜”，则可以强化对比度并大幅度暗化天空；选择“黑白 + 绿滤镜”可以在人像摄影中获得满意的皮肤色调。

胶片模拟	单色
动态范围	DR+200
高光色调	+2
阴影色调	+2
锐度	+1
降噪	−2
曝光补偿	+1/3 至 +2/3
白平衡	白炽灯，红 −5，蓝 +9

胶片模拟	单色（+Y、+R、+G）
动态范围	DR+200
高光色调	+1
阴影色调	+1
锐度	+1
降噪	−2
曝光补偿	0
白平衡	自动

胶片模拟	单色 +R
动态范围	DR+400
高光色调	−1
阴影色调	+2
锐度	+1
降噪	−2
曝光补偿	0 至 +1
白平衡	荧光灯 1，红 −4，蓝 +7

棕褐色模式及 3 种配方效果

使用此模式可拍摄出棕褐色调单色照片，棕褐色是一种暗室技术，已经存在了很长时间，但很少有人会使用它。它能够模拟出物体放置很长时间后的旧色调，即画面有明显的红棕色调，如果想让画面更具艺术性或复古感，即可使用此模式来拍摄。

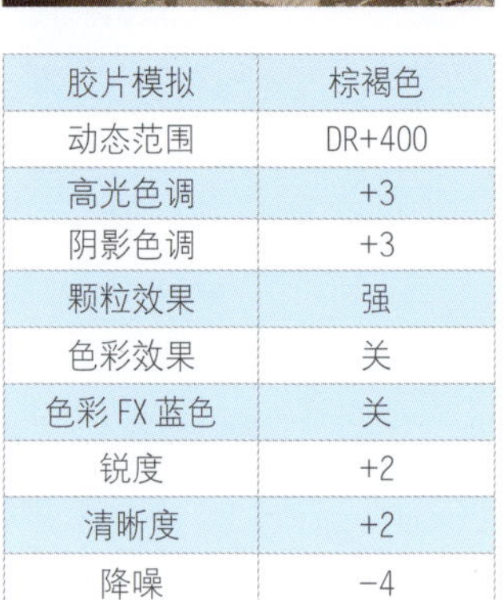

胶片模拟	棕褐色
动态范围	DR+400
高光色调	+3
阴影色调	+3
颗粒效果	强
色彩效果	关
色彩 FX 蓝色	关
锐度	+2
清晰度	+2
降噪	-4

胶片模拟	棕褐色
动态范围	DR+200
高光色调	+2
阴影色调	+2
颗粒效果	强
色彩效果	关
色彩 FX 蓝色	关
锐度	+1
清晰度	+2
降噪	-2

胶片模拟	棕褐色
动态范围	DR+400
高光色调	+3
阴影色调	+3
颗粒效果	强
色彩效果	关
色彩 FX 蓝色	关
锐度	-2
清晰度	0
降噪	-4

不同胶片模拟在冷调或暖调中的画面效果

在绿色为主的画面中效果

有些胶片模拟侧重于凸显冷色调，有些侧重于凸显暖色调，所以即使是同一种模式，在不同色调的环境中，也会带来不同的色调变化。

在以绿色为主的拍摄场景中，富士相机的 Astia、Classic Neg. 和 Pro Neg. Std 等胶片模拟能够呈现出各自独特的色彩和影调特点，其中 Astia 以其柔和的色彩和细腻的影调最适合以绿色为主的环境；而 Classic Neg. 和 Pro Neg. Std 则能够保持较为自然的色彩还原。

下面展示各种胶片模拟在同一个场景并以绿色为主色调时的色彩表现。

▲ Provia 标准模式

▲ Velvia 鲜艳模式

▲ Astia 柔和模式

▲ Classic Chrome 经典正片模式

▲ Pro Neg.Hi 专业彩色负片·高对比模式

▲ PRO Neg. Std 标准色彩负片模式

▲ Classic Neg. 经典负片模式

▲ Nostal Gic Neg 怀旧负片模式

▲ Eterna 影院模式

▲ Eterna Bleach Bypass 漂白效果模式

▲ Acros 黑白颗粒模式

▲棕褐色模式

在冷色调画面中效果

在光线偏蓝、色调偏冷的场景下，富士相机的 Classic Neg.、Astia 以及 Pro Neg. Std 胶片模拟有着较为突出的表现。其中，Classic Neg. 能够在冷调环境中保持较为自然的色彩过渡，同时增加一定的对比度和清晰度，使得画面在保持冷色调的同时，不失细节和层次感；Astia 具有柔和的色彩和细腻的影调，在冷调环境中能够进一步柔化画面，营造出一种静谧、清冷的氛围；而 Pro Neg. Std 在冷调环境中能够呈现出较为真实的色彩和质感，同时具备一定的宽容度和动态范围，能够捕捉更多的细节。

下面展示各种胶片模拟在同一个场景并以蓝色为主色调下的色彩表现。

▲Provia 标准模式

▲Velvia 鲜艳模式

▲Astia 柔和模式

▲Classic Chrome 经典正片模式

▲Pro Neg.Hi 专业彩色负片·高对比模式

▲PRO Neg. Std 标准色彩负片模式

▲Classic Neg. 经典负片模式

▲Nostal Gic Neg 怀旧负片模式

▲Eterna 影院模式

▲Eterna Bleach Bypass 漂白效果模式

▲Acros 黑白颗粒模式

▲黑白模式

在暖色调画面中效果

在光线偏黄、色调偏暖的场景下，Classic Chrome、Velvia 以及 Eterna 胶片模拟更为适合，它们能够凸显色彩并塑造画面的温暖感。其中 Classic Chrome 在暖调环境中能够进一步增强画面的色彩饱和度和温暖感，轻松地营造出一种复古而温馨的氛围；Velvia 胶片模拟以其高饱和度和强烈的色彩对比为特点，在暖调环境中能够呈现出更加鲜艳、浓郁的色彩效果，使画面更具视觉冲击力；虽然 Eterna 胶片模拟以其低对比度和高宽容度著称，但在暖调环境中适当增加一些暖色调，也能呈现出温暖而柔和的画面效果。

下面展示各种胶片模拟在同一个场景并以紫红色为主色调下的色彩表现。

▲ Provia 标准模式

▲ Velvia 鲜艳模式

▲ Astia 柔和模式

▲ Classic Chrome 经典正片模式

▲ Pro Neg.Hi 专业彩色负片·高对比模式

▲ PRO Neg. Std 标准色彩负片模式

▲ Classic Neg. 经典负片模式

▲ Nostal Gic Neg 怀旧负片模式

▲ Eterna 影院模式

▲ Eterna Bleach Bypass 漂白效果模式

▲ Acros 黑白颗粒模式

▲棕褐色模式

创建胶片模拟配方的思路

许多使用富士相机的摄影师会利用胶片模拟配方，这是一种针对 JPEG 照片的设置，无须后期就能让画面产出经典胶片的色彩风格。

使用胶片模拟配方的好处，包括简便、真实感、一致性和提升效率。尽管富士相机预设的模式众多，但你可能还想尝试自调胶片模拟配方，对于想自调胶片模拟配方的摄影爱好者，下面将指导你如何打造独特的视觉效果。

大多数人想自调胶片模拟配方，都是从一个美学想法开始的：我希望画面看起来像什么样子？很多时候，这种想象中的色调效果，通常是来源于某部电影的某一场景。

一旦知道了自己想要达到的美感，下一步就是找出一个基本的起点——电影模拟，笔者认为，与电影色调最匹配的胶片模拟是 Nostalgic Neg 模式，Eterna 模式也很相似，但此模式所拍摄的画面，阴影区域让人感觉不够生动和温暖。每种胶片模拟都会产生不同的画面色调，因此，需要找到最适合自己想法的基础胶片模拟，一旦选择了适合的基础胶片模拟，就可以在它的基础上进行相关的菜单调整，以实现自己想要的画面色调了。在富士相机中提供了多种可以影响画面色调或质感的菜单功能，通过前面各种模式的配方表，可以看出，摄影师都是在基础胶片模拟模式上，配合不同的菜单设置，以让画面展现不同的效果的。

这些菜单功能分别是颗粒效果、色彩效果、色彩 FX 蓝色、白平衡和白平衡偏移、色彩、锐度、清晰度、高 ISO 降噪、高光、阴影、动态范围、黑白以及光滑皮肤效果。

胶片模拟功能优秀学习资源推荐

对于初学者而言，学习胶片模拟最好的方法之一就是先模仿他人的参数配方，在此，笔者推荐以下学习资源。

“富士数码影像”公众号

订阅此公众号后，回复“胶片模拟”关键词，即可获得官方收集整理好的配方。

“XSPACE 富士影像共享空间”公众号

订阅此公众号后，以“胶片模拟”为搜索关键词，可找到大量文章，以查看“富士相机研发者是如何定义‘胶片模拟’的？”这篇文章。

设置白平衡与色温控制画面色彩

理解白平衡存在的重要性

无论是在室外的阳光下，还是在室内的白炽灯光下，人眼都能将白色视为白色，将红色视为红色，这是因为，肉眼能够自动修正光源变化造成的着色差异。实际上，当光源改变时，作为这些光源的反射而被捕获的颜色也会发生变化，相机会精确地将这些变化记录在照片中，这样的照片在校正之前看上去是偏色的。

数码相机具有的“白平衡”功能，可以校正不同光源下色彩的变化，就像人眼的修正功能一样，能够使偏色的照片得到校正。

值得一提的是，在实际应用时，我们可以尝试使用“错误”的白平衡设置，从而获得特殊的画面色彩。例如，在拍摄夕阳时，如果使用荧光灯或阴影白平衡，则可以得到冷暖对比强烈或带有强烈暖调色彩的画面，这也是白平衡的一种特殊应用方式。

▲场景中的光线比较复杂，所以将白平衡设置为自定义模式，画面中海水、礁石、天空的颜色都得到了准确的还原。『焦距：24mm ¦ 光圈：F10 ¦ 快门速度：5s ¦ 感光度：ISO100』

预设白平衡

以富士 X-T5 相机为例，其提供了 8 种预设白平衡模式，可以满足大多数拍摄的需求。在实际拍摄时，摄影师只需根据不同的光线条件选择不同的白平衡模式，就能够较好地完成拍摄任务，下面分别介绍这些白平衡模式。

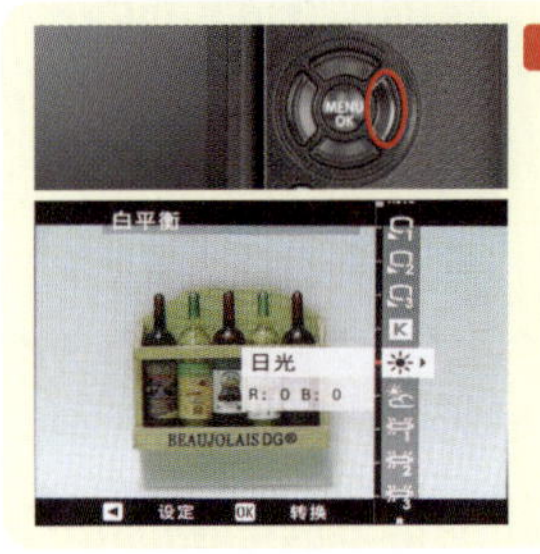

设定方法

按 Fn5 按钮（即▶方向键）显示白平衡列表，使用▲或▼方向键选择所需的白平衡模式，然后按◀按钮确认。

白平衡模式	说明	适用场合	拍摄效果
自动白平衡	根据实际光源校正照片色彩，具有非常高的准确度	在大部分场景下，都能够获得准确的色彩还原；并适合需要快速拍摄的场景等	
日光白平衡	在日光下拍摄时，照片色调偏冷，使用日光白平衡可以为画面增加一定程度的暖色	适用于空气较为通透或天空有少量薄云的晴天等	
阴天白平衡	阴天的光线色温较高，拍摄出来的照片色调偏冷，使用阴天白平衡可以为画面增加暖色	适合在云层较厚的天气或阴天拍摄时使用；或者在拍摄特殊对象（如日出、日落）、想要获得漂亮的偏暖色光线时	
日光荧光灯白平衡 暖白荧光灯白平衡 冷白荧光灯白平衡	在荧光灯下拍摄的画面很容易出现偏色的问题，且由于灯光光谱不连续，会出现时而偏黄、时而偏绿等不同程度的偏色，选择此模式可根据现场环境灯光的变化，为画面增加蓝色或洋红色色调，消除偏色问题	在以荧光灯作为主光源的环境中，如白色灯光、日光灯、节能灯泡等，可以根据实际拍摄环境中的荧光灯颜色来选择白平衡模式。建议先拍摄一张照片进行测试，以判断色彩还原是否准确	
白炽灯白平衡	白炽灯发出的光线色温较低，所拍摄出来的画面色彩通常偏黄或偏红，采用白炽灯白平衡可以为画面增加蓝色	适合在某些室内环境拍摄时使用，如宴会、婚礼、舞台等	
潜水白平衡	由相机自动校正水底光线下的照片色彩，减少蓝色	适用于海底世界、游泳馆等	

什么是色温

在摄影领域，色温用于表示光源的成分，单位为“K”。例如，日出日落时光的颜色为橙红色，这时色温较低，大约为3200K；太阳升高后，光的颜色为白色，这时色温变高，大约为5400K；阴天的色温还要高一些，大约为6000K。色温值越大，光源中所含的蓝色光越多；反之，色温值越小，则光源中所含的红色光越多。下图为常见场景中的色温值。

低色温的光趋于红、黄色调，其能量分布中红色调较多，因此通常又被称为“暖光”；高色温的光趋于蓝色调，通常被称为“冷光”。比如，在日落之时，光线的色温较低，因此拍摄出来的画面偏暖，适合表现夕阳静谧、温馨的感觉。为了加强这样的画面效果，可以叠加使用暖色滤镜，或者将白平衡设置成阴天模式。

再如晴天、中午时分的光线色温较高，拍摄出来的画面偏冷，通常这时空气的能见度也较高，可以很好地表现大景深场景。另外，冷色调的画面还可以很好地表现出冷清的感觉，在视觉上给人开阔的感受。

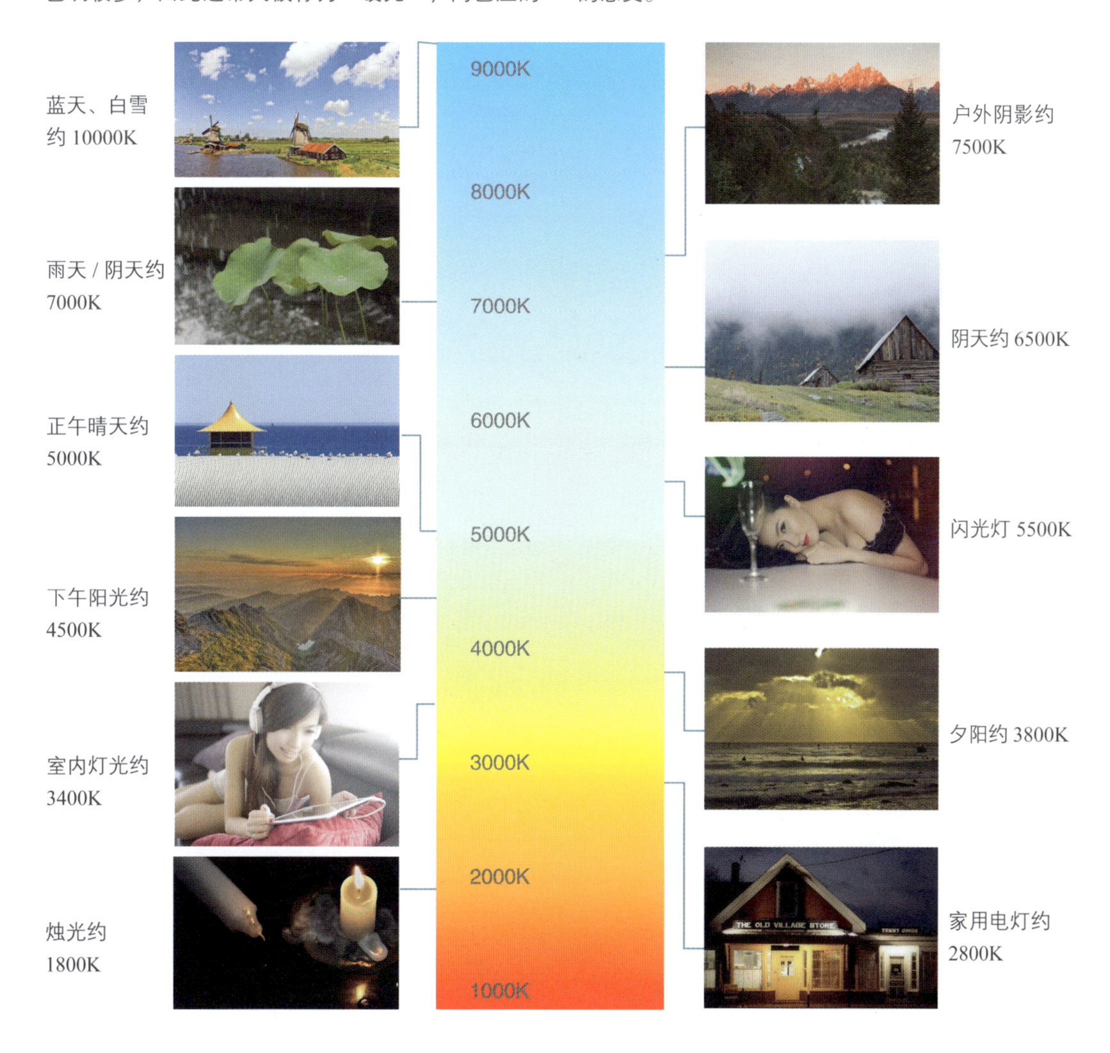

手调色温

为了应对复杂光线环境下的拍摄需要，富士 X-T5 相机在色温调整白平衡模式下提供了 2500~10000K 的色温调整范围，最小的调整幅度为 10K，用户可根据实际色温进行精确调整。

预设白平衡模式涵盖的色温范围比手调色温白平衡可调整的范围要小一些，因此当需要一些比较极端的效果时，预设白平衡模式就显得有些力不从心，此时就可以进行手动调整。

通常情况下，使用自动白平衡模式便可获得不错的色彩效果。但在特殊光线条件下，自动白平衡模式有时可能无法得到准确的色彩还原，此时，应根据光线条件手动选择合适的色温值。

▲ 即使使用了色温值最高的阴天预设白平衡（色温约为 7000K），画面的暖调效果还是不够纯粹。

▲ 通过手动调整色温至最高的 10000K，画面的暖调效果更加强烈。

设定步骤

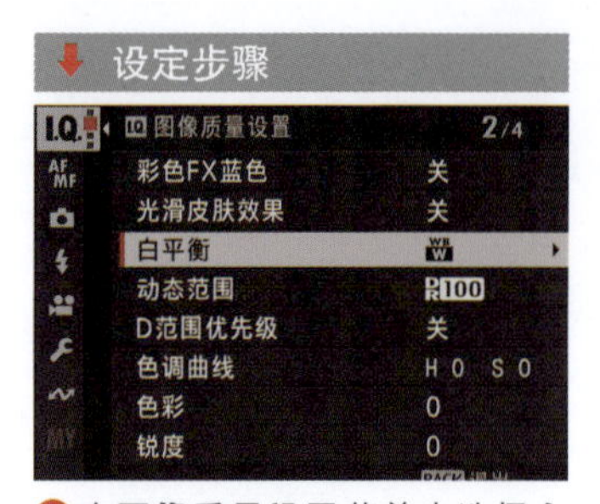

❶ 在**图像质量设置**菜单中选择**白平衡**选项，然后按▶方向键

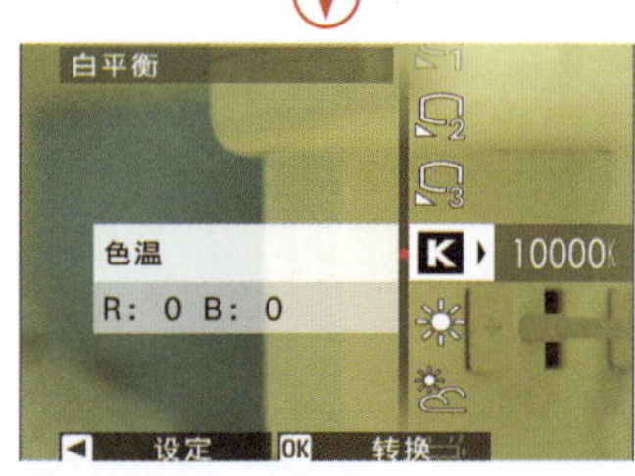

❷ 按▲或▼方向键选择**色温**选项，然后按▶方向键

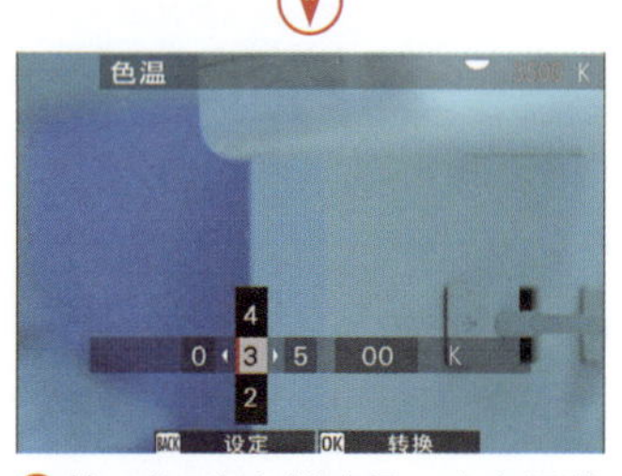

❸ 按▲或▼方向键选择一个色温数值，然后按 DISP/BACK 按钮确认

自定义白平衡

自定义白平衡模式是各种白平衡模式中最精准的一种，是指先在现场光照条件下拍摄纯白色的物体，相机会认为这张照片是标准的“白色”，从而以此为依据对现场色彩进行调整，最终实现精准的色彩还原。

在富士 X-T5 相机中自定义白平衡的操作步骤如下。

❶ 将对焦模式选择器切换至M（手动对焦）。

❷ 在“图像质量设置”菜单中选择“白平衡”选项。

❸ 选择“自定义1”~“自定义3”中的一个选项，并按▶方向键进入测量白平衡状态。

❹ 找到一个白色物体，然后半按快门对白色物体进行测光（此时无须顾虑是否对焦的问题），且要保证白色物体充满屏幕，然后按下快门拍摄一张照片。

❺ 拍摄完成后，屏幕若显示“完成”提示，按下 MENU/OK按钮即可将白平衡设为测量的值。

例如，当在室内使用恒亮光源拍摄人像或静物时，由于光源本身都会带有一定的色温倾向，因此，为了保证拍出的照片能够准确地还原色彩，此时就可以通过自定义白平衡的方法进行拍摄。

高手点拨：在实际拍摄时灵活运用自定义白平衡功能，可以使拍摄效果更自然，这要比使用滤色镜获得的效果更自然，操作也更方便。但值得注意的是，当曝光不足或曝光过度时，使用自定义白平衡可能无法获得正确的白平衡。在实际拍摄时，可以使用18%灰度卡（市场有售）取代白色物体，这样可以更精确地设置白平衡。

▲ 采用自定义白平衡模式拍摄室内人像，画面中人物的肤色得到了准确还原。『焦距：24mm ┆ 光圈：F10 ┆ 快门速度：1/125s ┆ 感光度：ISO100』

设定步骤

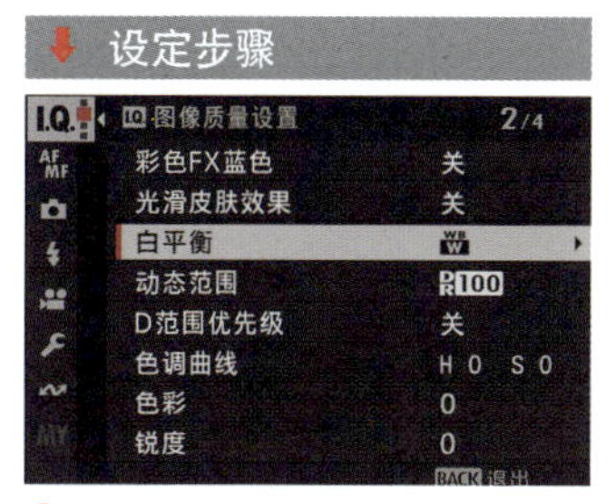

❶ 在**图像质量设置**菜单中选择**白平衡**选项，然后按▶方向键

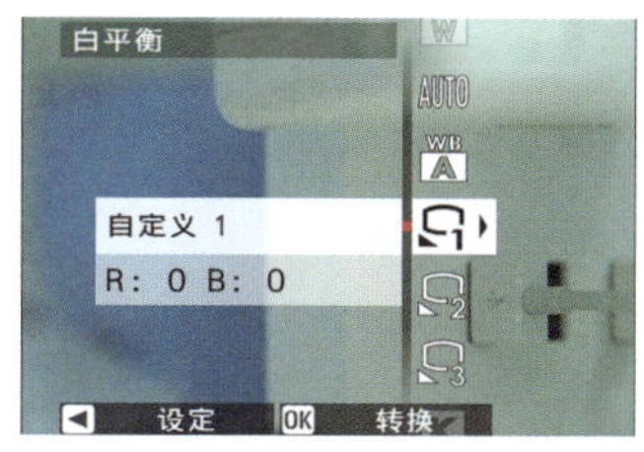

❷ 按▲或▼方向键选择**自定义 1** 选项（此处以选择**自定义 1** 选项为例），然后按▶方向键进入测量白平衡状态

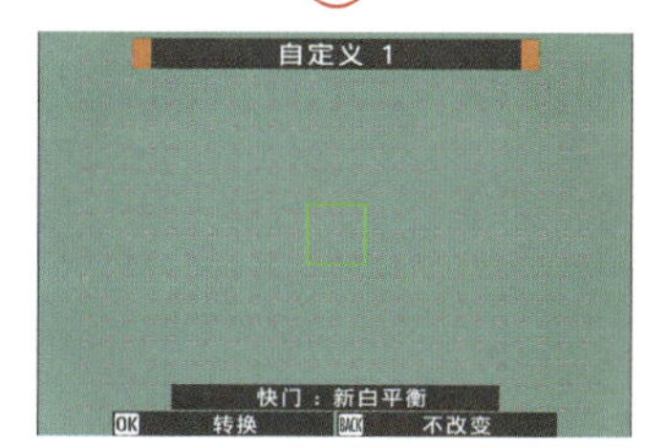

❸ 对准白色物体使之充满屏幕，然后按下快门按钮拍摄

❹ 屏幕将显示“完成”提示，然后按下 MENU/OK 按钮即可将白平衡设为测量的值；若屏幕中显示“过暗”或“过亮”提示，则需要提高或降低曝光补偿后重新测量

白平衡偏移

使用富士相机的各种白平衡模式时，均可微调修正画面色调，以使所拍画面的色彩更加个性化，或者更符合拍摄场景的色彩倾向。例如，可以通过微调，使每张照片都偏一点点蓝色，或者偏一点点紫红色。

例如，如果将色温值设置为9000K进行拍摄，但拍摄后认为照片的色调可以更偏红一些，则可以通过微调白平衡，以使拍摄出来的照片更红。

设定步骤

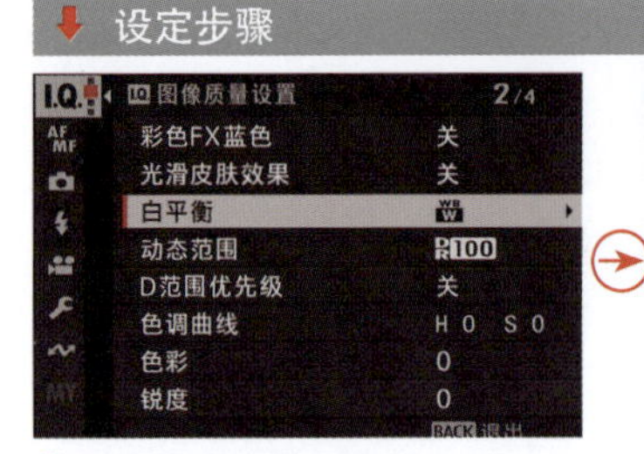

❶ 在**图像质量设置**菜单中选择**白平衡**选项，按▶方向键

❷ 按▲或▼方向键选择一种白平衡模式，然后按MENU/OK按钮确认

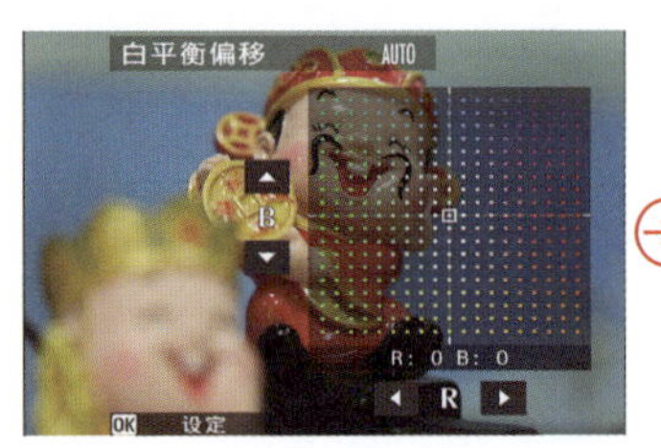

❸ 进入白平衡偏移界面，按▲、▼、◀、▶方向键可使画面分别向蓝、黄、青、红色偏移

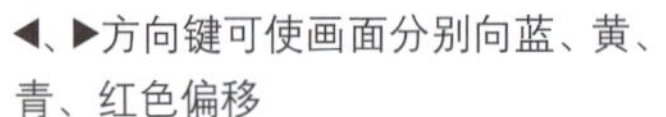

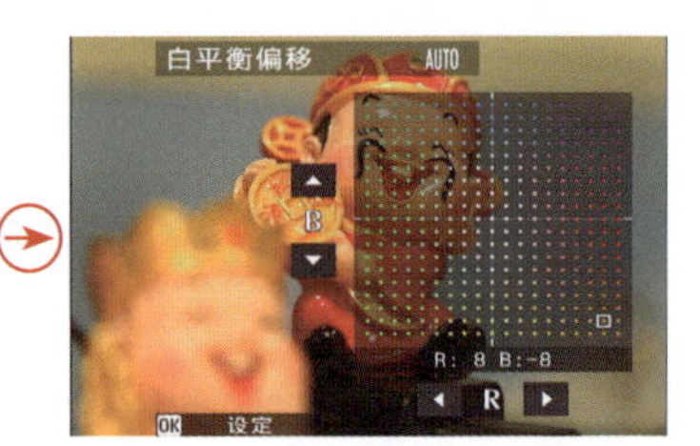

❹ 向右下方偏移后的画面效果

白平衡包围

当使用白平衡包围功能拍摄时，一次拍摄可同时得到3张不同白平衡效果的图像。

当摄影师在“白平衡BKT”菜单中选择一个包围量（±1、±2或±3）后，每释放一次快门，相机将拍摄3张照片，一张以当前白平衡设定拍摄，一张通过微微增加所选量的设定拍摄，还有一张是通过微微减少所选量的设定拍摄。

设定步骤

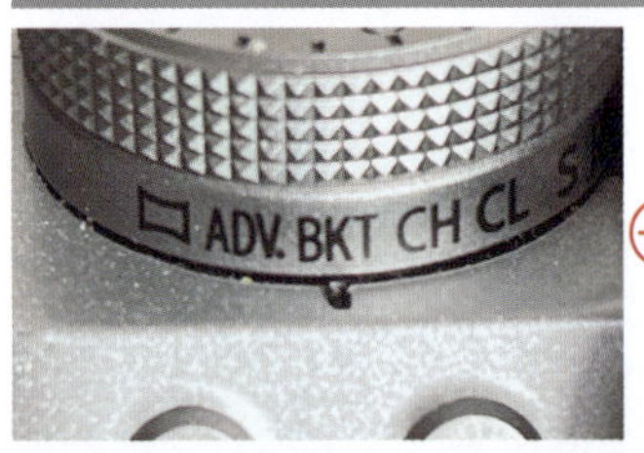

❶ 将驱动拨盘旋转至BKT的位置

❷ 在**拍摄设置**菜单中选择**DRIVE设置**选项，然后按▶方向键

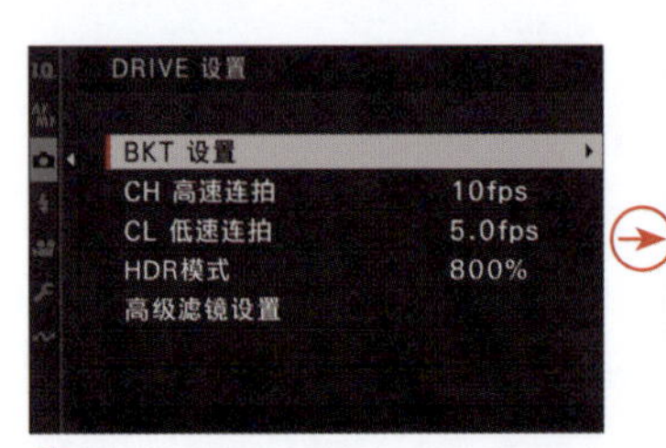

❸ 按▲或▼方向键选择**BKT设置**选项，然后按▶方向键

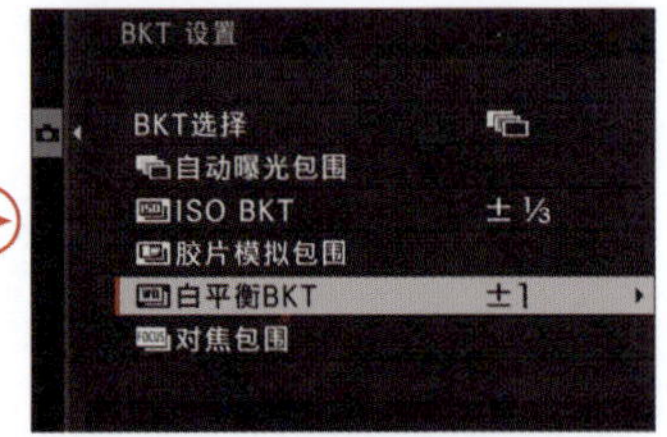

❹ 按▲或▼方向键选择**白平衡BKT**选项，然后按▶方向键，选择等级

调整动态范围选项，使高光区域获得更多细节

在胶片摄影年代，“动态范围”指，感光材料能同时记录的最暗到最亮的亮度级别范围，范围之外的影像在胶片中为死黑或死白区域。

在数码摄影时代，“动态范围”指，相机可以在多大亮度范围内记录图像的细节。动态范围越广，高光和阴影处能被记录并保留的细节就越多，层次就越丰富。

富士相机的“动态范围”菜单可以控制画面中高光区域的曝光，但不完全影响阴影区域，有自动、100%、200%和400%四个选项可选。当感光度在ISO250~ISO12800范围内时200%选项可用，当感光度在ISO500~ISO12800范围内时400%选项可用，数值越高，降低高光曝光的效果越明显，高光区域的细节也更多，但因为高数值选项，需要在更高的感光度下才能使用，因而画质也略有下降。

若选择“自动”选项，相机将根据被摄对象和环境自动选择100%或200%选项。

在拍摄风光时或在强光下想要拍出柔美风格的人像作品，又或者想要拍摄白色的物体或穿白色衣服的人物，可以考虑选择400%选项，以获得更广的动态范围，降低画面的高光亮度，防止照片的高光区域完全变白。要拍摄高对比度风格的人像作品，则可以选择100%选项。

设定步骤

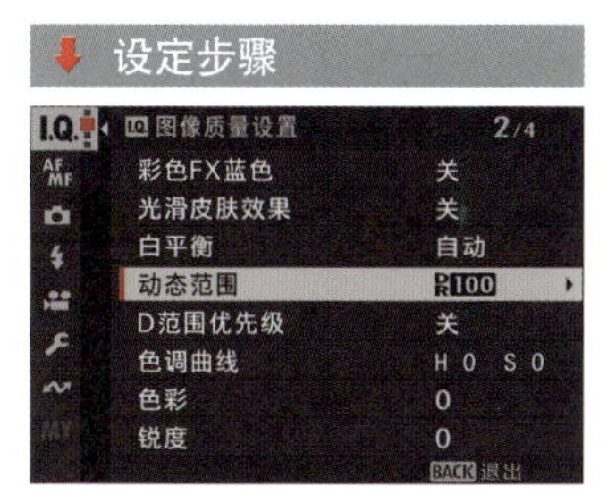

① 在**图像质量设置**菜单中选择**动态范围**选项，然后按▶方向键

② 按▲或▼方向键选择所需数值，然后按MENU/OK按钮确认

▲ 通过对比以不同的“动态范围”拍摄的照片，可以看出将“动态范围”设为“400%”时画面高光部分被压暗，细节更多。

高手点拨：富士相机还提供了“D范围优先级”菜单，它可以在一定程度上替代“色调曲线”和“动态范围”，实现相机自动优化高光和阴影细节。但是，是由相机自动控制，不能由用户单独控制高光与阴影，所以在效果的精细度方面弱于“动态范围”和“色调曲线”，尤其是在阴影细节控制方面，换言之，如果使用此选项得到的效果不理想，则还是要考虑结合使用“动态范围”和“色调曲线”。

调整高 ISO 降噪功能减少画面噪点

富士相机在高 ISO 感光度噪点的控制方面较为出色。但在使用高感光度拍摄时，画面中仍然会出现噪点，此时可以通过使用“高 ISO 降噪”菜单对噪点进行消减。

在此菜单中，可以在 – 4~+4 之间选择一个降噪等级，数值越高，等级就越高，降噪效果就越明显，同时细节也损失得越多。此功能可以在任何时候减少画面的噪点（不规则间距明亮像素、条纹或雾像），尤其是对使用高 ISO 感光度拍摄的照片更有效。

▲ 上图是未启用“降噪功能”拍摄的效果，下图为启用此功能后拍摄的效果，对比两张照片可以看出，降噪后的照片中噪点明显减少，但同时也损失了一定的细节。

设定步骤

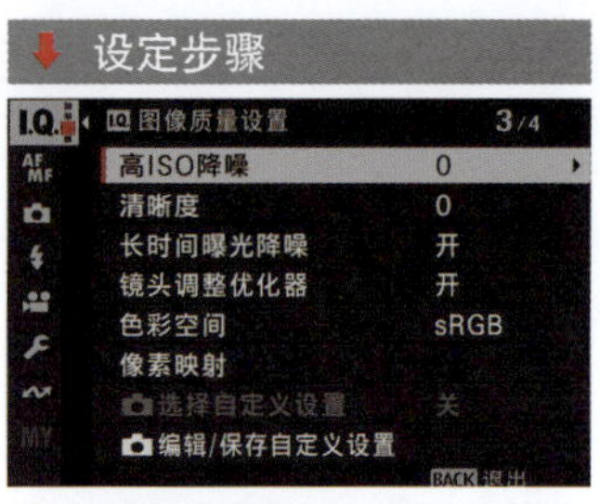

❶ 在**图像质量设置**菜单中选择**高 ISO 降噪**选项，然后按▶方向键

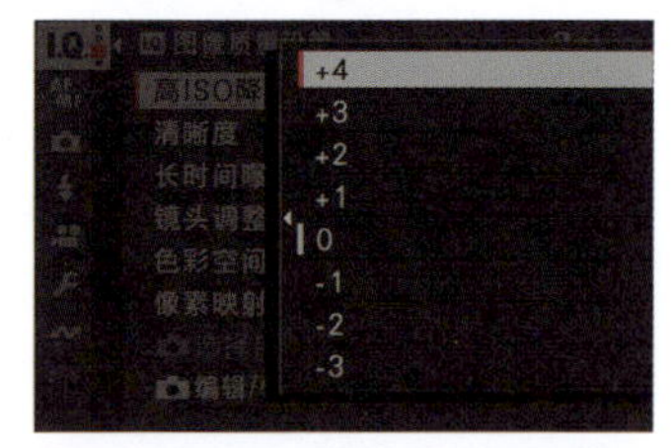

❷ 按▲或▼方向键选择一个选项，然后按 MENU/OK 按钮确认

调整光滑皮肤效果获得磨皮效果

在拍摄人物时，如果希望直出照片，可以考虑选择此菜单命令，让相机在机内对人物的皮肤进行柔化处理。

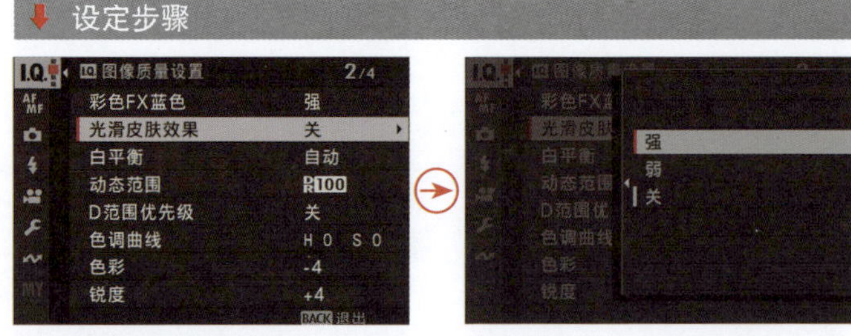

❶ 在**图像质量设置**菜单中选择**光滑皮肤效果**选项，然后按▶方向键

❷ 按▲或▼方向键选择所需强度，然后按 MENU/OK 按钮确认

如何在电脑上模拟不同胶片风格及相关参数

除了按前面所讲述的操作在拍摄时设置胶片模拟风格及相关参数外，如果拍摄的是 RAW 格式，则可以按下面讲述的方法在电脑上通过软件操作的方法尝试各种胶片模式风格，同时，通过设置各类与胶片模拟相关的参数，获得更丰富的胶片效果。

（1）要在电脑上完成上述操作，需要从 https://fujifilm-x.com/zh-cn/support/download/software/x-raw-studio/ 下载专用的软件。打开此网址后，首先要选择电脑的平台，如果是苹果电脑则选择 MAC，否则选择 Windows，如下图所示。

（2）拖动页面至最下方，点击 I agree – Begin download 前面的复选框，并点击 Dowload 按钮，如下图所示，即可开始下载软件。

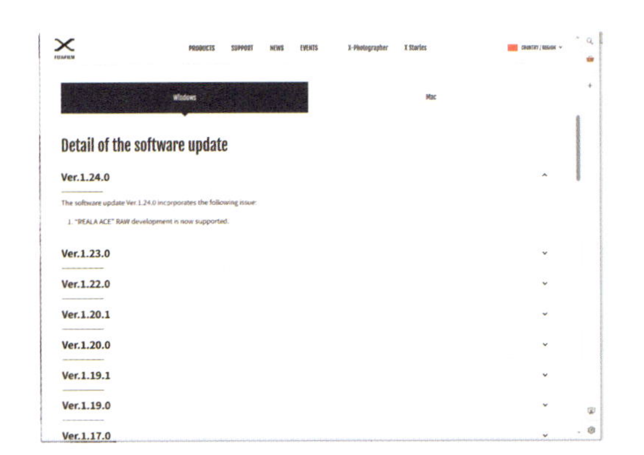

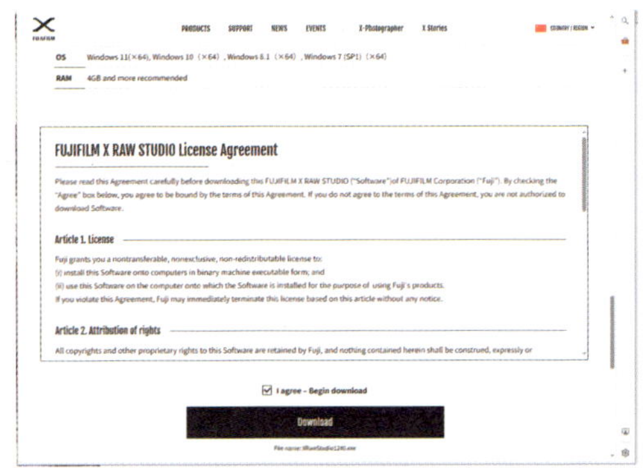

（3）由于此软件必须在电脑与相机连接的状态下使用，因此下面要打开相机，先选择“网络/USB 设置”主菜单如下图所示，再选择“连接模式”，选择“USB RAW 转换 / 备份恢复”项，如下图所示。

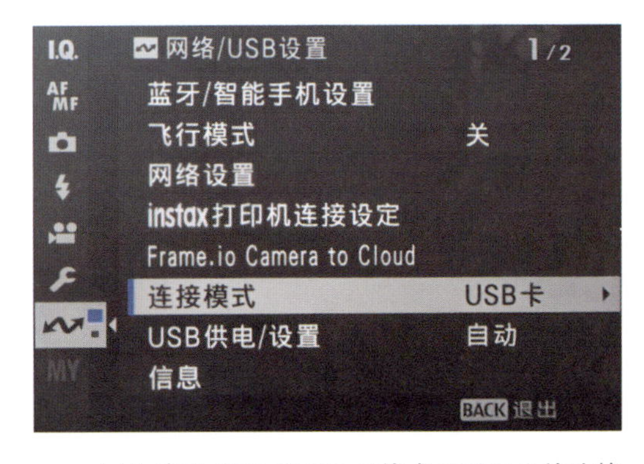

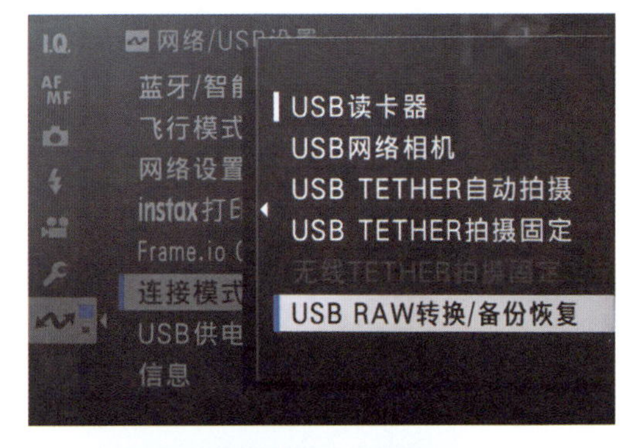

（4）使用 USB-TYPE C 线或 TYPE C 线连接相机与电脑，如右图所示。

（5）打开安装完成的软件，则可以在软件的左上角看到相机的名称，在左上方选择保存有富士相机拍摄的 RAW 文件夹，则可以在软件下方的列表栏看到此文件夹中的照片，如下左图所示。

（6）在软件的右侧参数列表中，可以根据需要选择不同的胶片模拟风格及相关参数，即可在电脑上获得各类胶片效果，如下右图所示。

（7）完成参数设置后，点右下方的“RAW 转换”按钮，则可以将此 RAW 照片按设置好的参数，转换成为 JPEG 格式的照片，如下左图所示。

（8）完成转换后，可以在下方的文件列表栏中看到生成的新的 JPEG 格式照片，如下右图所示，其预览小图标的右上角会显示一个雪花图标，且其被选中的情况下，右侧的参数栏呈现灰色不可选状态。

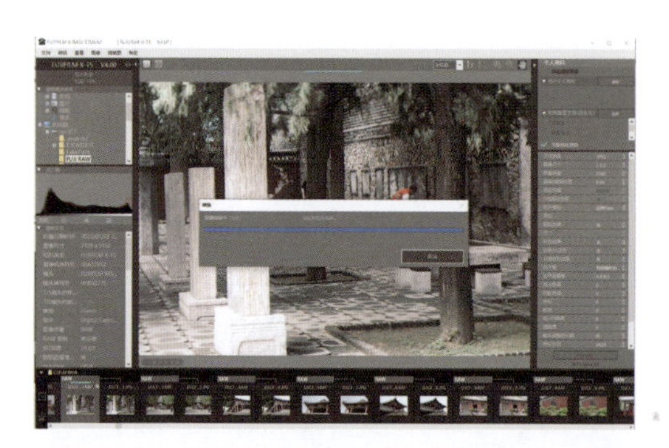

（9）下面两张图展示了综合使用不同参数获得的两种不同效果。

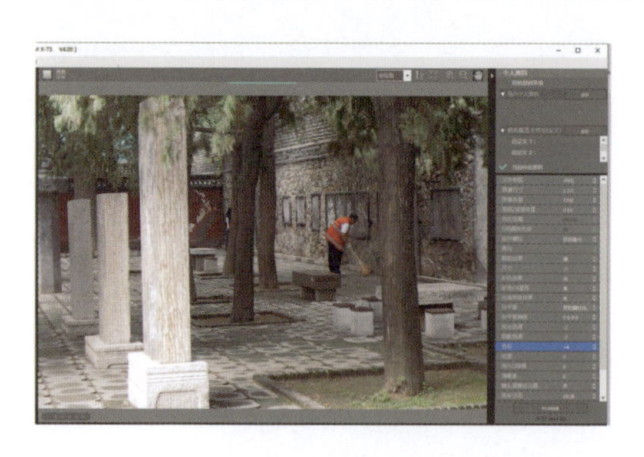

配合参数模拟不同风格

通过前面的内容，我们在了解富士各种胶片模拟的色彩与影调表现后，就可以按上一节内容操作，在电脑软件上给画面选择一种胶片模拟，然后通过修改高光、阴影、色彩、白平衡偏移等相关参数，来模拟出时下流行的淡奶油风格、低饱和冷淡风格、高对比高饱和 LOMO 风格、怀旧风格或莫兰迪灰绿效果。

如模拟轻柔且略带温暖的“淡奶油”风格，可以使用富士的“Classic Chrome 经典正片”模式，增加 1.3 挡曝光补偿，高光色调 -2、阴影色调 -2、色彩 -4、清晰度 -2，锐度 +3、白平衡向 R（红色）+1、B（蓝色）-3，这样的设置能让照片看起来更加柔和，色调偏明亮，画面仿佛覆盖了一层薄薄的奶油，给人一种舒适而温馨的感觉。

下面展示调整出淡奶油风格、低饱和冷淡风格、高对比浓艳风格、高对比高饱和 LOMO 风格、怀旧风格以及莫兰迪灰绿效果的参数与图像效果。

淡奶油风格

此风格的特点是呈现出柔和、温暖且略带朦胧感的色彩效果，就像覆盖了一层轻薄的奶油一样。常用于人像摄影、婚礼摄影以及日常生活记录等场合，旨在营造出一种浪漫、梦幻的氛围。

胶片模拟	Classic Chrome
动态范围	DR+100
曝光补偿	+1.3EV
高光色调	-2
阴影色调	-2
色彩	-4
颗粒效果	关
彩色效果	关
彩色 FX 蓝色	关
锐度	+3
清晰度	-2
白平衡	自动，红 +1，蓝 -3

低饱和冷淡风格

此风格适合表现极简主义，或者想要强调纹理与形状而非颜色的作品。如果需要加强冷色调的感觉，可以在后期略微调整白平衡向蓝色偏移。

胶片模拟	Eterna Bleach Bypass
动态范围	DR+100
曝光补偿	+0.7EV
高光色调	0
阴影色调	-2
色彩	-3
颗粒效果	关
彩色效果	关
彩色 FX 蓝色	关
锐度	+3
清晰度	+4
白平衡	自动

高饱和高对比浓艳风格

此风格强调色彩的鲜艳和明亮，通过强烈的色彩对比来吸引观者的注意力。这种风格常在想要突出主题或者创造强烈视觉冲击力的情况下使用。

胶片模拟	Velvia	颗粒效果	关
动态范围	DR+100	彩色效果	强
曝光补偿	+0.7EV	彩色 FX 蓝色	关
高光色调	0	锐度	+3
阴影色调	−2	清晰度	+4
色彩	+2	白平衡	自动，红 −2，蓝 +2

高对比高饱和 LOMO 风格

这种风格非常适合拍摄街头摄影或是想要突出主题个性的照片。如果希望得到更加极端的效果，还可以适当增加阴影部分的曝光度。

胶片模拟	经典正片	颗粒效果	关
动态范围	DR+100	彩色效果	关
曝光补偿	+0.7EV	彩色 FX 蓝色	关
高光色调	+1.5	锐度	+3
阴影色调	+3	清晰度	+4
色彩	0	白平衡	自动

怀旧风格

怀旧风格的照片往往带有柔和的色调、温暖的色彩以及一定程度的颗粒感或模糊效果，这些特征共同营造出一种复古的感觉。

胶片模拟	怀旧负片	颗粒效果	关
动态范围	DR+100	彩色效果	强
曝光补偿	+0.3EV	彩色 FX 蓝色	关
高光色调	+1	锐度	−3
阴影色调	+1	清晰度	−3
色彩	−4	白平衡	自动，红 +3，蓝 −4

莫兰迪灰绿风格

这种风格非常适合拍摄静物或是风景，画面影调细腻且具有艺术感的灰绿色调，可以营造出一种宁静而幽雅的氛围。

胶片模拟	怀旧负片	颗粒效果	关
动态范围	DR+100	彩色效果	弱
曝光补偿	+0.7EV	彩色 FX 蓝色	关
高光色调	−1.5	锐度	−3
阴影色调	−2	清晰度	−3
色彩	−4	白平衡	自动，红 −1，蓝 +1

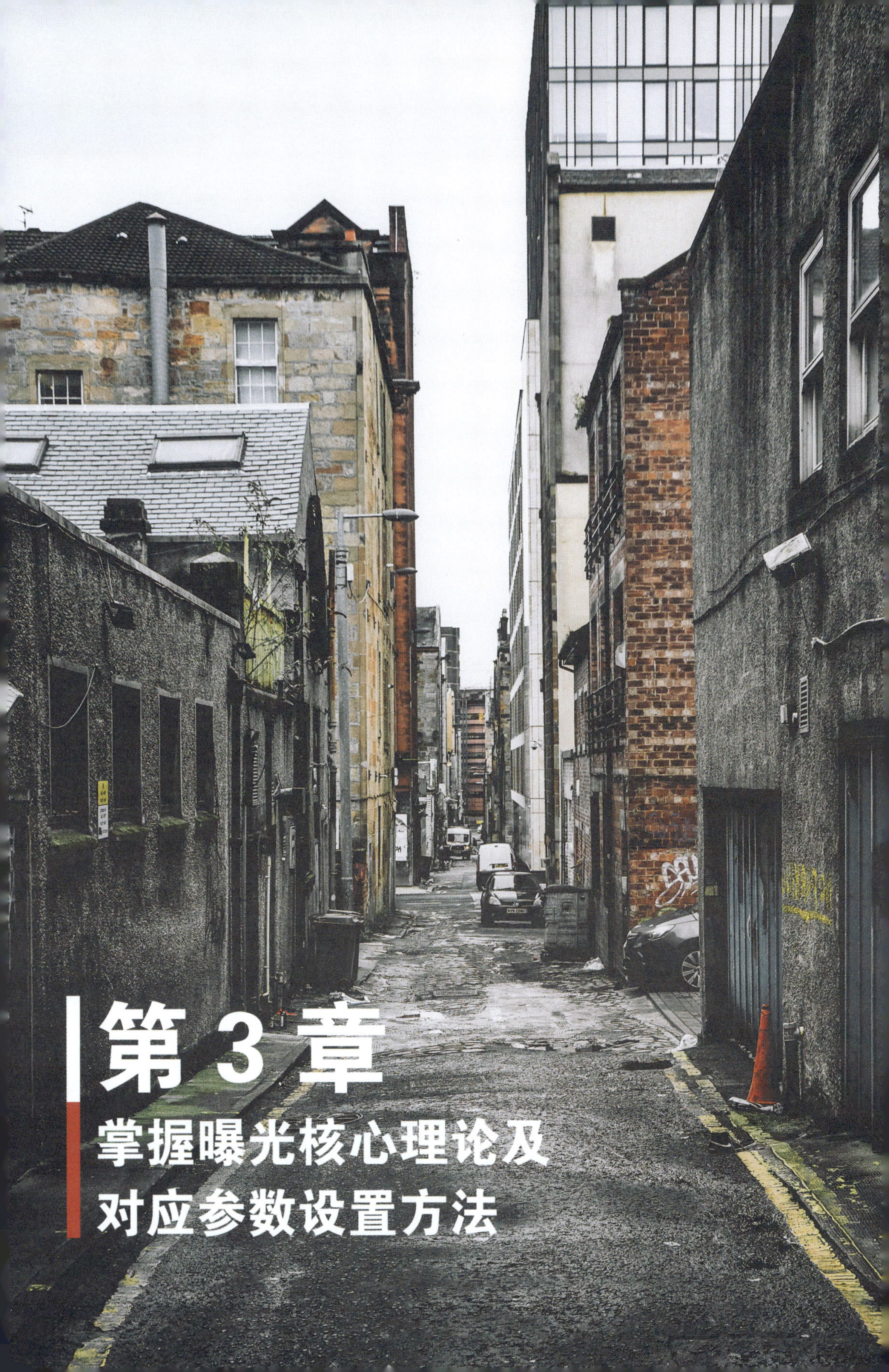

第 3 章 掌握曝光核心理论及对应参数设置方法

设置光圈控制曝光与景深

光圈的结构

光圈是相机镜头内部的一个组件，它由许多金属薄片组成。金属薄片不是固定的，通过改变它的开启程度可以控制进入镜头光线的多少。光圈开启得越大，通光量就越多；光圈开启得越小，通光量就越少。摄影师可以仔细对着镜头观察在选择不同光圈时叶片大小的变化。

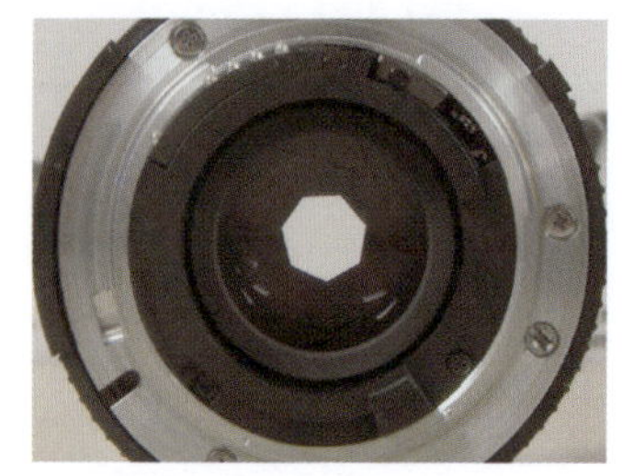

▲ 通过镜头的底部可以看到镜头内部的光圈金属薄片。

高手点拨：虽然光圈数值是在相机上设置的，但其可调整的范围却是由镜头决定的，即镜头支持的最大及最小光圈，就是在相机上可以设置的上限和下限。镜头可支持的光圈越大，相机在同一时间内就可以纳入更多的光线，从而允许我们在更暗的环境中进行拍摄；当然，光圈越大的镜头，价格也越高。

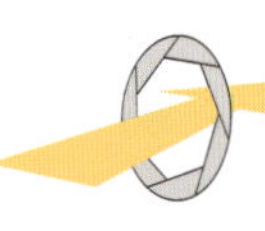

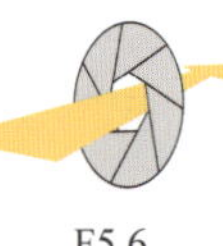

▲ 光圈是控制相机通光量的装置，光圈越大（F2.8），通光量越多；光圈越小（F22），通光量越少。

▲ XF 16-55mmF2.8 R LM WR

▲ XF 56mmF1.2 R APD

▲ XF 55-200mm F3.5-4.8 R LM OIS

上面展示的 3 款镜头中，富士龙 XF 56mmF1.2 R APD 是定焦镜头，其最大光圈为 F1.2；富士龙 XF 16-55mmF2.8 R LM WR 为恒定光圈的变焦镜头，无论使用哪一个焦段进行拍摄，其最大光圈都能够达到 F2.8；富士龙 XF 55-200mmF3.5-4.8 R LM OIS 是浮动光圈的变焦镜头，当使用镜头的广角端（55mm）拍摄时，最大光圈可以达到 F3.5，而当使用镜头的长焦端（200mm）拍摄时，最大光圈只能够达到 F4.8。

当然，上述 3 款镜头也均有最小光圈值，XF 16-55mmF2.8 R LM WR 和 XF 55-200mmF3.5-4.8 R LM OIS 的最小光圈为 F22， XF 56mmF1.2 R APD 的最小光圈为 F16。

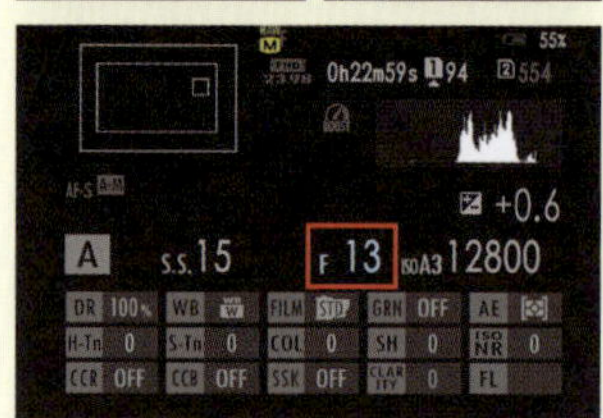

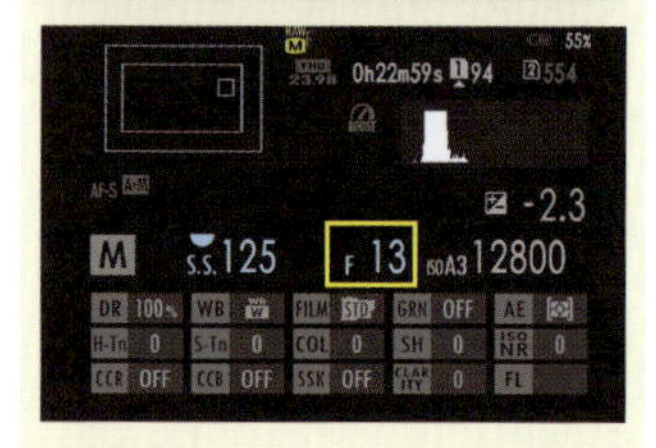

设定方法

选择 A 挡光圈优先或 M 全手动曝光模式。在使用 A 挡光圈优先或 M 挡全手动曝光模式拍摄时，可以转动镜头光圈环来调整光圈大小。

光圈值的表现形式

光圈值用字母 F 或 f 表示，如 F8（或 f/8）。常见的光圈值有 F1.4、F2、F2.8、F4、F5.6、F8、F11、F16、F22、F32、F36 等，光圈每递进一挡，光圈口径就会缩小一部分，通光量也随之减半。例如，F5.6 光圈的进光量是 F8 的两倍。

当前我们能见到的光圈数值还包括 F1.2、F2.2、F2.5、F6.3 等，但这些数值不包含在光圈正级数之内，这是因为，各镜头厂商都在每级光圈之间插入了 1/2（如 F1.2、F1.8、F2.5、F3.5 等）和 1/3（如 F1.1、F1.2、F1.6、F1.8、F2、F2.2、F2.5、F3.2、F3.5、F4.5、F5.0、F6.3、F7.1 等）变化的副级数光圈，以便更加精确地控制曝光程度，使画面的曝光更加准确。

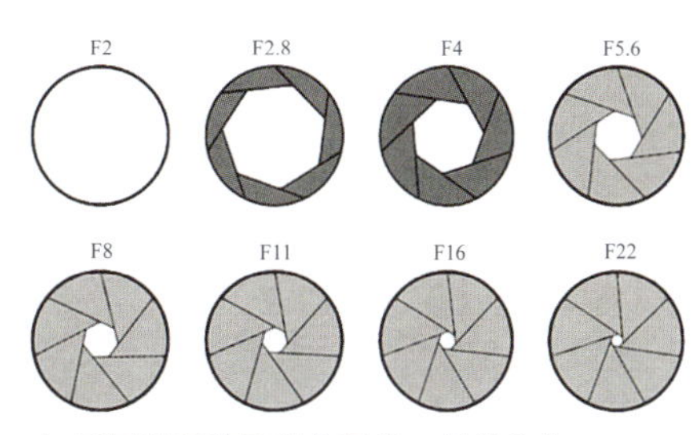

▲ 不同光圈值下镜头通光口径的变化

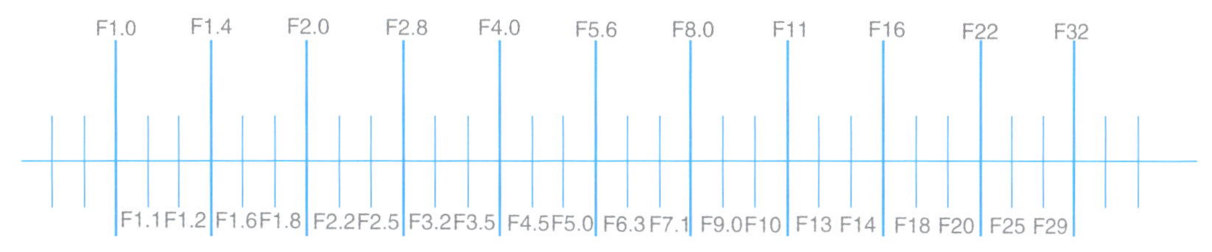

▲ 光圈级数刻度示意图，上排为光圈正级数，下排为光圈副级数。

光圈对成像质量的影响

通常情况下，摄影师都会选择比镜头最大光圈小一至两挡的中等光圈，因为大多数镜头在中等光圈下的成像质量是最优秀的，照片的色彩和层次都能有更好的表现。例如，一只最大光圈为 F2.8 的镜头，其最佳成像光圈为 F5.6~F8。另外，也不能使用过小的光圈，因为过小的光圈会使光线在镜头中产生衍射效应，导致画面质量下降。

Q：什么是衍射效应?

A：衍射是指，当光线穿过镜头光圈时，光在传播的过程中发生弯曲的现象。光线通过的孔隙越小，光的波长越长，这种现象就越明显。因此，在拍摄时光圈收得越小，被记录的光线中衍射光所占的比例就越大，画面的细节损失就越多，画面就越不清楚。衍射效应对 APS-C 画幅数码相机和全画幅数码相机的影响程度稍有不同。对于 APS-C 画幅数码相机，当光圈收小到 F11 时，就能发现衍射效应对画质产生了影响；而对于全画幅数码相机，当光圈收小到 F16 时，才能够看到衍射效应对画质产生的影响。

▲ 使用镜头最佳光圈拍摄时，所得到的照片画质最为理想。『焦距：18mm ┆ 光圈：F11 ┆ 快门速度：1/250s ┆ 感光度：ISO200』

光圈对曝光的影响

如前所述，在其他参数不变的情况下，光圈增大一挡，则曝光量增加一倍。例如，光圈从 F4 增大至 F2.8，即可增加一倍的曝光量；反之，光圈减小一挡，则曝光量也会随之减少一半。换言之，光圈开得越大，通光量就越多，所拍摄出来的照片就越明亮；光圈开得越小，通光量就越少，所拍摄出来的照片也就越黯淡。

下面是焦距为 60mm、快门速度为 1/40s、感光度为 ISO800 时，只改变光圈值拍摄的一组照片。

▲光圈：F10

▲光圈：F8

▲光圈：F6.3

▲光圈：F5.6

▲光圈：F3.5

▲光圈：F2.8

通过这组照片可以看出，在其他曝光参数不变的情况下，随着光圈逐渐变大，进入镜头的光线不断增多，所拍摄出来的画面也在逐渐变亮。

理解景深

简单来说，景深即指对焦位置前后的清晰范围。清晰范围越大，即表示景深越大；反之，清晰范围越小，即表示景深越小，画面中的虚化效果就越好。

景深的大小与光圈、焦距及拍摄距离这 3 个要素密切相关。当拍摄者与被摄对象之间的距离非常近，或者使用长焦距或大光圈拍摄时，都能得到对比强烈的背景虚化效果；反之，当拍摄者与被摄对象之间的距离较远，或者使用小光圈或较短焦距拍摄时，画面的虚化效果就会较差。

另外，被摄对象与背景之间的距离也是影响背景虚化程度的重要因素。例如，当被摄对象距离背景较近时，即使使用 F1.8 的大光圈也不能得到很好的背景虚化效果；反之，被摄对象距离背景较远时，即使使用 F8 的光圈，也能获得较明显的虚化效果。

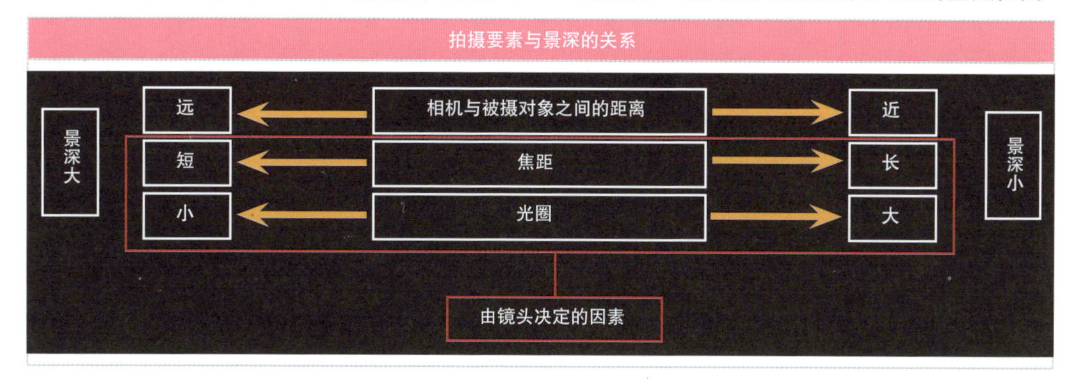

Q：景深与对焦点的位置有什么关系？

A：景深是指照片中某个景物清晰的范围。即当摄影师将镜头对焦于某个点并拍摄后，在照片中与该点处于同一平面的景物都是清晰的，而位于该点前方和后方的景物则由于没有对焦，都是模糊的。但由于人眼不能精确地辨别焦点前方和后方出现的轻微模糊，因此这部分图像看上去仍然是清晰的，这种清晰会一直在照片中从焦点向前、向后延伸，直至景物看上去变得模糊到不可接受，而这个可接受的清晰范围就是景深。

Q：什么是焦平面？

A：如前所述，当摄影师将镜头对焦于某个点拍摄时，在照片中与该点处于同一平面的景物都是清晰的，而位于该点前方和后方的景物则都是模糊的，这个清晰的平面就是成像焦平面。如果相机位置不变，当被摄对象在可视区域内的焦平面做水平运动时，成像始终是清晰的；但如果其向前或向后移动，则由于脱离了成像焦平面，会出现一定程度的模糊，景物模糊的程度与其距焦平面的距离成正比。

▲ 虽然对焦点在中间的财神爷玩偶上，但由于另外两个玩偶与其在同一个焦平面上，因此 3 个玩偶均是清晰的。

▲ 虽然对焦点仍然在中间的财神爷玩偶上，但由于另外两个玩偶与其不在同一个焦平面上，因此另外两个玩偶是模糊的。

光圈对景深的影响

光圈是控制景深（背景虚化程度）的重要因素。即在相机焦距不变的情况下，光圈越大，景深越小；反之，光圈越小，景深就越大。在拍摄时，如果想通过控制景深的大小来使自己的作品更有艺术效果，就要学会合理使用大光圈和小光圈。

包括富士 X-T5 相机在内的所有数码微单相机，都有光圈优先曝光模式，配合上面的理论，通过调整光圈数值的大小，即可拍摄不同的对象或表现不同的主题。例如，大光圈主要用于人像摄影、微距摄影等，通过虚化背景来突出主体；小光圈主要用于风景摄影、建筑摄影、纪实摄影等，以便使画面中的所有景物都能清晰呈现。

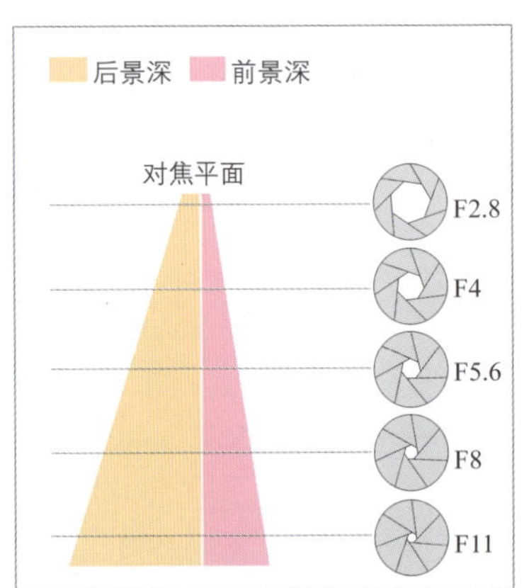

▲ 从示例图可以看出，光圈越大，图片中的前、后景深越小；光圈越小，图片中的前、后景深越大。其中，后景深又是前景深的两倍。

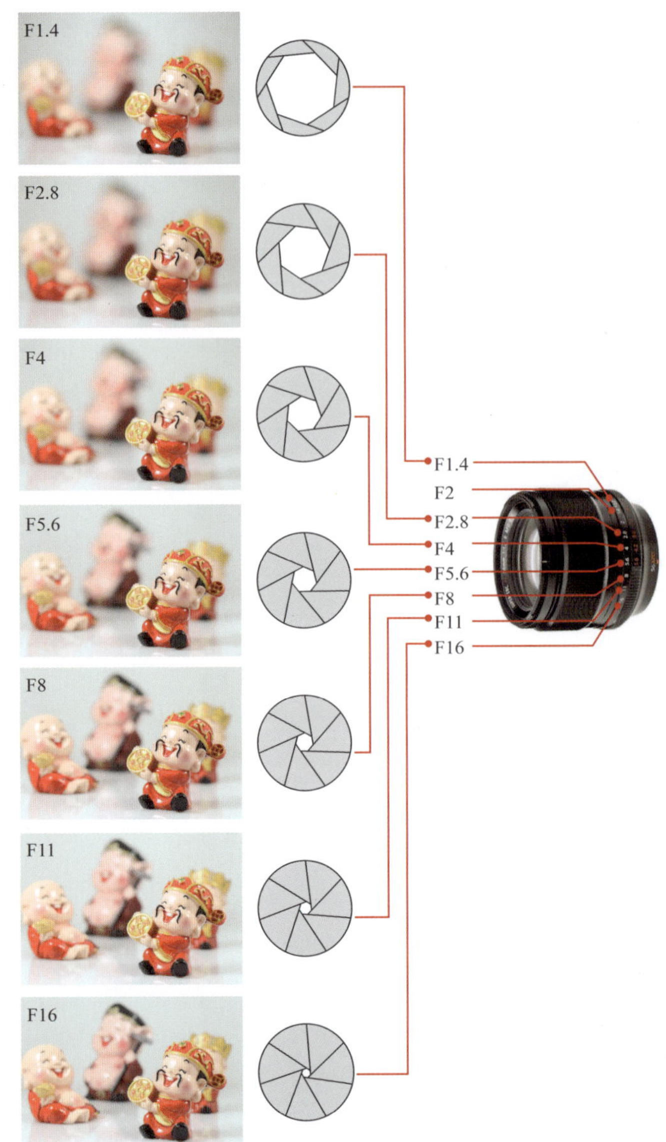

▲ 从示例图可以看出，当光圈从 F1.4 逐渐缩小到 F16 时，画面的景深逐渐变大，也就是使用的光圈越小，画面中处于后方的玩偶越清晰。

Q：焦外效果跟光圈有什么必然的关系吗？

A：焦外效果跟焦段、距离、光圈都有关系，但在前两者相同的情况下，镜头的光圈叶片越多、越圆，实际拍摄后的焦外效果就越圆润、越好看。正是因此，光圈叶片的数量与形状是评判镜头优劣的重要指标。

焦距对景深的影响

在其他条件不变的情况下，拍摄时所使用的焦距越长，则画面的景深越小，越可以得到更强烈的虚化效果；反之，焦距越短，画面的景深越大，就会越容易得到主体前后都清晰的画面效果。

▲ 这是一组使用从广角到长焦的焦距拍摄的花卉照片，通过对比可以看出，焦距越长，主体越清晰，画面的景深就越小。

高手点拨： 焦距越短，视角越广，其透视变形也越严重，而且越靠近画面边缘，变形就越严重，因此，在构图时要特别注意这一点。尤其是在拍摄人像时，要尽可能将人物肢体置于画面的中间位置，特别是人物的面部，以免发生变形而影响美观。另外，对于定焦镜头，我们只能通过相机的前后移动来改变相对的“焦距”，即画面的取景范围，拍摄者靠近被摄对象，就相当于使用了更长的焦距，此时，同样可以得到更小的景深。

拍摄距离对景深的影响

在其他条件不变的情况下，拍摄者与被摄对象之间的距离越近，越容易得到小景深的强烈虚化效果；反之，如果拍摄者与被摄对象之间的距离较远，则不容易得到虚化效果。

这一点在使用微距镜头拍摄时体现得更为明显，当镜头距被摄体很近时，画面中的清晰范围就变得非常小。因此，在人像摄影中，为了获得较小的景深，经常采取靠近被摄者拍摄的方法。

下面为一组在所有拍摄参数都不变的情况下，只改变镜头与被摄对象之间的距离拍摄得到的照片。

通过这组照片可以看出，当镜头距离主体位置的玩偶越远时，其背景的模糊效果也越差。

背景与被摄对象的距离对景深的影响

在其他条件不变的情况下，画面中的背景与被摄对象之间的距离越远，则越容易得到小景深的强烈虚化效果；反之，如果画面中的背景与被摄对象位于同一个焦平面上，或者非常靠近，则不容易得到虚化效果。

左侧为一组在所有拍摄参数都不变的情况下，只改变被摄对象距离背景的远近拍出的照片。

通过这组照片可以看出，在镜头位置不变的情况下，随着前面的木偶与后面两个木偶之间的距离越来越近，后面木偶的虚化程度就越来越低。

设置快门速度控制曝光时间

快门与快门速度的含义

简单来说，快门的作用就是控制曝光时间的长短。在按下快门按钮之时，从快门前帘开始移动到后帘结束所用的时间就是快门速度，这段时间实际上就是相机感光元件的曝光时间。所以快门速度决定了曝光时间的长短，快门速度越快，曝光时间就越短，曝光量也越小；快门速度越慢，曝光时间就越长，曝光量也越大。

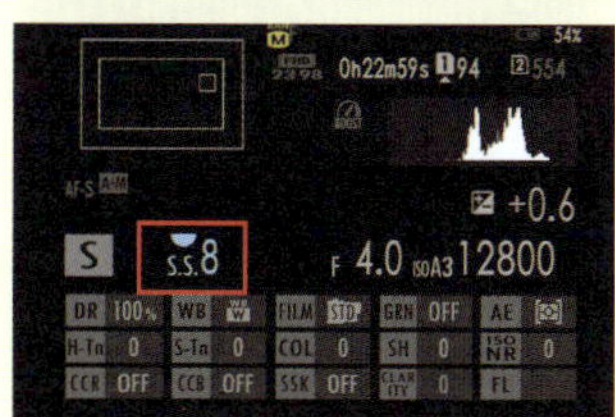

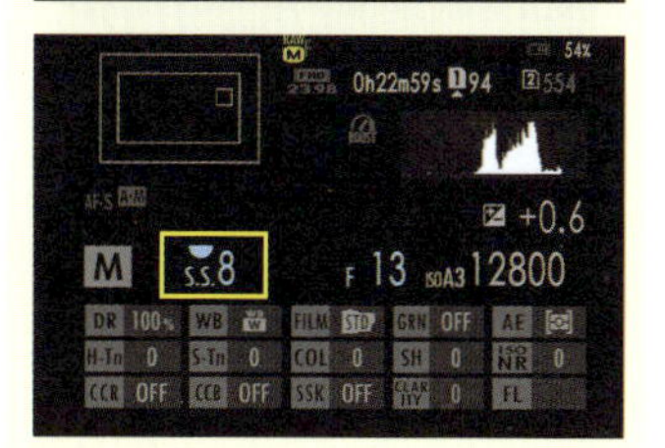

设定方法

选择M全手动或S快门优先曝光模式。在使用M挡或S挡曝光模式拍摄时，旋转快门速度拨盘选择所需快门速度值，旋转后指令拨盘可以以1/3 EV为步长微调快门速度。

快门速度的表示方法

快门速度以秒为单位，一般入门级及中端微单相机的快门速度为1/4000~30s，而专业或准专业相机的最高快门速度能够达到1/8000s，其可以满足更多题材和场景的拍摄要求。作为APS-C画幅的富士X-T5相机最高机械快门速度为1/8000s，如果要使用更高的快门速度则要将快门切换为电子快门模式。

在拍摄中常用的快门速度有30s、15s、8s、4s、2s、1s、1/2s、1/4s、1/8s、1/15s、1/30s、1/60s、1/125s、1/250s、1/500s、1/1000s、1/4000s等。

◀ 利用高速快门将起飞的鸟儿定格住，可拍摄出很有动感效果的画面。『焦距：400mm ┆ 光圈：F6.3 ┆ 快门速度：1/500s ┆ 感光度：ISO400』

快门速度对曝光的影响

如前面所述，快门速度的快慢决定了曝光量的多少，在其他条件不变的情况下，快门速度每变化一次，曝光量也会变化一次。例如，当快门速度由 1/125s 变为 1/60s 时，由于快门速度慢了一半，曝光时间增加了一倍，因此进入相机的总曝光量也随之增加了一倍。从下面展示的一组照片可以发现，在光圈与 ISO 感光度数值不变的情况下，快门速度越慢，则曝光时间越长，画面感光就越充分，因此画面也越亮。

下面是焦距为 24mm、光圈为 F2.8、感光度为 ISO800 不变，只改变快门速度拍摄的照片。

▲ 快门速度：1/60s

▲ 快门速度：1/50s

▲ 快门速度：1/40s

▲ 快门速度：1/30s

▲ 快门速度：1/25s

▲ 快门速度：1/20s

▲ 快门速度：1/15s

通过这一组照片可以看出，在其他曝光参数不变的情况下，随着快门速度逐渐变慢，进入镜头的光线不断增多，因此拍摄出来的画面也会逐渐变亮。

影响快门速度的三大要素

影响快门速度的要素包括光圈、感光度及曝光补偿，它们对快门速度的影响如下。

- 感光度：感光度每增加一倍（例如从 ISO100 增加到 ISO200），感光元件对光线的敏锐度会随之增加一倍，同时，快门速度也会提高一倍。
- 光圈：光圈每提高一挡（如从 F4 增加到 F2.8），快门速度便提高一倍。
- 曝光补偿：曝光补偿数值每增加 1 挡，由于需要更长时间的曝光来提亮照片，因此快门速度将降低一半；反之，曝光补偿数值每降低 1 挡，由于照片不需要更多的曝光，因此快门速度可以提高一倍。

快门速度对画面效果的影响

快门速度不仅影响进光量，还会影响画面的动感效果。当拍摄静止的景物时，快门的快慢对画面不会有什么影响，除非摄影师在拍摄时有意摆动镜头；但当拍摄动态的景物时，不同的快门速度能够营造出不一样的画面效果。

右侧照片是在焦距、感光度都不变的情况下，只是将快门速度依次调慢所拍摄的。

对比这一组照片可以看到，当快门速度较快时，水流被定格成相对清晰的影像，但当快门速度逐渐降低时，流动的水流在画面中会渐渐产生模糊的效果。

由此可见，如果希望在画面中凝固运动着的被摄对象的精彩瞬间，应该使用高速快门。被摄对象的运动速度越高，采用的快门速度也要越快，以便在画面中凝固运动的对象，形成一种时间突然停滞的静止效果。

但如果希望在画面中表现运动着的被摄对象的动态模糊效果，可以使用低速快门，以使其在画面中形成动态模糊效果，从而较好地表现出生动的效果。按此方法拍摄流水、夜间的车流轨迹、风中摇摆的植物、流动的人群，均能够得到画面效果流畅、生动的照片。

▲ 光圈：F2.8 快门速度：1/80s 感光度：ISO50

▲ 光圈：F9 快门速度：1/8s 感光度：ISO50

▲ 光圈：F14 快门速度：1/3s 感光度：ISO50

▲ 光圈：F20 快门速度：0.8s 感光度：ISO50

▲ 光圈：F22 快门速度：1s 感光度：ISO50

▲ 光圈：F25 快门速度：1.3s 感光度：ISO50

▲ 采用高速快门定格鸟儿抓鱼的瞬间。『焦距：400mm ┆ 光圈：F6.3 ┆ 快门速度：1/1000s ┆ 感光度：ISO200』

▲ 采用低速快门记录城市夜间的车流轨迹。『焦距：28mm ┆ 光圈：F16 ┆ 快门速度：15s ┆ 感光度：ISO100』

依据对象的运动情况设置快门速度

在设置快门速度时，应综合考虑被摄对象的运动速度、运动方向，以及摄影师与被摄对象之间的距离这 3 个基本要素。

被摄对象的运动速度

不同照片的表现形式，拍摄时所需要的快门速度也不尽相同。例如，抓拍物体运动的瞬间，需要使用较高的快门速度；而如果是跟踪拍摄，对快门速度的要求就比较低了。

▲ 趴着的狗处于静止状态，因此无须太高的快门速度。『焦距：35mm ┆ 光圈：F3.5 ┆ 快门速度：1/200s ┆ 感光度：ISO200』

▲ 奔跑中的狗运动速度很快，因此需要较高的快门速度才能将其清晰地定格在画面中。『焦距：200mm ┆ 光圈：F6.3 ┆ 快门速度：1/1000s ┆ 感光度：ISO320』

被摄对象的运动方向

如果从运动对象的正面拍摄（通常是角度较小的斜侧面），能够表现出对象从小变大的运动过程，需要的快门速度通常要低于从侧面拍摄；而只有从侧面拍摄才会感受到被摄对象真正的速度，拍摄时需要的快门速度也就更高。

▶ 当从正面或斜侧面角度拍摄运动的对象时，速度感不强。『焦距：70mm ┆ 光圈：F3.2 ┆ 快门速度：1/1000s ┆ 感光度：ISO400』

▲ 当从侧面拍摄运动的对象时，速度感很强。『焦距：40mm ┆ 光圈：F2.8 ┆ 快门速度：1/1250s ┆ 感光度：ISO400』

摄影师与被摄对象之间的距离

无论是身体靠近运动对象，还是使用镜头的长焦端，只要画面中的运动对象越大、越具体，拍摄对象的运动速度就越高，此时拍摄者需要随着运动对象不停地移动相机。略有不同的是，如果是身体靠近运动对象，则需要较大幅度地移动相机；而使用镜头的长焦端，只要小幅度地移动相机，就能够保证被摄对象一直处于画面之中。

从另一个角度来说，如果将视角变得更广阔一些，就不用为了将运动对象融入画面中而费力地紧跟它，比如使用镜头的广角端拍摄时，就更容易抓拍到被摄对象运动的瞬间。

▲ 使用广角镜头抓拍到的现场整体气氛。『焦距：28mm ┆ 光圈：F9 ┆ 快门速度：1/640s ┆ 感光度：ISO200』

▶ 长焦镜头注重表现单个主体，对细节的表现更加明显。『焦距：400mm ┆ 光圈：F7.1 ┆ 快门速度：1/640s ┆ 感光度：ISO200』

常见快门速度的适用拍摄对象

以下是一些常见快门速度的适用拍摄对象，在拍摄时，虽然并非一定要用快门优先曝光模式，但先对一般情况有所了解，才能找到最适合表现当前拍摄对象的快门速度。

快门速度（秒）	适用范围
B门	适合拍摄夜景、闪电、车流等。其优点是摄影师可以自行控制曝光时间，缺点是如果不知道当前场景需要多长时间才能正常曝光，容易出现过度或曝光不足的情况，此时需要摄影师多做尝试，直至达到满意的效果。
1~30	在拍摄夕阳、天空仅有微光的日落后及日出前后，都可以使用光圈优先曝光模式或手动曝光模式进行拍摄，很多优秀的夕阳作品都诞生于这个曝光区间。使用1~5s的快门速度，还能够将瀑布或溪流拍摄出如同丝绸般的梦幻效果。
1和1/2	适合在昏暗的光线下，使用较小的光圈获得足够的景深，通常用于拍摄稳定的对象，如建筑、城市夜景等。
1/15~1/4	1/4s的快门速度可以作为拍摄夜景人像时的最低快门速度。该快门速度区间也适合拍摄一些光线较强的夜景，如明亮的步行街和光线较好的室内。
1/30	在使用标准镜头或广角镜头拍摄风光、建筑室内时，该快门速度可以视为拍摄时的最低快门速度。
1/60	对于标准镜头，该快门速度可以保证在各种场合进行拍摄。
1/125	这一挡快门速度非常适合在户外阳光明媚的环境下使用，同时也能够拍摄运动幅度较小的物体，如走动中的人。
1/250	该快门速度适合拍摄中等运动速度的拍摄对象，如游泳运动员、跑步中的人或棒球活动等。
1/500	该快门速度已经可以用来抓拍一些运动速度较快的对象，如行驶的汽车、跑动中的运动员、奔跑的马等。
1/1000~1/4000	该快门速度区间已经可被用于拍摄一些极速运动对象，如赛车、飞机、足球运动员、飞鸟及瀑布飞溅出的水花等。

安全快门速度

简单来说，安全快门速度是指，人在手持拍摄时能保证画面清晰的最低快门速度。这个快门速度与镜头的焦距有很大关系，即手持相机拍摄时，快门速度数值应不低于焦距的倒数。

比如，相机焦距为 70mm，拍摄时的快门速度应不低于 1/80s。这是因为，人在手持相机拍摄时，即使被拍摄对象待在原处纹丝未动，也会因为拍摄者本身的抖动而导致画面模糊。

由于富士 X-T5 相机是 APS-C 画幅相机，因此在换算时还要将焦距转换系统考虑在内，即如果以 200mm 焦距进行拍摄，其快门速度数值不应低于 200×1.5 所得数值的倒数，即 1/320s。

▼ 虽然是拍摄静态的玩偶，但由于光线较弱，致使快门速度低于安全快门速度，所以拍摄出来的玩偶是比较模糊的。『焦距：100mm ┊ 光圈：F2.8 ┊ 快门速度：1/50s ┊ 感光度：ISO200』

▲ 拍摄时提高了感光度数值，因此能够使用更高的快门速度，从而确保拍出来的照片很清晰。『焦距：100mm ┊ 光圈：F2.8 ┊ 快门速度：1/160s ┊ 感光度：ISO800』

防抖技术对快门速度的影响

富士的防抖系统全称为 Optical Image Stabilization，简写为 OIS，目前最新的防抖技术可保证即使使用低于安全快门 7 倍的快门速度拍摄也能获得清晰的影像。但要注意，防抖系统只是提供了一定程度的校正功能，在使用时还要注意以下几点。

- 防抖系统成功校正抖动是有一定概率的，这还与个人的手持稳定能力有很大关系。通常情况下，使用低于安全快门 2 倍以内的快门速度拍摄，成功校正的概率比较高。
- 当快门速度高于安全快门 1 倍以上时，建议关闭防抖系统，否则防抖系统的校正功能可能影响原本清晰的画面，导致画质下降。
- 在使用三脚架保持相机稳定时，建议关闭防抖系统。因为在使用三脚架时，不存在手持相机时手抖的问题，而开启了防抖功能后，一点微小的震动反而会造成图像质量下降。值得一提的是，很多防抖镜头同时还带有三脚架检测功能，即它可以检测到三脚架细微震动造成的抖动并进行补偿。因此，在使用这种镜头拍摄时，不应关闭防抖功能。

▲ 有防抖标志的富士龙镜头

Q: OIS 功能是否能够代替较高的快门速度？

A：虽然在弱光条件下拍摄时，具有 OIS 功能的镜头允许摄影师使用更低的快门速度，但实际上 OIS 功能并不能代替较高的快门速度。要想得到出色的高清晰度照片，仍然需要用较高的快门速度来捕捉瞬间的动作。不管 OIS 功能有多么强大，只有使用高速快门才能够清晰地捕捉到快速移动的被摄对象，这一原则是不会改变的。

防抖技术的应用

虽然防抖技术会对照片的画质产生一定的负面影响，但是在光线较弱时，为了得到清晰的画面，它又是必不可少的。例如，在拍摄动物时常常会使用 400mm 的长焦镜头，这就要求相机的快门速度必须保持在 1/400s 的安全快门速度以上，如果光线略有不足就很容易把照片拍虚，这时使用防抖功能几乎是唯一选择。

▲ 当利用长焦镜头拍摄动物时，为了得到清晰的画面，开启了镜头的防抖功能，即使放大查看，其毛发仍然很清晰。『焦距：400mm ┆ 光圈：F6.3 ┆ 快门速度：1/250s ┆ 感光度：ISO400』

长时间曝光降噪功能

曝光的时间越长，照片中产生的噪点就越多。此时，可以启用长时间曝光降噪功能来消减画面中的噪点。

- 开：选择此选项，相机在完成曝光后，会立即对照片进行降噪处理，在处理期间无法拍摄其他照片。
- 关：选择此选项，在任何情况下都不执行“长时间曝光降噪”功能。

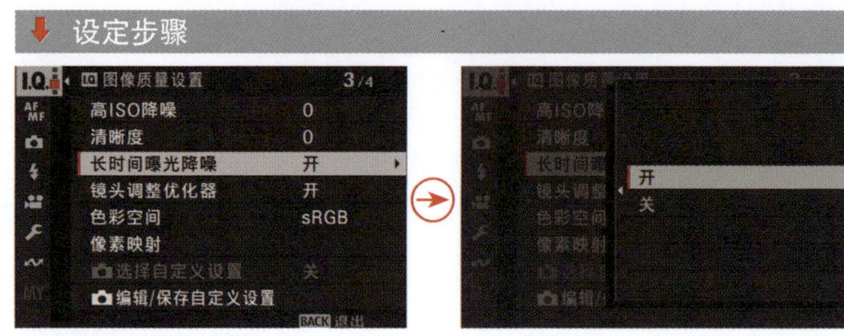

❶ 在**图像质量设置**菜单中选择**长时间曝光降噪**选项

❷ 按▲或▼方向键选择**开**或**关**选项，然后按 MENU/OK 按钮确认

▲上图是未设置“长时间曝光降噪”功能拍摄的局部画面，下图是启用了该功能拍摄的局部画面。可以看出，画面中的杂色及噪点都明显减少，但同时也损失了一些细节。

▲通过长达 30s 的曝光拍摄到的照片。『焦距：21mm ┆ 光圈：F14 ┆ 快门速度：30s ┆ 感光度：ISO100』

Q：为什么开启降噪功能后的拍摄时间比未开启此功能时拍摄时间多了 1 倍？

A：这是由于在降噪功能处于开启状态时，相机需要在快门未开启时，以相同的曝光时间拍摄出一张有噪点的“空白”照片，并根据此照片中的噪点位置，去除上一张照片中的噪点，经过比对后，两张照片中位置相同的噪点将被去除。因此，开启此功能后，降噪的过程要多用一倍的拍摄时间。

了解了这一过程后也就能明白，为什么使用此功能无法去除画面中的全部噪点。因为有些噪点出现的位置是随机的，这样的噪点不会被去除。而在去除大量噪点时，不可避免地会出现误判，导致照片中构成画面细节的像素也被删除了，因此开启此功能后画面的细节会有所损失。

设置 ISO 控制照片品质

理解感光度

数码相机的感光度概念是从传统胶片中的感光度引入的，用于表示感光元件对光线的敏感程度，即在相同条件下，感光度越高，获得光线的数量也就越多。但要注意的是，感光度越高，产生的噪点就越多，而低感光度的画面则更为清晰、细腻，细节表现较好。

富士 X-T5 相机在感光度的控制方面较为优秀。其常用感光度范围为 ISO125~ISO12800，并可以向上扩展至 H（最高为 ISO51200），向下扩展至 L（最低为 ISO64）。

对富士 X-T5 来说，当感光度数值在 ISO1600 以下时，均能获得出色的画质；当感光度数值在 ISO1600~ISO3200 范围内时，画质比低感光度时略有降低，但仍可以用良好来形容；当感光度数值增至 ISO6400 及以上时，画面的细节流失增多了，已经有明显的噪点出现，尤其是在弱光环境下表现得更为明显；当感光度扩展至 ISO25600 时，画面中的噪点和色散已经变得很严重。因此，除非特殊情况，一般不建议使用 ISO1600 以上的感光度。

设定方法

旋转感光度拨盘，即可调整感光度。若选择了 A（自动），相机将根据拍摄环境自动调整感光度。

感光度的设置原则

感光度除了会对曝光产生影响，对画质也有着极大的影响。即感光度越低，画面就越细腻；反之，感光度越高，就越容易产生噪点、杂色，画质就越差。

在条件允许的情况下，建议采用富士 X-T5 基础感光度中的最低值，即 ISO125 进行拍摄，这样可以最大限度地保证照片较高的画质。

需要特别指出的是，当使用相同的 ISO 感光度分别在光线充足与光线不足的环境中拍摄时，在光线不足的环境中拍摄的照片会产生较多噪点，如果此时再使用较长的曝光时间，那么就更容易产生噪点。因此，在弱光环境中拍摄时，更需要设置低感光度，并配合使用“高 ISO 降噪”和“长时间曝光降噪”来获得较高的画质。

当然，低感光度的设置可能会导致快门速度很低，手持拍摄很容易由于手的抖动而导致画面模糊。此时，应该果断地提高感光度，即首先保证能够成功完成拍摄，再考虑高感光度给画质带来的损失。因为画质损失可通过后期处理来弥补，而画面模糊则意味着拍摄失败，是无法通过后期来补救的。

ISO 数值与画质的关系

对于富士X-T5，当使用ISO1600以下的感光度拍摄时，均能获得优秀的画质；当使用ISO1600~ISO6400之间的感光度拍摄时，虽然画质要比以低感光度拍摄时略有降低，但是可以接受。

如果从实用角度来看，在光线较充足的情况下，使用ISO1600和ISO6400拍摄的照片细节完整、色彩生动，只要不是放大到很大倍数查看，和使用较低感光度拍摄的照片并无明显区别。但是对一些对画质要求较为严苛的用户来说，ISO1600是富士X-T5能保证较好画质的最高感光度。当使用高于ISO1600的感光度拍摄时，虽然整张照片没有过多杂色，但是照片细节上的缺失通过大屏幕显示时就能看到，所以除非在极端的环境中拍摄，否则不推荐使用。

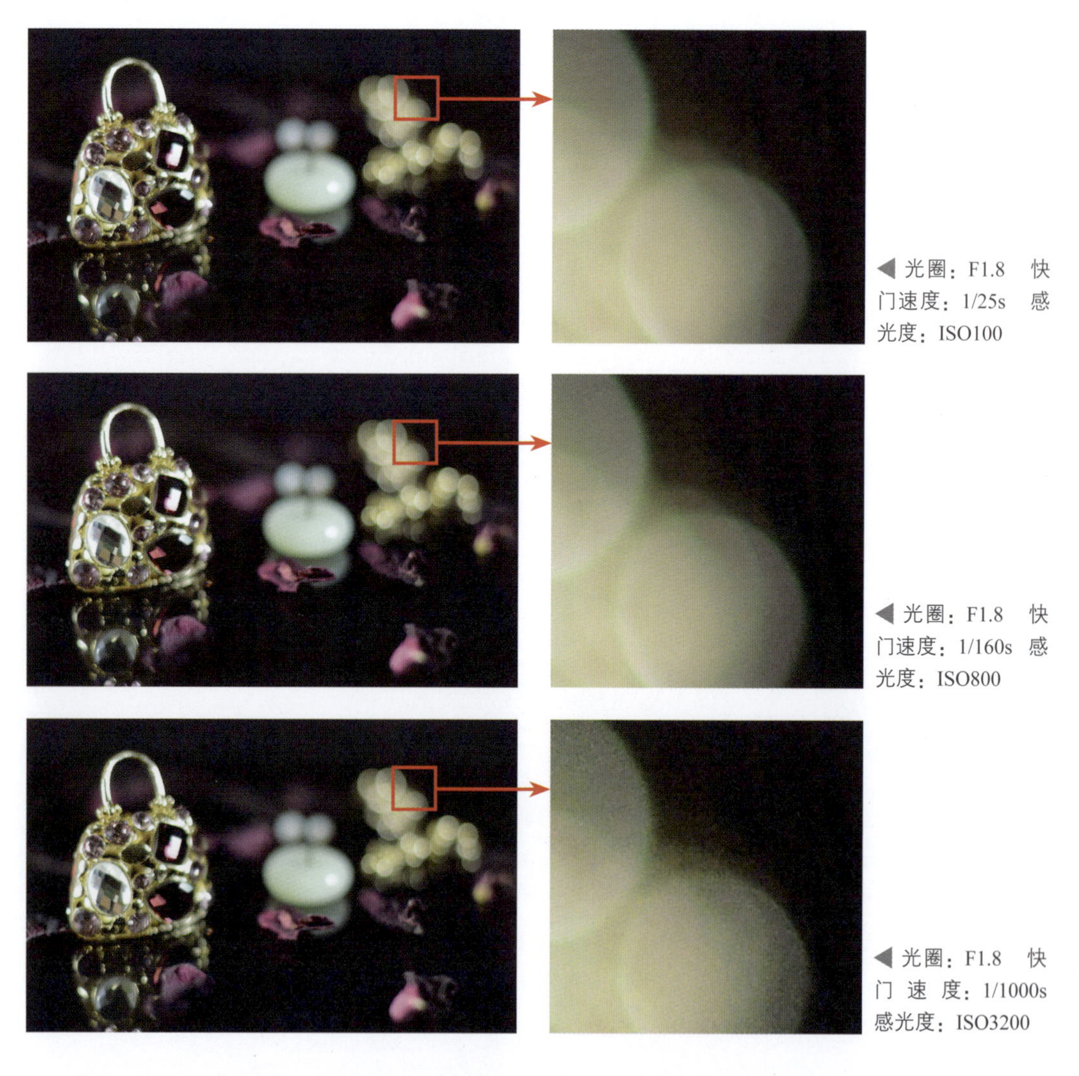

◀ 光圈：F1.8 快门速度：1/25s 感光度：ISO100

◀ 光圈：F1.8 快门速度：1/160s 感光度：ISO800

◀ 光圈：F1.8 快门速度：1/1000s 感光度：ISO3200

从这一组照片可以看出，在光圈优先曝光模式下，当ISO感光度数值发生变化时，快门速度也发生了变化，因此照片的整体曝光量并没有变化。但仔细观察细节可以看出，照片的画质随着ISO数值的增大而逐渐变差。

感光度对曝光效果的影响

作为控制曝光的三大要素之一，在其他条件不变的情况下，感光度每增加一挡，感光元件对光线的敏感度会随之提高一倍，即增加一倍的曝光量；反之，感光度每减少一挡，则会减少一半的曝光量。

更直观地说，感光度的变化直接影响光圈或快门速度的设置。以F5.6、1/200s、ISO400的曝光组合为例，在保证被摄体得到正确曝光的前提下，如果要改变快门速度并使光圈数值保持不变，可以通过提高或降低感光度来实现，快门速度提高一倍（变为1/400s），则要将感光度提高一倍（变为ISO800）。如果要改变光圈值而保证快门速度不变，同样可以通过设置感光度数值来实现。例如，要增加两挡光圈（变为F2.8），则要将ISO感光度数值降低两挡（变为ISO100）。

下面是一组焦距为50mm、光圈为F7.1、快门速度为1/30s不变，只改变感光度拍摄的照片。

在拍摄上面这组照片时，焦距、光圈、快门速度都没有变化。从中可以看出，当其他曝光参数不变时，ISO感光度的数值越大，由于感光元件对光线更加敏感，拍摄出来的照片也就越明亮。

让相机自动设定感光度

当我们对感光度的设置要求不高时，可以将感光度拨盘旋转至 A 的位置，即将 ISO 感光度指定为由相机自动控制。当相机检测到当前的光圈与快门速度组合无法满足曝光需求或可能会曝光过度时，就会自动选择一个合适的 ISO 感光度数值，以满足正确曝光的需求。

在“ISO 自动设定”菜单中，可控制当感光度拨盘旋转至 A 位置时，相机调整感光度的方式。在此菜单中可以对“自动 1~ 自动 3”“默认感光度”“最大感光度”和“最低快门速度”等选项进行设定。

- 自动 1～自动 3：富士 X-T5 相机支持 3 个自动感光的预设，用户可以在此菜单中分别给不同的序号赋予不同的感光度、快门速度。使用时可先将感光度拨盘旋转至 C 的位置，然后旋转前拨盘选择不同的自动感光度设置。
- 默认感光度：选择此选项，可设置自动感光度的最小值。
- 最大感光度：选择此选项，可设置自动感光度的最大值。
- 最低快门速度：选择此选项，可以指定一个快门速度的最低值，即当快门速度低于此值时，才由相机自动提高感光度值。

设定步骤

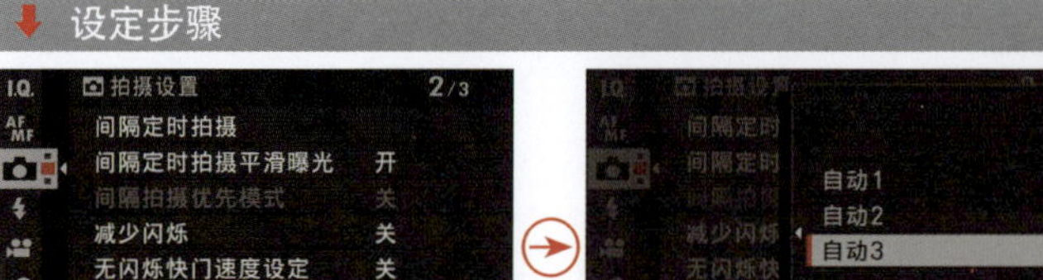

❶ 在**拍摄设置**菜单中选择 **ISO 自动设定**选项，按▶方向键

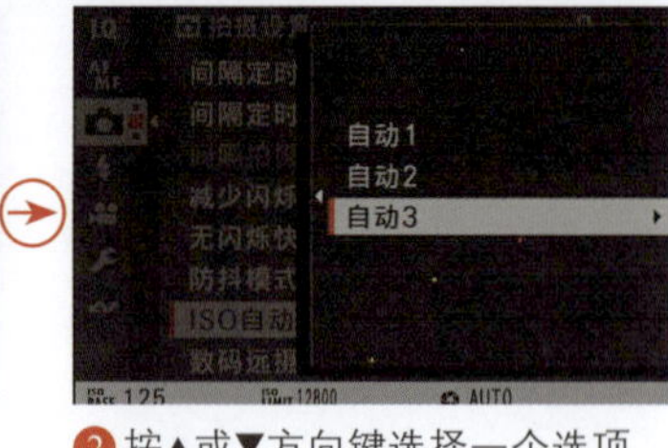

❷ 按▲或▼方向键选择一个选项，然后按▶方向键

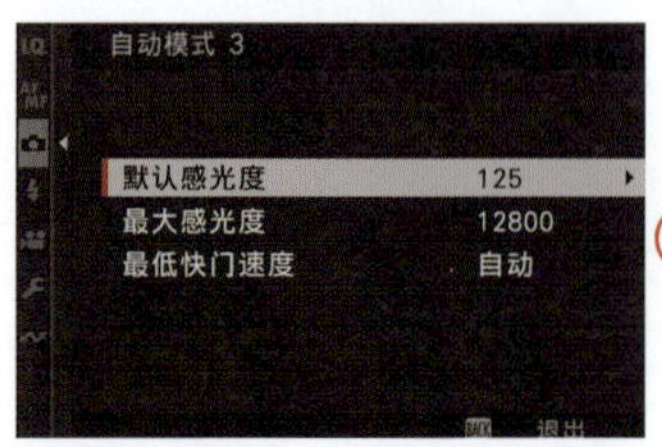

❸ 按▲或▼方向键选择**默认感光度**选项，然后按▶方向键

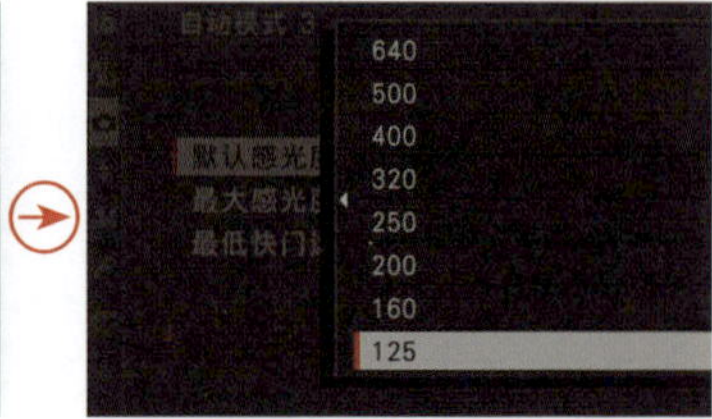

❹ 按▲或▼方向键选择一个感光度值，然后按 MENU/OK 按钮确认

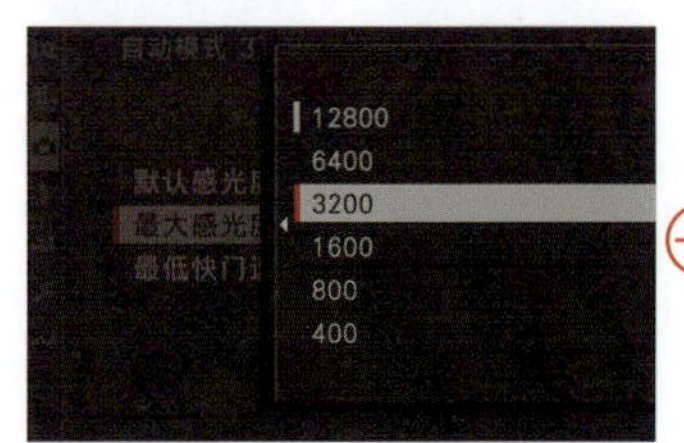

❺ 在步骤❸中选择**最大感光度**选项，按▲或▼方向键可选择最大感光度值

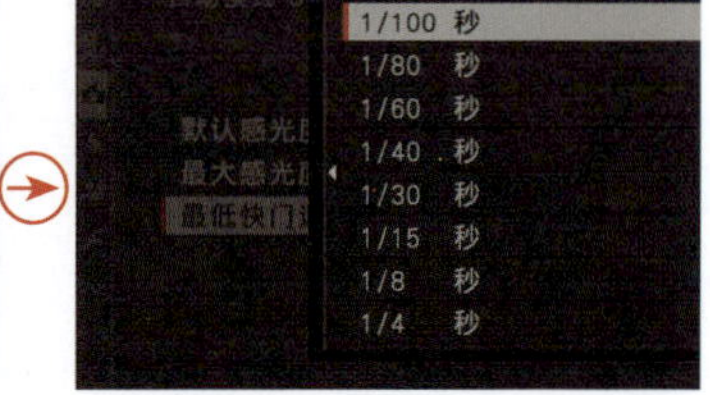

❻ 在步骤❸中选择**最低快门速度**选项，按▲或▼方向键可选择最低快门速度值

▶ 在室外拍摄节日活动时，可能没有过多的时间去详细设置参数，此时可以使相机自动控制感光度。

最高扩展 ISO 感光度设置

在“ISO 拨盘设置（H）”菜单中可以设置当感光度拨盘旋转至 H 时所使用的扩展感光度值，可以选择“25600”和“51200”两个选项。

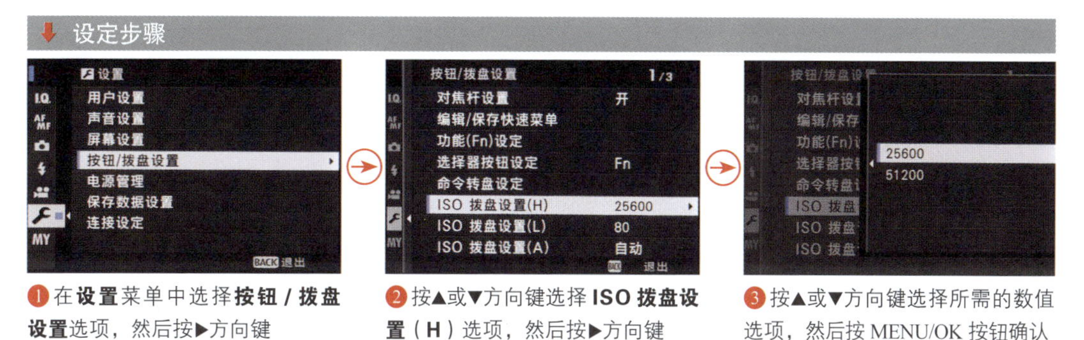

❶ 在**设置**菜单中选择**按钮 / 拨盘设置**选项，然后按▶方向键

❷ 按▲或▼方向键选择 **ISO 拨盘设置（H）**选项，然后按▶方向键

❸ 按▲或▼方向键选择所需的数值选项，然后按 MENU/OK 按钮确认

最低扩展 ISO 感光度设置

在“ISO 拨盘设置（L）”菜单中，可以设置当感光度拨盘旋转至 L 时所使用的扩展感光度值，可以选择“80”“100”“125”三个选项。

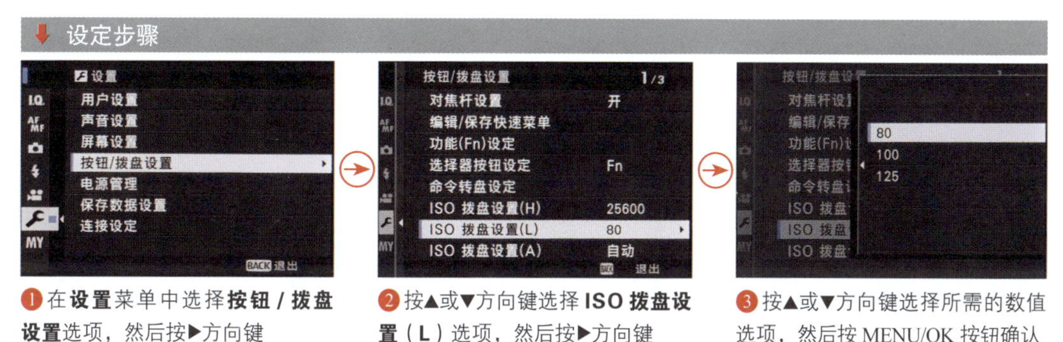

❶ 在**设置**菜单中选择**按钮 / 拨盘设置**选项，然后按▶方向键

❷ 按▲或▼方向键选择 **ISO 拨盘设置（L）**选项，然后按▶方向键

❸ 按▲或▼方向键选择所需的数值选项，然后按 MENU/OK 按钮确认

自动 ISO 感光度设置

在“ISO 拨盘设置（A）”菜单中，可以设置当感光度拨盘旋转至 A 时所使用的感光度值。

选择“自动”选项，相机将根据“ISO 自动设定”中的所选项针对拍摄环境来自动调整感光度，可从自动 1、自动 2 和自动 3 中进行选择。

选择“命令”选项，旋转前指令拨盘便可手动调整感光度。

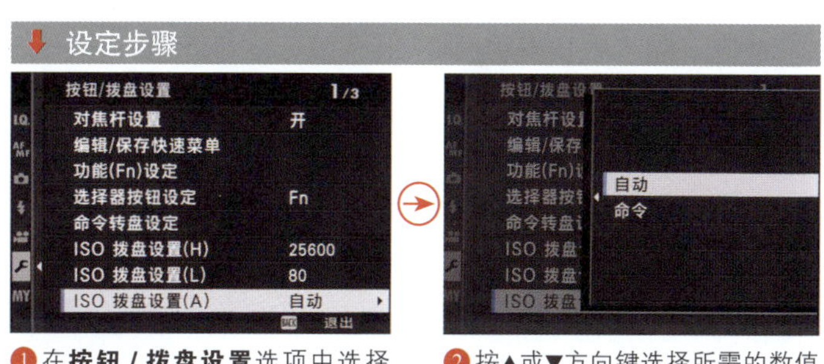

❶ 在**按钮 / 拨盘设置**选项中选择 **ISO 拨盘设置（A）**选项，然后按▶方向键

❷ 按▲或▼方向键选择所需的数值选项，然后按 MENU/OK 按钮确认

正确设置自动对焦模式以获得清晰锐利的画面

准确对焦是成功拍摄的重要前提。准确对焦可以让要表现的主体清晰地呈现出来，反之则容易出现画面模糊的问题，也就是所谓的“失焦”。

富士 X-T5 相机提供了自动对焦与手动对焦两种模式，而自动对焦又可以分为单次自动对焦和连续自动对焦两种模式，使用这两种自动对焦模式一般都能够实现准确对焦，下面分别讲解它们的使用方法。

设定方法

拨动对焦模式选择器至 S 或 C 位置即可。

拍摄静止对象选择单次自动对焦模式（S）

单次自动对焦模式会在合焦（半按快门时对焦成功）之后即停止自动对焦，此时可以保持半按快门状态重新调整构图。这种对焦模式是风光摄影最常用的自动对焦模式之一，特别适合拍摄静止的对象，例如山峦、树木、湖泊、建筑等。当然，在拍摄人像、动物时，如果被摄对象处于静止状态，也可以使用这种自动对焦模式。

▲ 单次自动对焦模式非常适合拍摄静止或运动幅度较小的对象。

拍摄运动对象选择连续自动对焦模式（C）

选择连续自动对焦模式后，当摄影师半按快门进行合焦时，在保持半按快门状态下，相机会在对焦点中自动切换以保持对运动对象的准确合焦状态。在此过程中，如果被摄对象的位置发生了较大变化，相机会自动做出调整，以确保主体清晰。这种对焦模式较适合拍摄运动中的鸟、昆虫、人等对象。

▲ 拍摄飞翔中的鸟儿，使用连续自动对焦模式可以获得焦点清晰的画面。『焦距：300mm ┆ 光圈：F5.6 ┆ 快门速度：1/4000s ┆ 感光度：ISO500』

灵活设置自动对焦辅助功能

设置对焦时的音量

“AF 嘟嘟声音量”的作用就是让相机在对焦成功时发出清脆的声音，以便于摄影师确认对焦成功。

拍摄一般场景时开启对焦声对确认合焦很有帮助，但在拍摄需要保持安静的场合时，如会议、博物馆或其他易被惊扰的对象时，则建议将其设置为“关”。

设定步骤

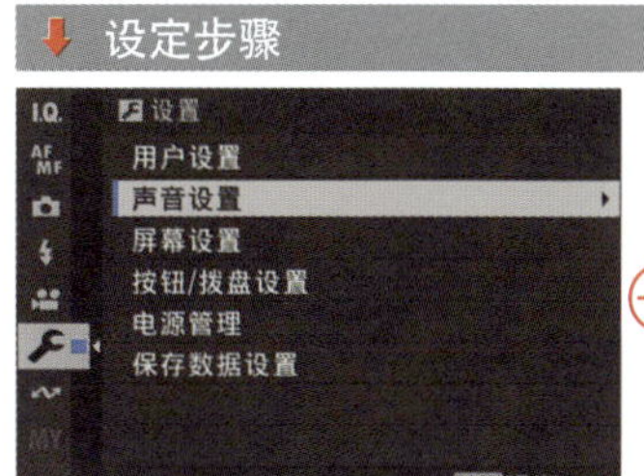

❶在**设置**菜单中选择**声音设置**选项，然后按▶方向键

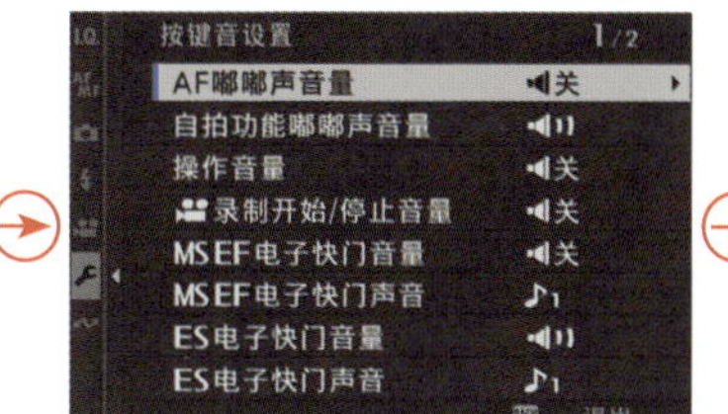

❷按▲或▼方向键选择 **AF 嘟嘟声音量**选项，然后按▶方向键

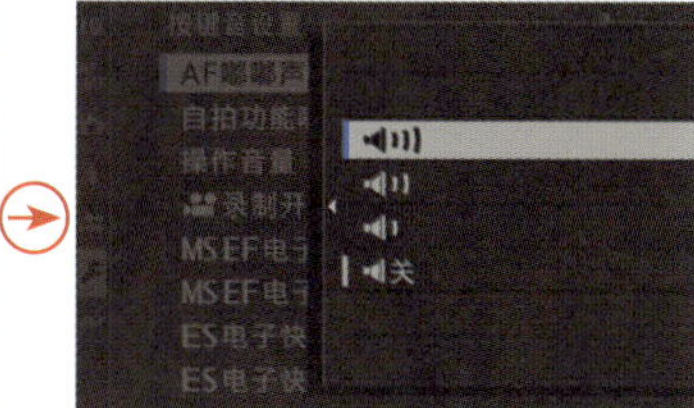

❸按▲或▼方向键选择所需的音量或**关**选项，然后按 MENU/OK 按钮确认

利用自动对焦辅助光辅助对焦

利用“AF 辅助灯”菜单，可以控制是否开启相机的自动对焦辅助光。在弱光环境下拍摄时，由于对焦很困难，相机的自动对焦系统很难对场景进行对焦，此时开启“AF 辅助灯”功能，AF 辅助灯将发出红色的指示光，照亮被摄对象，以辅助相机清晰对焦。

设定步骤

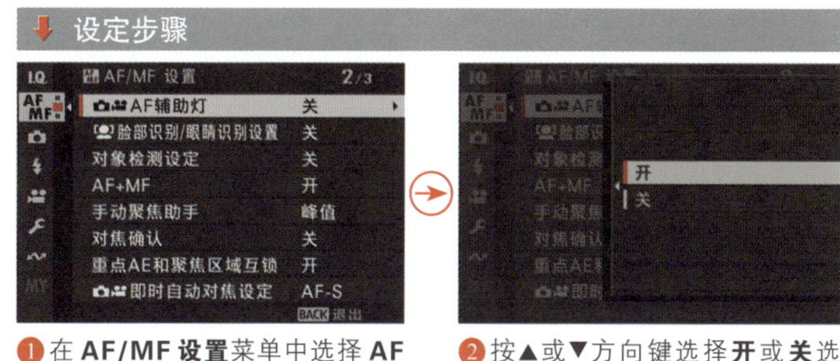

❶在 **AF/MF 设置**菜单中选择 **AF 辅助灯**选项，然后按▶方向键

❷按▲或▼方向键选择**开**或**关**选项，然后按 MENU/OK 按钮确认

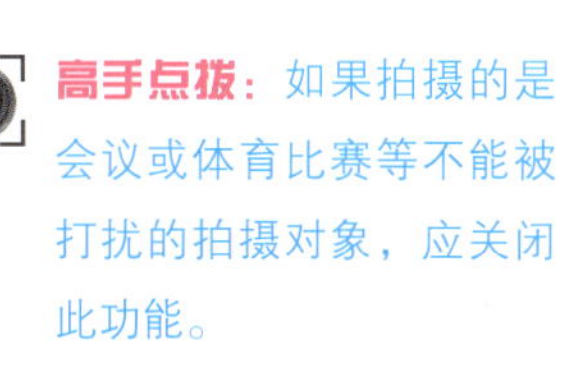

高手点拨：如果拍摄的是会议或体育比赛等不能被打扰的拍摄对象，应关闭此功能。

- 开：选择此选项，当拍摄环境的光线较暗时，自动对焦辅助灯将发射自动对焦辅助光。
- 关：选择此选项，自动对焦辅助灯将不发射自动对焦辅助光。

设置拍摄时释放优先还是对焦优先

使用“释放 / 对焦优先”菜单可以控制在采用单次自动对焦（S）和连续自动对焦（C）模式拍摄时，是每次按下快门释放按钮都可以拍摄照片，还是仅当相机清晰对焦时才可以拍摄照片。

- 释放：选择此选项，无论何时按下快门释放按钮均可拍摄照片。如果确认“拍到”比“拍好”更重要，例如，在突发事件的现场，或者记录不会再出现的重大时刻，可以选择此选项，以确保至少能够拍到值得记录的画面，至于是否清晰就靠运气了。
- 对焦：选择此选项，仅当显示对焦指示（●）时方可拍摄照片，而且拍出的照片是清晰的，但在相机对焦的过程中，有可能拍摄对象已经消失，或者拍摄时机已经错过。

设定步骤

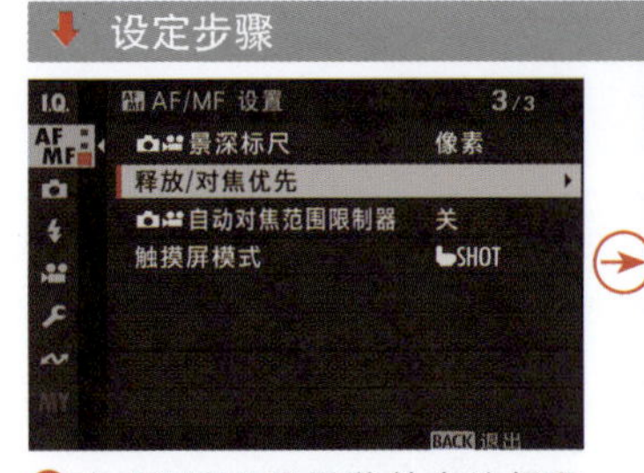

❶在 **AF/MF 设置**菜单中选择**释放 / 对焦优先**选项，然后按▶方向键

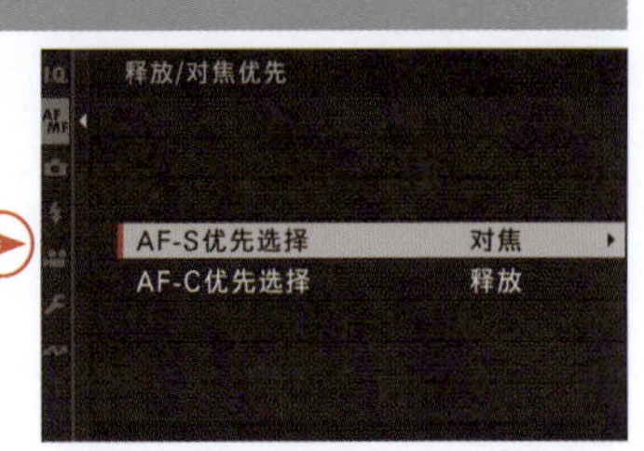

❷按▲或▼方向键选择 **AF-S 优先选择**选项，然后按▶方向键

❸按▲或▼方向键选择**释放**或**对焦**选项，然后按 MENU/OK 按钮确认

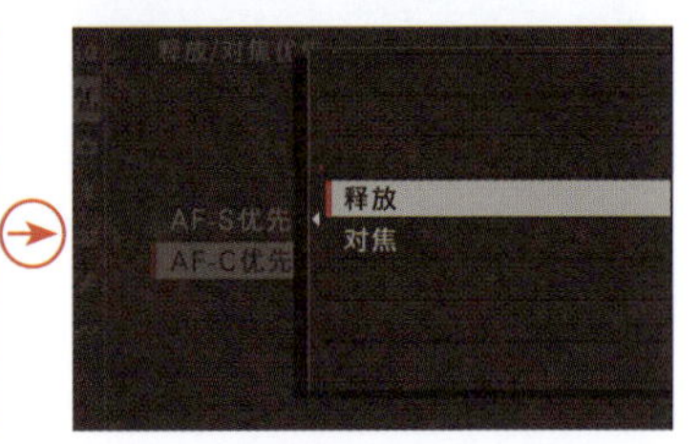

❹若在步骤❷中选择了 **AF-C 优先选择**选项，按▲或▼方向键为 AF-C 模式选择**释放**或**对焦**选项，然后按 MENU/OK 按钮确认

▶ 在拍摄这种运动幅度不大的对象时，应采取对焦优先策略，以保证拍出清晰的画面。『焦距：70mm ┆ 光圈：F5 ┆ 快门速度：1/1000s ┆ 感光度：ISO200』

AF-C 自定设置

“AF-C 自定设置”菜单，用于设置在使用连续自动对焦模式时选择对焦跟踪类型。富士 X-T5 相机提供了 1~5 个预设场合选项和 1 个可以自定义修改的选项，以满足拍摄对象以不同方式运动时对焦控制参数的选择与设置要求。

设置 1 多用途

此设置适合拍摄一般运动场面，例如拍摄运动特征不明显或运动幅度较小的对象。

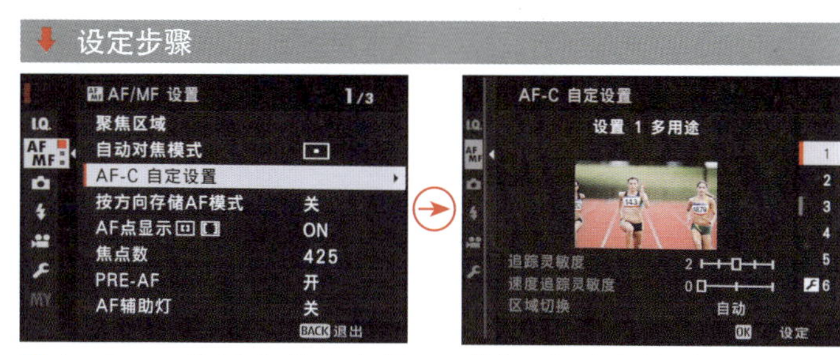

❶在 **AF/MF 设置**菜单中选择 **AF-C 自定设置**选项，然后按▶方向键

❷按▲或▼方向键选择所需序号选项，然后按 MENU/OK 按钮确认

设置 2 忽略障碍 & 继续追踪主体

选择此设置后，若主体脱离了对焦范围，或对焦范围内有其他物体出现，相机将优先针对之前对焦的主体进行跟踪，从而避免主体移动或出现障碍时相机的对焦系统受到干扰。此设置适合拍摄网球选手、蝶泳选手、自由式滑雪选手等持续运动的对象。

▶ 足球运动员的动作快慢不定，适合使用设置 3。『焦距：300mm ┆ 光圈：F5.6 ┆ 快门速度：1/1000s ┆ 感光度：ISO800』

设置 3 加速 / 减速主体

选择此设置后，若拍摄对象突然加速或减速，则相机会倾向于随着对象运动速度的改变而自动追踪。此设置适合拍摄足球、赛车、篮球等比赛题材。

设置 4 突然出现的主体

选择此设置后，若对焦范围内出现新的物体，则相机会自动切换对焦主体，即针对新出现的物体进行对焦；当主体脱离对焦范围时，则可能会针对背景进行重新对焦。此设置适合拍摄赛车的起点 / 转弯、高山滑雪选手下坡等运动对象。

设置 5 主体不规律地移动并加速 / 减速

选择此设置后，若被摄对象出现向上、下、左、右的不规则运动，且移动速度迅速变化，相机会随之自动进行跟踪对焦。此设置适合拍摄花样滑冰等题材。

设置 6 自定义

选择此设置后，用户可以根据拍摄需求自定义参数，其中包括“追踪灵敏度”“速度追踪灵敏度”“区域切换”3个参数。

设定步骤

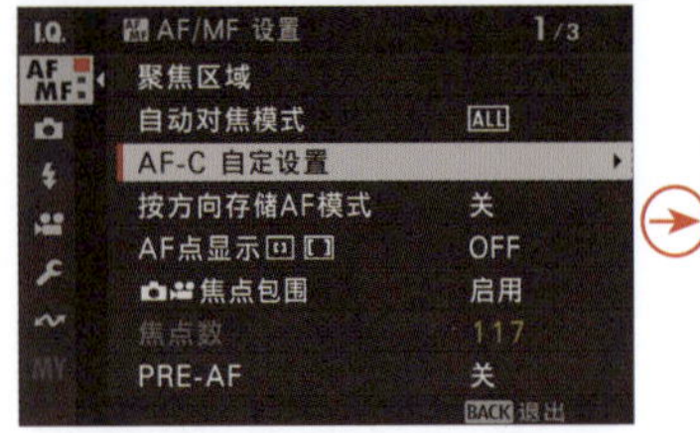

❶在 **AF/MF 设置**菜单中选择 **AF-C 自定设置**选项，然后按▶方向键

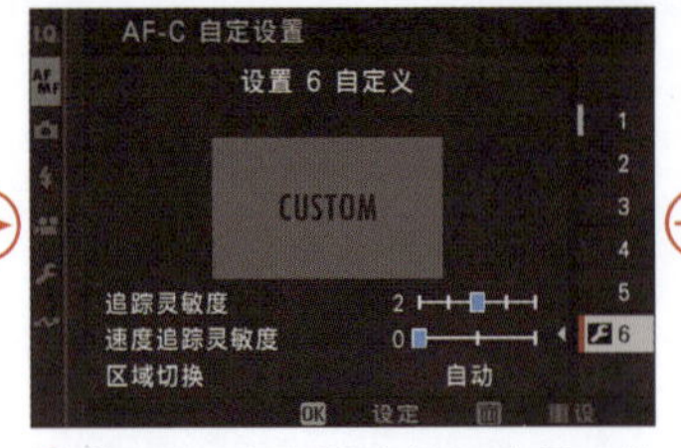

❷按▲或▼方向键选择 **6** 选项，然后按◀方向键

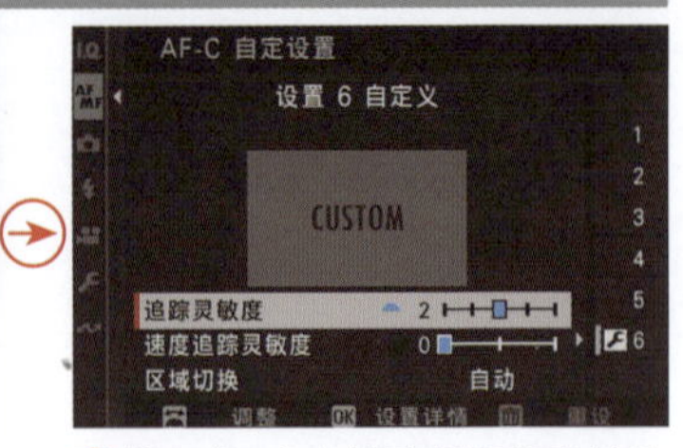

❸按▲或▼方向键选择要修改的选项并按 MENU/OK 按钮进入详细设置页

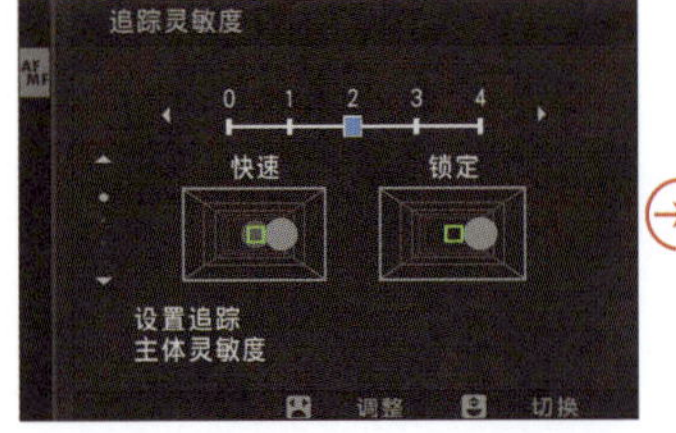

❹若在步骤❷中选择了**追踪灵敏度**选项，按◀或▶方向键选择所需数值

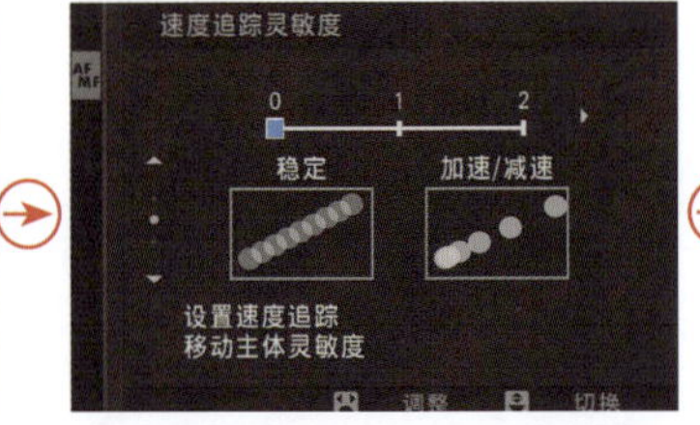

❺若在步骤❷中选择了**速度追踪灵敏度**选项，按◀或▶方向键选择所需数值

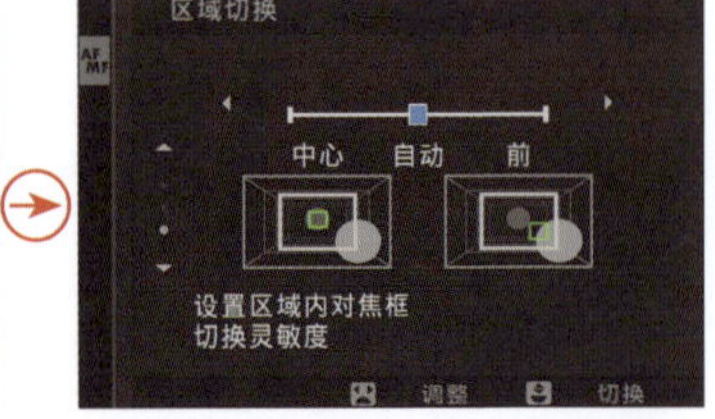

❻若在步骤❷中选择了**区域切换**选项，按◀或▶方向键选择所需设定

- 追踪灵敏度：设置此参数的意义在于，当被摄对象前方出现障碍时，通过设置此参数让相机“选择”是忽略障碍对象继续跟踪对焦被摄对象，还是对新被摄体（即障碍对象）进行对焦拍摄。选择此选项后，可以拖动滑块向右边的“锁定”或左边的“快速”移动。当滑块位置偏向“锁定”方向时，即使有障碍物进入自动对焦范围，或者被摄对象偏移了对焦范围，相机仍然会继续保持原来的对焦位置；反之，若滑块位置偏向“快速”方向，当障碍对象出现后，相机的对焦点就会马上对焦在新的障碍对象上。
- 速度追踪灵敏度：此参数用于设置当被摄对象突然加速或突然减速时相机的对焦灵敏度，数值越大，即当被摄对象突然加速或减速时，相机对其进行跟踪对焦的灵敏度越高。
- 区域切换：此参数可决定使用“区自动对焦”模式时优先对焦的区域。选择“中心”选项，在区自动对焦模式下，优先对焦区域中央的被摄对象；选择“自动”选项，相机将首先锁定对焦区域中央的被摄对象，然后根据需要切换对焦区域以对其进行跟踪；选择“前”选项，将优先对焦于最靠近相机的被摄对象。

选择自动对焦区域模式

在确定自动对焦模式后，还需要指定自动对焦区域模式，以使相机的自动对焦系统在工作时，“明白”应该使用多少个对焦点或什么位置的对焦点进行对焦。

在富士 X-T5 相机中，摄影师可选择单点、区、广域 / 跟踪和全部 4 种自动对焦区域模式。

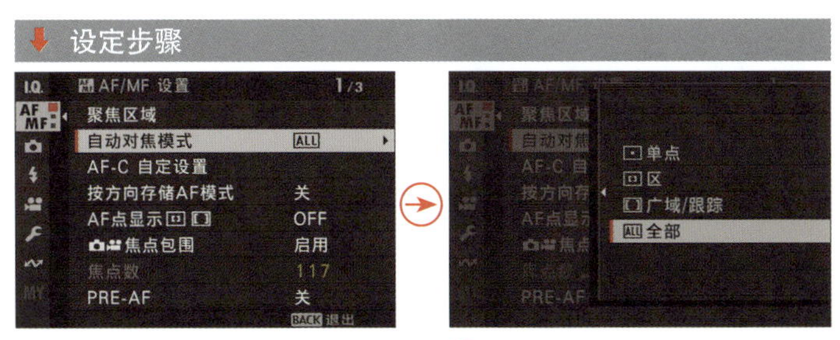

❶ 在 **AF/MF 设置**菜单中选择**自动对焦模式**选项，然后按▶方向键

❷ 按▲或▼方向键选择所需的选项，然后按 MENU/OK 按钮确定

单点自动对焦区域模式

在此模式下，摄影师可以手动选择对焦点的位置，在使用 P、S、A、M 曝光模式拍摄时，都可以手选对焦点。富士 X-T5 相机提供了最多 425 个自动对焦点。

▲ 在拍摄人像时，常常使用单点自动对焦区域模式对人物眼睛对焦，达到人物清晰而背景虚化的效果。『焦距：56mm ┆ 光圈：F3.2 ┆ 快门速度：1/100s ┆ 感光度：ISO400』

▲ 单点自动对焦区域模式示意图

区自动对焦区域模式

当使用此对焦区域模式时，先在 LCD 显示屏上选择想要对焦的区域，对焦区域内包含数个对焦点，在拍摄时，相机将自动在所选对焦范围内选择合焦的对焦框。此模式适合拍摄动作幅度不大的题材。

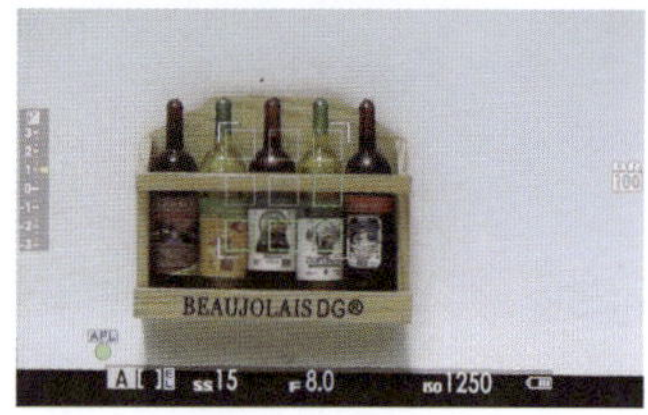

▲ 区自动对焦区域模式示意图

◀ 在拍摄摆姿人像时，如果变换姿势幅度不大，可以使用区自动对焦区域模式进行拍摄。『焦距：150mm ¦ 光圈：F5 ¦ 快门速度：1/1600s ¦ 感光度：ISO125』

广域 / 跟踪自动对焦区域模式

选择此对焦区域模式后，在使用单次自动对焦模式（S）半按快门进行对焦时，将由相机自己的智能判断系统，决定当前拍摄场景中哪个区域应该最清晰，从而利用相机可用的对焦点针对这一区域进行对焦。

而在连续自动对焦模式（C）下，拍摄随时可能移动的动态主体（如宠物、儿童、运动员等）时，使用此模式可以锁定跟踪被摄体，从而在半按快门按钮期间，保持相机持续对焦被摄体。

▲ 广域 / 跟踪自动对焦区域模式示意图

▲ 当使用广角镜头与小光圈拍摄大场景风光时，使用广域 / 跟踪自动对焦区域模式可以快速对焦。『焦距：28mm ¦ 光圈：F11 ¦ 快门速度：1/500s ¦ 感光度：ISO160』

高手点拨： 使用此模式拍摄细小的或迅速移动的被摄对象时，可能会出现无法正确对焦的情况。

全部自动对焦区域模式 ALL

此模式实际是前面 3 种区域模式的组合，在此模式下，如果进入了对焦点选择模式，可以转动后指令拨盘按“单点”“区”“广域（对焦模式 S）”“跟踪（对焦模式 C）”的顺序，循环切换自动对焦区域模式，以方便摄影师在拍摄过程中根据被摄对象的运动状态，灵活切换对焦区域模式。

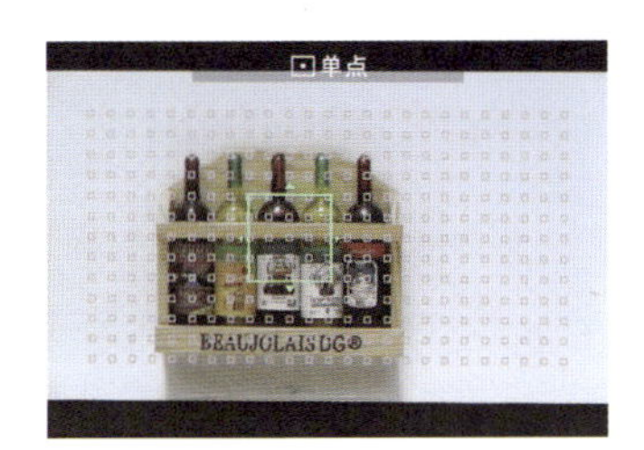

▲ 在对焦点选择模式下，将显示全部自动对焦点

手选对焦点 / 对焦区域的方法

在 P、A、S 及 M 模式下，使用“单点”和“区”自动对焦区域模式都支持手动选择对焦点或对焦区域，以便根据对焦需要进行选择。

在选择对焦点 / 对焦区域时，倾斜对焦棒可以在 8 个方向上设置对焦点的位置，如果按下对焦棒则选择中央对焦点或中央对焦区。

另外，在单点自动对焦区域模式下，转动后指令拨盘可以选择 6 种对焦框大小。在区自动对焦区域模式下，转动后指令拨盘可以选择 3 种对焦框大小。按下后指令拨盘可将对焦框恢复原始大小。

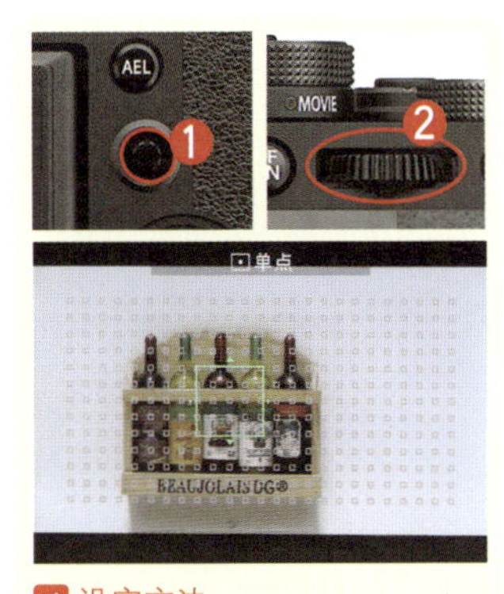

设定方法

倾斜对焦棒可以选择对焦点或对焦区域框的位置，转动后指令拨盘可以调整对焦框大小。

▲ 采用单点自动对焦区域模式并手动选择对焦点拍摄，保证了对人物的灵魂——眼睛进行准确地对焦。『焦距：56mm ┆ 光圈：F2.8 ┆ 快门速度：1/640s ┆ 感光度：ISO200』

灵活设置自动对焦点辅助功能

按方向存储 AF 模式

在不同的方向切换拍摄时，常常遇到的一个问题就是，需要使用不同的自动对焦点。

在实际拍摄时，如果每次切换拍摄方向都重新选择对焦位置或对焦区域，无疑是非常麻烦的，利用“按方向存储 AF 模式”功能，可以实现在不同的拍摄方向拍摄时，相机自动切换对焦位置和对焦区域的目的。

设定步骤

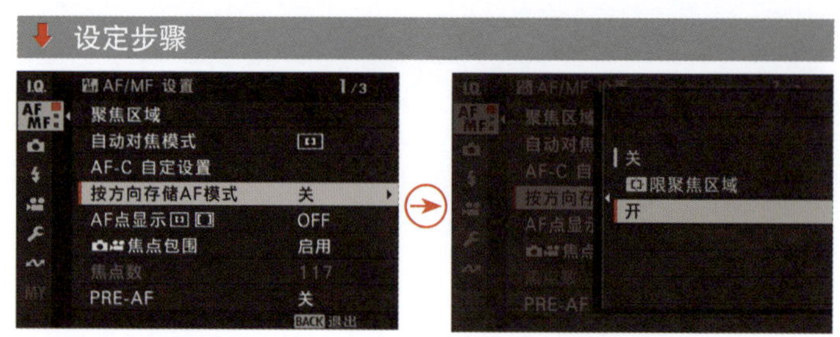

❶ 在 **AF/MF 设置**菜单中选择**按方向存储 AF 模式**选项，然后按▶方向键

❷ 按▲或▼方向键选择所需选项，然后按 MENU/OK 按钮确认

- 关：选择此选项，无论如何在横拍与竖拍之间进行切换，对焦模式和对焦区域的位置都不会发生变化。
- 限聚焦区域：选择此选项，在使用横向（风景方位）和竖向（人像方位）拍摄时，只可以分别记录对焦位置。
- 开：选择此选项，在使用横向（风景方位）和竖向（人像方位）拍摄时，可以分别选择对焦位置和对焦区域。

设置自动对焦点数量

虽然富士 X-T5 相机提供了多达 425 个对焦点，但并非拍摄所有题材都需要使用全部对焦点，我们可以根据实际拍摄需要选择可用的自动对焦点数量。

例如，在拍摄人像时，少量的对焦点就已经完全可以满足拍摄需求了，同时也可以避免由于对焦点过多而导致手选对焦点过慢的问题。

设定步骤

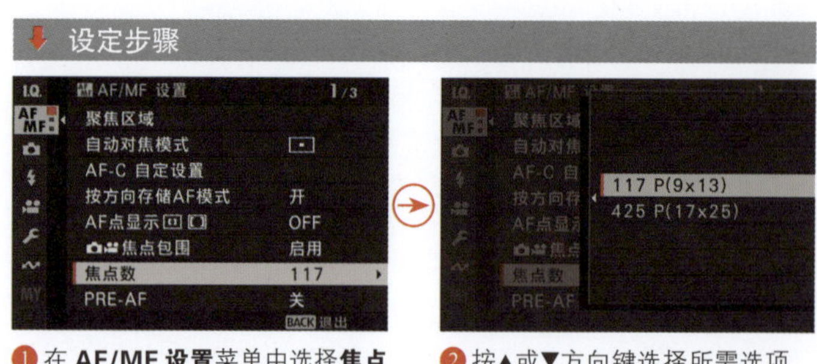

❶ 在 **AF/MF 设置**菜单中选择**焦点数**选项，然后按▶方向键

❷ 按▲或▼方向键选择所需选项，然后按 MENU/OK 按钮确认

人脸 / 眼部对焦优先设定

在拍摄人像时，通常需要对人眼进行对焦，从而让人物显得更有神采。但如果选择单点对焦区域模式，并将该对焦点调整到人物眼部进行拍摄，操作速度往往会比较慢。如果人物再稍有移动，可能还会出现对焦不准的情况。

而使用富士 X-T5 相机的脸部识别 / 眼睛识别功能，即可快速、准确地对焦到模特的脸部或者眼睛。

设定步骤

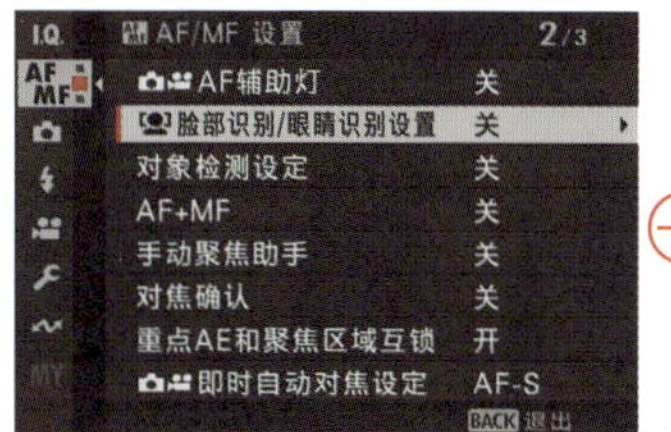

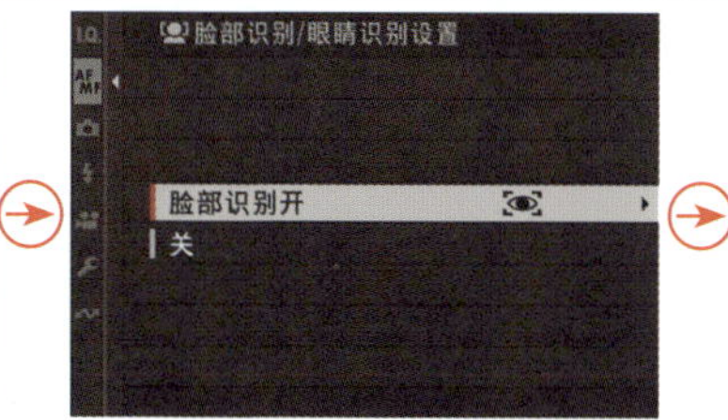

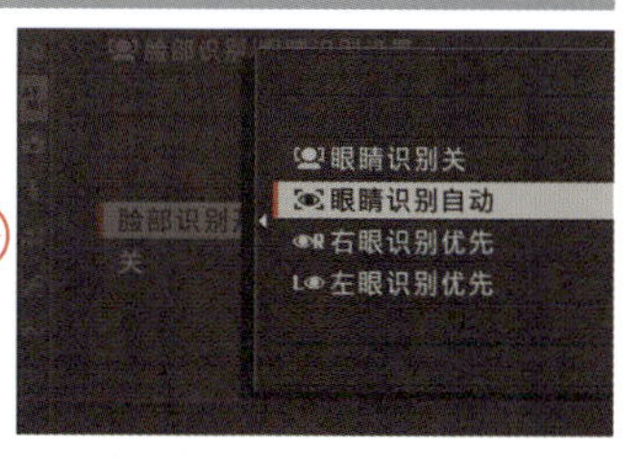

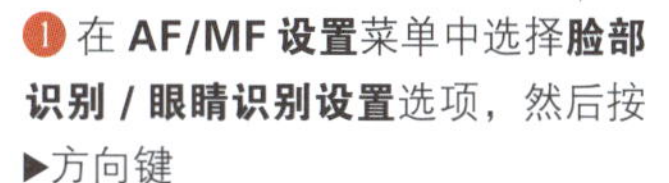
❶ 在 **AF/MF 设置**菜单中选择**脸部识别 / 眼睛识别设置**选项，然后按▶方向键

❷ 按▲或▼方向键选择**脸部识别开**选项，然后按▶方向键

❸ 按▲或▼方向键选择所需的选项，然后按 MENU/OK 按钮确认

- 眼睛识别关：选择此选项，相机仅智能识别画面中的脸部，并优先对所识别的面部进行对焦和曝光。
- 眼睛识别自动：选择此选项，当检测到脸部时，相机会自动选择对焦于哪只眼睛。
- 右眼识别优先：选择此选项，当检测到脸部时，相机会优先对焦于所识别面部的右眼。
- 左眼识别优先：选择此选项，当检测到脸部时，相机会优先对焦于所识别面部的左眼。
- 关：选择此选项，相机将关闭智能脸部优先和眼睛优先功能。

拍摄位于自然环境中的人物时，启用脸眼部识别功能，可以轻松获得人物对焦清晰的画面。『焦距：85mm ┆光圈：F2.8 ┆快门速度：1/500s ┆感光度：ISO250』

用自动对焦结合手动对焦功能精确对焦（AF+MF）

在拍摄距离较近、被摄对象较小或较难对焦的景物时，可以使用富士 X-T5 相机的“AF+MF”功能。开启此功能后，在 AF-S 模式下，先是由相机自动对焦，再由摄影师手动对焦。即在拍摄时可以先半按快门按钮进行自动对焦。然后在解除对焦锁定的情况下，转动镜头对焦环手动进行微调。完成精确对焦后，直接完全按下快门按钮完成拍摄。

设定步骤

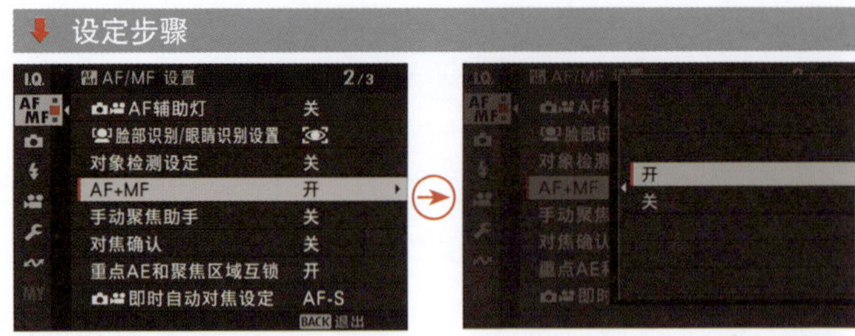

❶在 **AF/MF 设置**菜单中选择 **AF+MF** 选项，然后按▶方向键

❷按▲或▼方向键选择**开**或**关**选项，然后按 MENU/OK 按钮确认

AF点显示

“AF点显示”菜单用于控制在区或广域/跟踪自动对焦模式下，是否显示全部对焦点。

- ON：选择此选项，将在屏幕上显示全部对焦点。
- OFF：选择此选项，不会在屏幕上显示自动对焦点，而只显示对焦区域框。

设定步骤

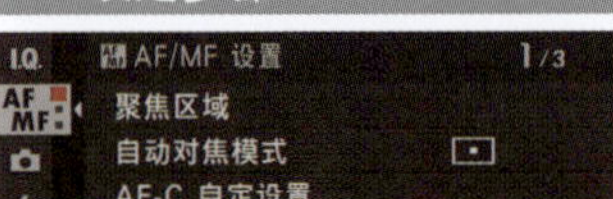
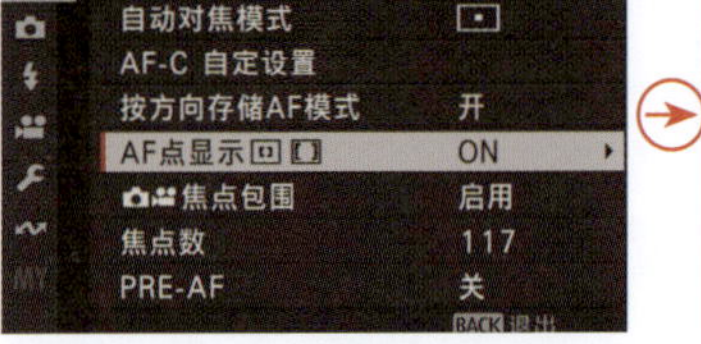

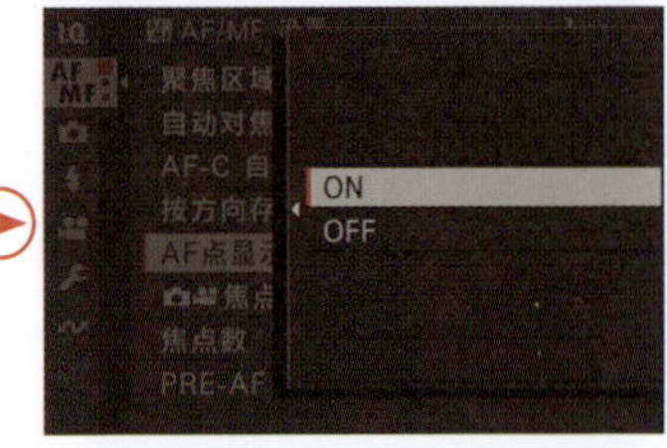

❶在 **AF/MF 设置**菜单中选择 **AF 点显示**选项，然后按▶方向键

❷按▲或▼方向键选择 **ON** 或 **OFF** 选项，然后按 MENU/OK 按钮确认

预先自动对焦

在富士 X-T5 相机中，可以在“PRE-AF”菜单中设置在半按快门进行自动对焦前，是否先自动对画面进行对焦，使摄影师在半按快门时更快速地对焦，因此对于抓拍非常有效。

开启此功能后，由于相机始终处于对焦状态，因此电池消耗也会更快。

设定步骤

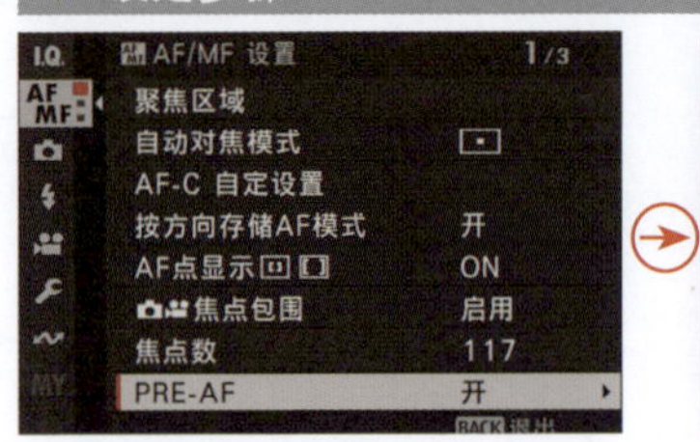

❶在 **AF/MF 设置**菜单中选择 **PRE-AF** 选项，然后按▶方向键

❷按▲或▼方向键选择**开**或**关**选项，然后按 MENU/OK 按钮确认

手动对焦实现准确对焦

当拍摄下面所列的对象时，相机的自动对焦系统往往无法准确对焦，此时应该使用手动对焦功能。

- 画面主体处于杂乱的环境中，例如拍摄杂草中的花朵等。
- 高对比、低反差的画面，例如拍摄日出、日落等。
- 在弱光环境下进行拍摄，例如拍摄夜景、星空等。
- 距离太近的题材，例如拍摄昆虫、花卉等。
- 主体被其他景物覆盖，例如拍摄动物园笼子里面的动物、鸟笼中的鸟等。
- 对比度很低的景物，例如拍摄蓝天、墙壁等。
- 距离较近且相似程度又很高的题材，例如旧照片翻拍等。

▲ 在逆光下拍摄蜘蛛，由于蜘蛛体形较小，且拍摄环境较为杂乱，因此选择使用手动对焦模式，对蜘蛛进行精确对焦，确保清晰对焦。『焦距：100mm ┆ 光圈：F6.3 ┆ 快门速度：1/640s ┆ 感光度：ISO200』

设定方法

拨动对焦模式选择器至M的位置，即为手动对焦模式。在手动模式下，转动镜头上的对焦环进行对焦。

Q：图像模糊不聚焦或锐度较低应如何处理？

A：当出现这种情况时，可以从以下三方面进行检查。

1. 检查按快门按钮时相机是否产生了移动。按快门按钮时要确保相机稳定，尤其是在拍摄夜景或在黑暗的环境中拍摄时，快门速度应高于正常拍摄条件下的快门速度。应尽量使用三脚架或遥控器，以确保拍摄时相机保持稳定。

2. 检查镜头和主体之间的距离是否超出了相机的对焦范围。如果超出了相机的对焦范围，应该调整主体和镜头之间的距离。

3. 检查自动对焦点是否覆盖了主体。相机会对焦自动对焦点覆盖的主体，如果自动对焦点无法覆盖主体，可以利用对焦锁定功能解决。

辅助手动对焦的菜单功能

使用“对焦确认”辅助手动对焦

“对焦确认”功能的作用是，确定在手动对焦模式下，相机在电子取景器或 LCD 显示屏中是否可以放大照片，以辅助摄影师对焦。

选择“开”选项时，只要转动对焦环调节对焦，取景器或 LCD 显示屏中的画面就会被自动放大，旋转后指令拨盘可继续放大画面，按下其中央位置可使画面恢复到正常比例。

设定步骤

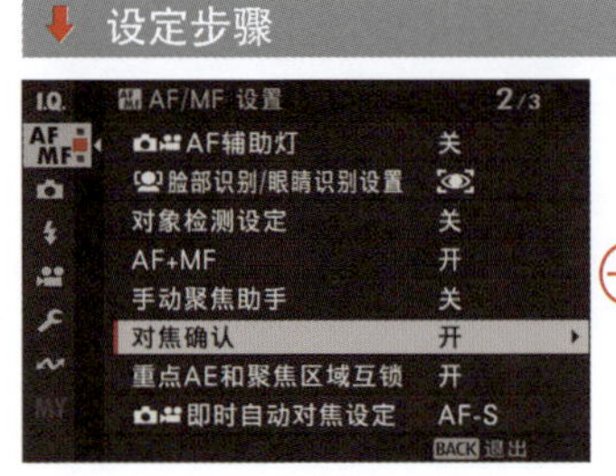

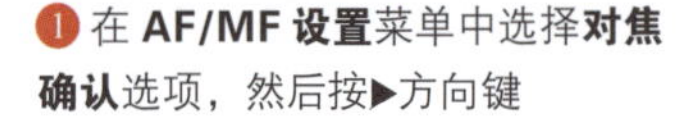
❶ 在 **AF/MF 设置**菜单中选择**对焦确认**选项，然后按▶方向键

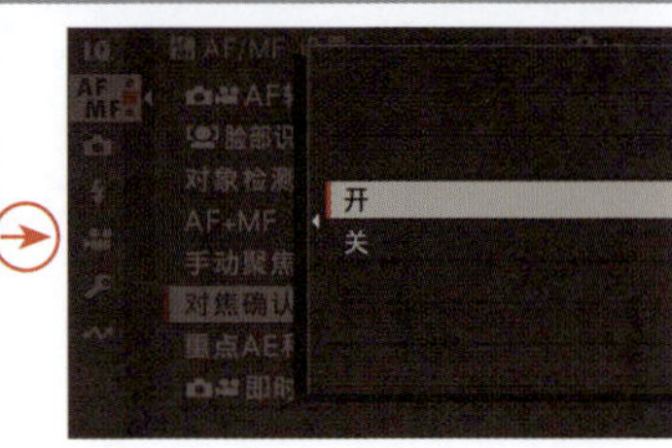

❷ 按▲或▼方向键选择**开**或**关**选项，然后按 MENU/OK 按钮确认

使用“手动聚焦助手”辅助手动对焦

在手动对焦模式下，当摄影师使用液晶显示屏或电子取景器构图时，“手动聚焦助手”功能可以辅助摄影师确认对焦。

- 关：选择此选项时，需手动转动对焦环，直至图像清晰显示。
- 数码裂像屏：选择此选项，将在画面中心显示一张分割黑白和彩色图像。拍摄时旋转对焦环，直至分割图像变清晰并准确对齐。
- 数字微棱镜：选择此选项，将在画面中显示马赛克图像。拍摄时旋转对焦环，直至图像变得清晰。
- 峰值对焦：选择此选项，当对被摄对象清晰对焦时，其轮廓将高亮显示所选色彩。拍摄时注意选择与被摄主体反差较大的色彩，旋转对焦环，直至其边缘出现标示色彩。

设定步骤

AF/MF 设置 2/3
AF辅助灯 关
脸部识别/眼睛识别设置
对象检测设定 关
AF+MF 关
手动聚焦助手 关
对焦确认 开
重点AE和聚焦区域互锁 开
即时自动对焦设定 AF-S
BACK 退出

❶ 在 **AF/MF 设置**菜单中选择**手动聚焦助手**选项，然后按▶方向键

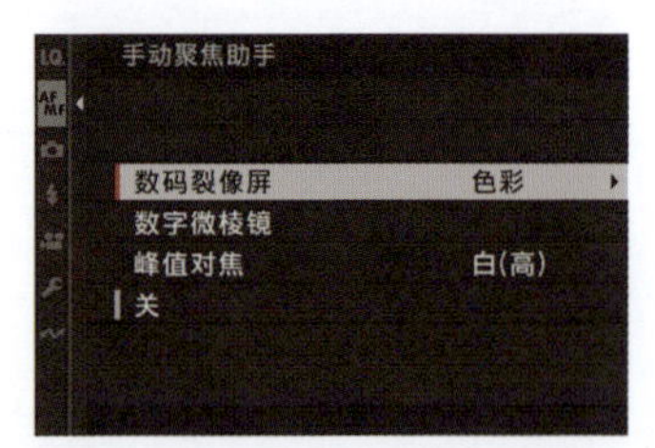

❷ 按▲或▼方向键选择所需选项

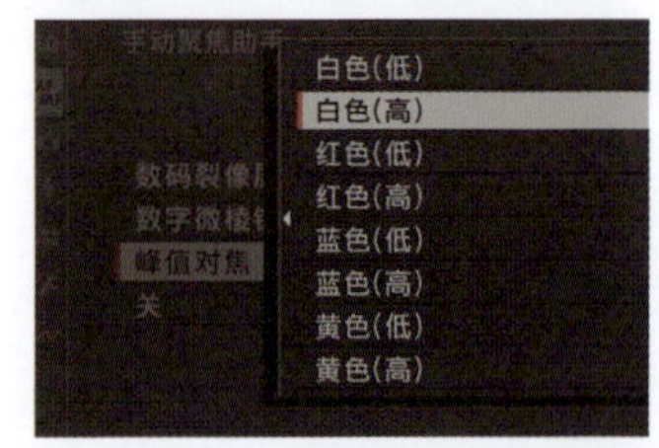

❸ 当选择了**数码裂像屏**或**峰值对焦**选项时，还可以进一步进行设置

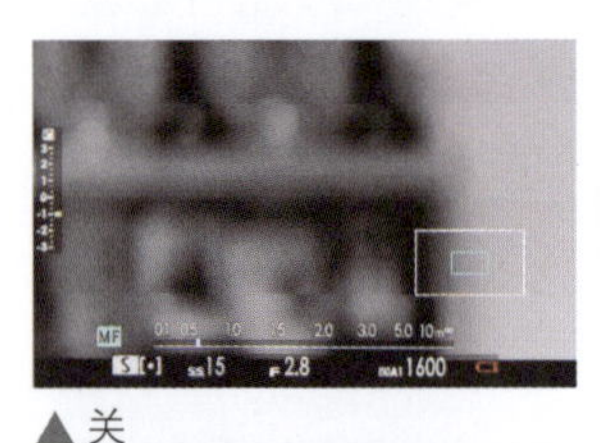
▲ 关

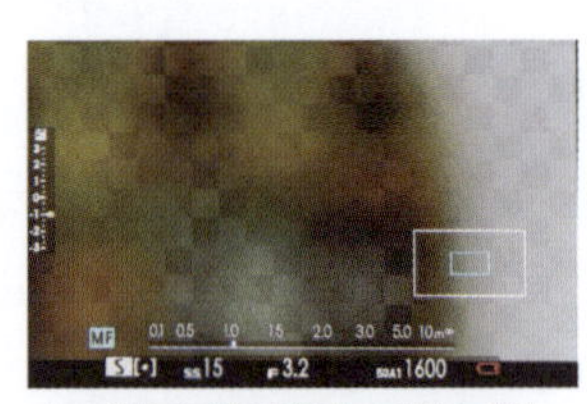
▲ “数字微棱镜”对焦示例

▲ “数码裂像屏”对焦示例

▲ “峰值对焦”对焦示例

设置不同驱动模式以拍摄运动或静止对象

针对不同的拍摄任务，需要将快门设置为不同的驱动模式。例如，要抓拍高速移动的物体，为了保证成功率，可以将相机设置为，按下一次快门后，能够连续拍摄多张照片的连拍模式。

富士 X-T5 相机提供了单幅画面 **S**、高速连拍 **CH**、低速连拍 **CL**、包围 **BKT**、创意滤镜 **ADV.**、全景 ▭、HDR 等驱动模式。

设定方法

拨动驱动拨盘使 S（单张拍摄）图标与标志线对齐。

单幅画面模式

在单幅画面模式下，每次按下快门都是只拍摄一张照片。单幅画面模式适合拍摄静态对象，如风光、建筑、静物等题材。

▲ 使用单幅画面驱动模式拍摄的部分题材。

连拍模式

在连拍模式下，每次从按下快门开始，直至释放快门为止，将连续拍摄多张照片。连拍模式在拍摄运动人像、动物、新闻、体育等题材时运用较为广泛，以便于记录精彩瞬间。在拍摄完成后，从其中选择效果最佳的一张或多张照片即可，或者通过连拍获得一系列生动有趣的组照。

富士 X-T5 相机提供了高速连拍和低速连拍两种模式，在高速连拍模式下最高可以达到约 20 张 / 秒（仅限电子快门，1.29 倍裁切），在低速连拍模式下，拍摄速度最高可以达到 7 张 / 秒，摄影师应根据被摄对象的运动幅度选择相应的连拍模式。

设定方法

拨动驱动拨盘使 CH 或 CL 图标与标志线对齐。

▲ 使用高速连拍驱动模式抓拍两个女孩打闹的精彩画面。

Q：为什么相机能够连续拍摄？

A：因为富士 X-T5 相机有临时存储照片的内存缓冲区，因而在记录照片到存储卡的过程中可继续拍摄，受内存缓冲区大小的限制，最多可持续拍摄照片的数量是有限的。

Q：在弱光环境下，连拍速度是否会变慢？

A：连拍速度在以下情况可能会变慢：当相机剩余电量较低时，连拍速度会下降；在连续自动对焦模式下，因主体和使用的镜头不同，连拍速度可能会下降；当选择了“降噪功能”或在弱光环境下拍摄时，即使设置了较高的快门速度，连拍速度也可能变慢。

Q：连拍时快门为什么会停止释放？

A：在最大连拍数量少于正常值时，如果相机在中途停止连拍，有可能是“降噪功能”被设置为较高数值导致的，因为当启用“降噪功能”时，相机将花费更多的时间进行降噪处理，因此将数据转存到存储空间的耗时会更长，相机在连拍时更容易被中断。

设定步骤

拍摄设置 1/3
DRIVE 设置
运动取景器模式 关
预拍摄ES 关
自拍 关
保存自拍设置 关
自拍灯 开
测光
快门类型 MS
BACK 退出

❶ 在**拍摄设置**菜单中选择 **DRIVE 设置**选项，然后按▶方向键

DRIVE 设置
BKT 设置
CH 高速连拍 10fps
CL 低速连拍 5.0fps
HDR模式 800%
高级滤镜设置

❷ 按▲或▼方向键选择 **CH 高速连拍**选项，然后按▶方向键

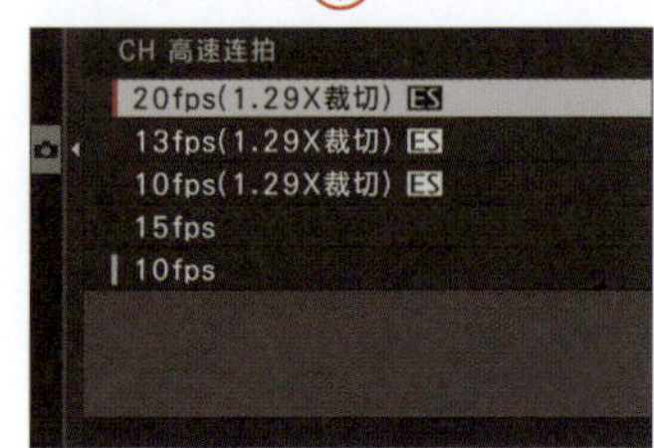

❸ 按▲或▼方向键选择一个选项，然后按 MENU/OK 按钮确认

高手点拨： 如果高速连拍不可选，要将快门类型切换成为电子快门。

包围曝光

包围曝光是指，通过设置一定的曝光变化范围，分别拍摄曝光不足、曝光正常与曝光过度 3 张照片的拍摄技法。例如，将其设置为 ± 1EV 时，即代表分别拍摄减少 1 挡曝光、正常曝光和增加 1 挡曝光的 3 张照片，从而兼顾画面的高光、中间调及暗调区域的细节。富士 X-T5 相机支持在 1/3EV~3EV 范围内调节包围曝光。

设定方法

拨动驱动拨盘使 BKT 图标与标志线对齐。

什么情况下应该使用包围曝光

如果拍摄现场的光线很难把握，或者拍摄的时间很短，为了避免曝光不准确而失去这次难得的拍摄机会，可以使用包围曝光功能来确保万无一失。此时可以通过设置包围曝光，使相机针对同一场景连续拍摄出 3 张曝光量略有差异的照片。每一张照片曝光量具体相差多少，可由摄影师自己确定。在具体拍摄过程中，摄影师无须调整曝光量，相机将根据设置自动在第一张照片的基础上增加、减少一定的曝光量拍摄出另外两张照片。

按此方法拍摄出来的 3 张照片中，总会有一张是曝光相对准确的照片，因此使用包围曝光功能能够提高拍摄的成功率。

自动曝光包围设置

使用富士 X-T5 相机的包围曝光功能最多可以拍摄 9 张照片，得到增加曝光量、正常曝光量和减少曝光量这三种不同曝光结果的照片。

设定步骤

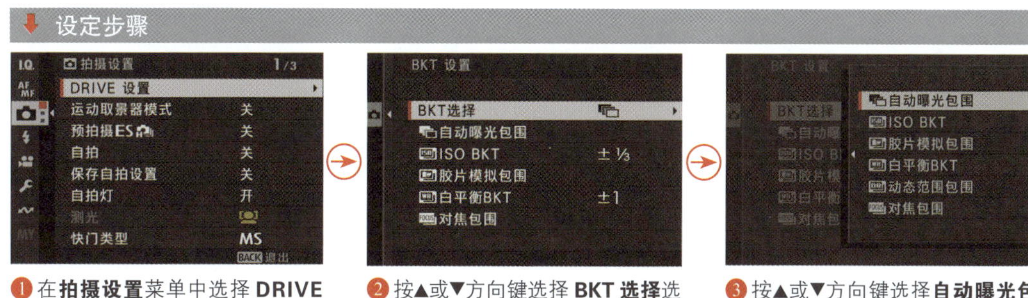

❶ 在**拍摄设置**菜单中选择 **DRIVE 设置**选项，然后按▶方向键

❷ 按▲或▼方向键选择 **BKT 选择**选项，然后按▶方向键

❸ 按▲或▼方向键选择**自动曝光包围**选项，然后按 MENU/OK 按钮确认

为合成 HDR 照片拍摄素材

对于风光、建筑等题材，可以使用包围曝光功能拍摄出不同曝光结果的照片，后期进行 HDR 合成，从而得到高光、中间调及暗调都具有丰富细节的照片。

直接拍摄 HDR 照片

要获得 HDR 照片，除了使用前面所讲述的包围曝光，还可以通过拨动驱动拨盘使 HDR 图标与标志线对齐，切换到 HDR 照片拍摄模式。

但在使用时，要结合此拍摄模式的菜单选项。拍摄场景的明暗反差越大，越应该选择更高的百分比，但此时，照片中的噪点及斑点更明显。

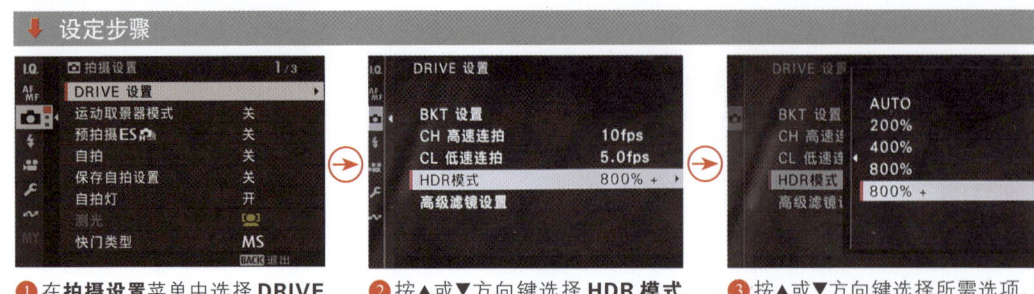

❶在**拍摄设置**菜单中选择 **DRIVE 设置**选项，然后按▶方向键

❷按▲或▼方向键选择 **HDR 模式**选项，然后按▶方向键

❸按▲或▼方向键选择所需选项，然后按 MENU/OK 按钮确认

设置自拍模式以便自拍或拍摄合影

在自拍模式下，可以选择 2 秒定时和 10 秒定时两个选项，即在按下快门按钮后，分别于 2 秒和 10 秒后进行自动拍摄。

这种拍摄模式特别适合自拍或拍摄合影，可将相机置于稳定的物体上拍摄，以避免手持相机或手动按下快门时产生震动而导致照片模糊。

当按下快门按钮后，若启用了“自拍功能嘟嘟声音量”功能，自拍指示灯将开始闪烁并且发出提示声音，直到相机自动拍摄为止。

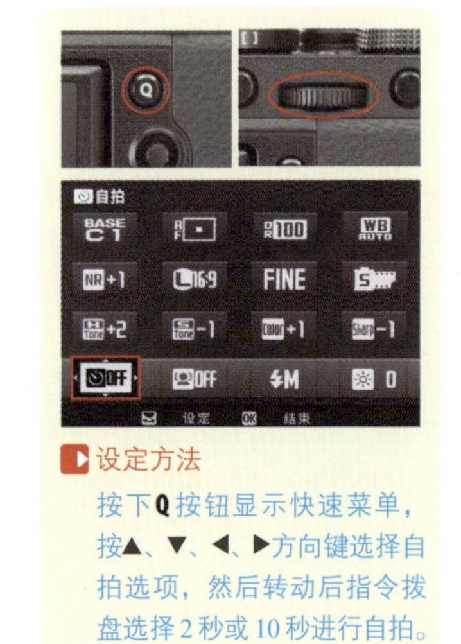

设定方法

按下 **Q** 按钮显示快速菜单，按▲、▼、◀、▶方向键选择自拍选项，然后转动后指令拨盘选择 2 秒或 10 秒进行自拍。

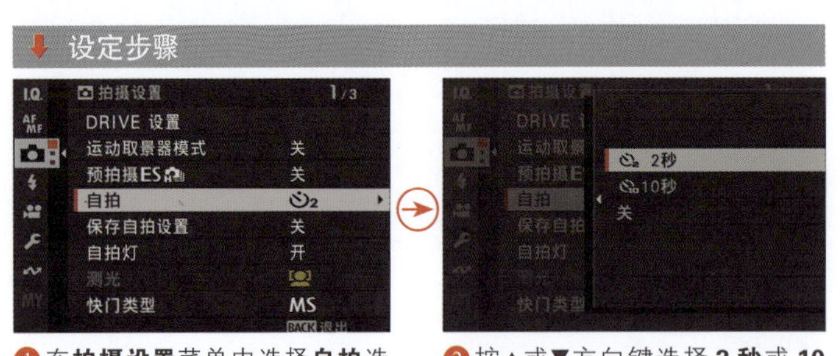

❶在**拍摄设置**菜单中选择**自拍**选项，然后按▶方向键

❷按▲或▼方向键选择 **2 秒**或 **10 秒**选项，然后按 MENU/OK 按钮确认

设置测光模式以获得准确的曝光

要想准确曝光，前提是必须做到准确测光，在使用除手动及 B 门以外的所有曝光模式拍摄时，都需要根据测光模式确定曝光组合。例如，在光圈优先曝光模式下，指定了光圈及 ISO 感光度数值后，可根据不同的测光模式确定快门速度值，以满足准确曝光的需求。因此，选择一个合适的测光模式是获得准确曝光的重要前提。

设定方法

按向上功能键，即可在快捷菜单中选择测光模式

多重测光

多重测光是最常用的测光模式。在使用此测光模式拍摄时，相机会将画面分为多个区域，并针对各个区域进行测光。然后相机将得到的测光数据进行加权平均，从而得到适用于整个画面的曝光参数。

这种测光模式适合拍摄画面亮度均匀且无明暗反差的场景，如风光、建筑等题材。

▲使用多重测光模式拍摄的风景照片，画面中没有明显的明暗对比，可以获得曝光正常的画面效果。『焦距：28mm ┆ 光圈：F8 ┆ 快门速度：1/4s ┆ 感光度：ISO320』

平均测光模式 [ ]

在平均测光模式下，相机将测量整个画面的平均亮度。与多重测光模式相比，此模式的优点是，能够为多次拍摄保持画面整体的曝光不变。即使是在光线较为复杂的环境中拍摄，使用此模式也能够使照片的曝光更加协调。

▲ 在使用平均测光模式拍摄风光时，在小幅度改变构图时，曝光可以保持在一个稳定的状态。『焦距：18mm ¦ 光圈：F8 ¦ 快门速度：1/125s ¦ 感光度：ISO100』

中心加权测光 [⊙]

当使用这种测光模式时，相机测光会偏向画面的中央部位，但也会同时兼顾其他部分。由于测光时能够兼顾其他区域的亮度，因此该模式既能实现画面中央区域的精准曝光，又能保留部分背景的细节。

这种测光模式适合拍摄主体位于画面中央位置的场景，如人像、建筑物、背景较亮的逆光对象等。

▲ 人物处于画面的中心位置，使用中心加权测光模式，可以使画面中的主体人物获得准确的曝光。『焦距：70mm ¦ 光圈：F2.8 ¦ 快门速度：1/640s ¦ 感光度：ISO100』

点测光[•]

点测光也是一种高级测光模式，相机只对画面中央区域的很小部分（整个画面约 2.0% 的区域）进行测光，因此具有相当高的准确性。当主体和背景的亮度差较大时，尤其是拍摄剪影照片时，最适合使用点测光模式拍摄。由于点测光的测光面积非常小，在实际使用时，一定要准确地将测光点（中央对焦点或所选择的对焦点）对准在要测光的对象上。

此外，在拍摄人像时也常采用这种测光模式，将测光点对准人物的面部或其他位置的皮肤，即可使人物的皮肤获得准确曝光。

▲ 使用点测光模式对天空的中灰部进行测光，锁定曝光后重新构图，使情侣呈剪影状。『焦距：38mm ¦ 光圈：F6.3 ¦ 快门速度：1/640s ¦ 感光度：ISO400』

设置对焦点与测光区域联动

在单点对焦区域模式下，如果将测光模式设置为点测光模式，并开启“重点AE和聚焦区域互锁”功能，可以使测光区域与对焦点联动。

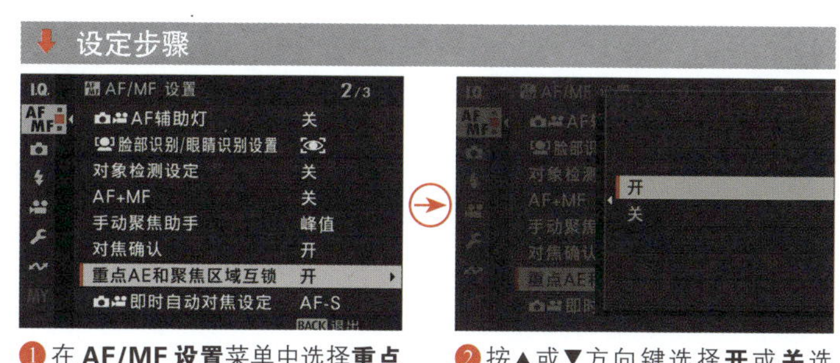

❶ 在 **AF/MF 设置**菜单中选择**重点 AE 和聚焦区域互锁**选项，然后按▶方向键

❷ 按▲或▼方向键选择**开**或**关**选项，然后按 MENU/OK 按钮确认

第 4 章

掌握 6 大曝光模式使用方法

程序自动曝光模式

在程序自动曝光模式下，相机会基于一套算法来确定光圈与快门速度组合。通常，相机会自动选择一个适合手持拍摄并且不受相机抖动影响的快门速度，同时还会调整光圈以得到合适的景深，确保所有景物都能清晰地呈现。

当使用程序自动曝光模式拍摄时， 摄影师仍然可以设置 ISO 感光度、白平衡、曝光补偿等参数。此模式的最大优点是操作简单、快捷，适合拍摄快照或那些无须十分注重曝光控制的场景，例如新闻、纪实摄影或进行偷拍、自拍等。

在实际拍摄中，相机自动选择的曝光设置未必是最佳组合。例如，摄影师可能认为按此快门速度进行手持拍摄不够稳定，或者希望使用更大的光圈，此时可以利用程序偏移功能进行调整。

在程序自动曝光模式下，先半按快门按钮，然后转动主拨盘，直到显示所需要的快门速度或光圈数值。虽然光圈与快门速度数值发生了变化，但这些数值组合在一起仍然能够获得同样的曝光量。

在程序自动曝光模式下，旋转后指令拨盘可以选择不同的快门速度与光圈组合。虽然光圈与快门速度的数值发生了变化，但这些快门速度与光圈组合都可以得到同样的曝光量。若要取消程序切换，关闭照相机即可。

设定方法

在镜头上将红 A 对准白线，将快门速度拨盘旋转至 A 的位置，屏幕中将显示 P。在 P 模式下，可旋转后指令拨盘选择快门速度与光圈的其他组合。

▲ 使用程序自动模式时无须设置光圈、快门速度，因此在抓拍或拍摄纪实类题材时显得非常方便，拿起相机即可直接拍摄，不用担心出现曝光问题。『焦距：80mm ¦ 光圈：F5.6 ¦ 快门速度：1/500s ¦ 感光度：ISO200』

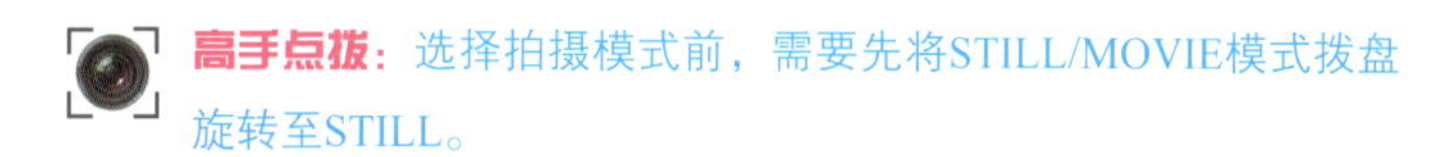

高手点拨：选择拍摄模式前，需要先将STILL/MOVIE模式拨盘旋转至STILL。

快门优先曝光模式

在富士 X-T5 相机的快门优先模式下，用户可以在 1/8000~30s 范围内选择快门速度。然后相机会自动计算光圈的大小，以获得正确的曝光组合。

较高的快门速度可以凝固运动主体的动作或精彩瞬间，如运动的人物或动物、行驶的汽车、飞溅的浪花等；较慢的快门速度可以形成模糊效果，从而产生动感效果，如夜间的车流、如丝般的流水等。

设定方法

将镜头上的光圈模式开关拨至 A，按下快门速度拨盘锁定释放按钮，然后旋转快门速度拨盘，选择所需快门速度值，此时 LCD 显示屏中将会出现 S 字样。在 S 模式下，可以通过旋转后指令拨盘，以 1/3EV 为步长微调快门速度。

▲使用快门优先模式并设置较高的快门速度，抓拍到了翠鸟在水中捕鱼的精彩瞬间。『焦距：500mm ┊ 光圈：F6.3 ┊ 快门速度：1/1600s ┊ 感光度：ISO200』

▲用快门优先曝光模式将溪水拍出如丝般柔顺的效果。『焦距：35mm ┊ 光圈：F14 ┊ 快门速度：1/2s ┊ 感光度：ISO100』

高手点拨：若在所选快门速度下无法获得正确的曝光，光圈将显示为红色。

光圈优先曝光模式

在光圈优先曝光模式下，相机会根据当前设置的光圈大小自动计算出合适的快门速度。使用光圈优先曝光模式可以控制画面的景深，在同样的拍摄距离下，光圈越大，景深会越小，即画面中的前景、背景的虚化效果就越好；反之，光圈越小，则景深越大，即画面中的前景、背景的清晰度就越高。

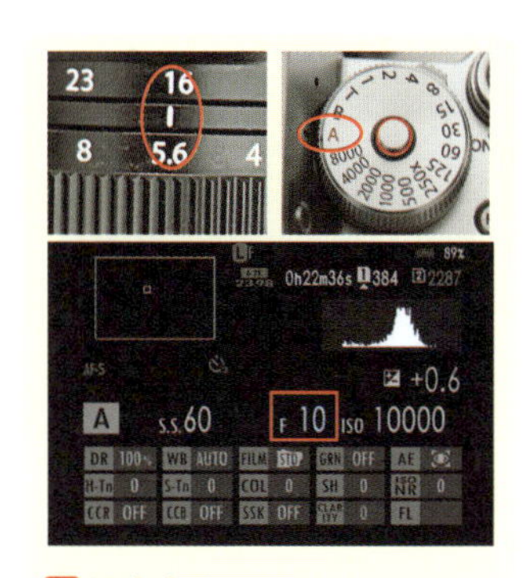

设定方法

将镜头上的光圈模式开关拨至，按下快门速度拨盘锁定释放按钮，然后旋转快门速度拨盘选择 A，此时 LCD 显示屏中将会出现 A 字样。在 A 模式下，旋转镜头光圈环选择所需的光圈值。

▲使用光圈优先曝光模式并配合大光圈，可以得到非常漂亮的背景虚化效果，这也是人像摄影中很常见的一种表现形式。『焦距：85mm ┆ 光圈：F2 ┆ 快门速度：1/200s ┆ 感光度：ISO160』

▲ 使用小光圈拍摄风光，画面有足够大的景深，可使前景与后景都能清晰地呈现。『焦距：24mm ┆ 光圈：F11 ┆ 快门速度：2s ┆ 感光度：ISO100』

高手点拨：若在所选的光圈下无法获得正确的曝光，快门速度将显示为红色。

高手点拨：当光圈过大而导致快门速度超出了相机的极限时，如果仍然希望保持该光圈，可以尝试降低ISO感光度，或者使用中灰滤镜减少光线的进入量，从而保证画面曝光准确。

高手点拨：当给某一个功能按钮指定“景深预览”功能时，按该按钮时会显示图标并将光圈缩小为所选设定，从而可在屏幕中预览景深范围。

手动曝光模式

手动曝光模式的优点

在手动曝光模式下，所有拍摄参数都需要摄影师手动设置，使用此模式拍摄有以下优点。

首先，当使用 M 挡手动曝光模式拍摄时，且摄影师设置好恰当的光圈、快门速度数值后，即使移动镜头进行再次构图，光圈与快门速度值也不会发生变化。

其次，当使用其他曝光模式拍摄时，往往需要根据场景的亮度，在测光后进行曝光补偿操作；而在 M 挡手动曝光模式下，由于光圈与快门速度值都是由摄影师设定的，在设定的同时就可以将曝光补偿考虑在内，从而省略了测光后设置曝光补偿的过程。因此，在手动曝光模式下，摄影师可以按自己的想法让影像曝光不足，以使画面显得较暗，给人忧伤的感觉；或者让影像稍微过曝，拍摄出色调明快的照片。

另外，当在摄影棚拍摄并使用频闪灯或外置非专用闪光灯时，由于无法使用相机的测光系统，因此需要使用测光表或通过手动计算来确定正确的曝光值，此时就需要手动设置光圈和快门速度，从而实现正确的曝光。

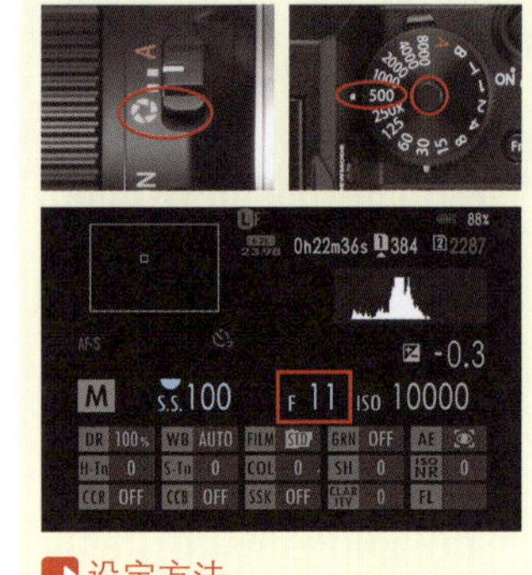

设定方法

将镜头上的光圈模式开关拨至，按下快门速度拨盘锁定释放按钮，然后旋转快门速度拨盘选择任意一个快门速度值，此时屏幕中将会出现 M 图标。在 M 挡手动曝光模式下，旋转光圈环选择所需光圈值，旋转快门速度拨盘可选择所需快门速度值，旋转后指令拨盘可以 1/3EV 为步长微调快门速度值。

▲在影楼中拍摄人像作品常使用全手动曝光模式，由于光线稳定，基本上不需要调整光圈和快门速度，只需改变焦距和构图即可。

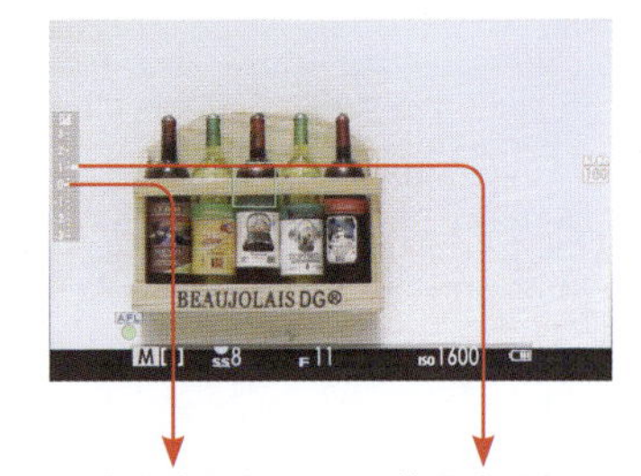

标准曝光量标记　当前曝光量标记

高手点拨：在改变光圈或快门速度时，曝光量标记会左右移动，当曝光量标记位于标准曝光量位置时，便能获得相对准确的曝光。

在手动曝光模式下预览曝光和白平衡

在手动曝光模式下，当改变曝光补偿和白平衡时，通常可以在LCD显示屏中即刻观察到这些设置的改变对照片的影响，以正确评估照片是否需要修改或如何修改拍摄设置。

但如果不希望这些拍摄设置影响LCD显示屏中显示的照片，可以在“手动模式下预览曝光/白平衡”选项中关闭此功能。

- 预览曝光/白平衡：选择此选项，则当摄影师在手动模式下修改曝光参数与白平衡时，LCD显示屏将即刻显示出该设置对照片的影响。
- 预览白平衡：选择此选项，则LCD显示屏仅反映手动模式下修改白平衡设置对照片的影响。
- 关：选择此选项，则会禁用手动模式下的曝光和白平衡预览。

设定步骤

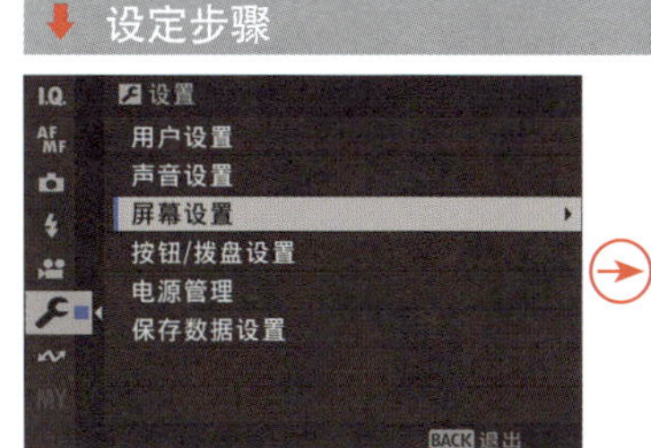

❶ 在**设置**菜单中选择**屏幕设置**选项，然后按▶方向键

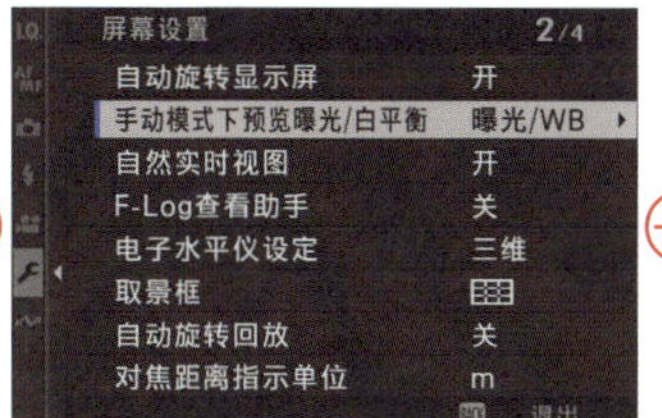

❷ 按▼或▲方向键选择**手动模式下预览曝光/白平衡**选项，然后按▶方向键

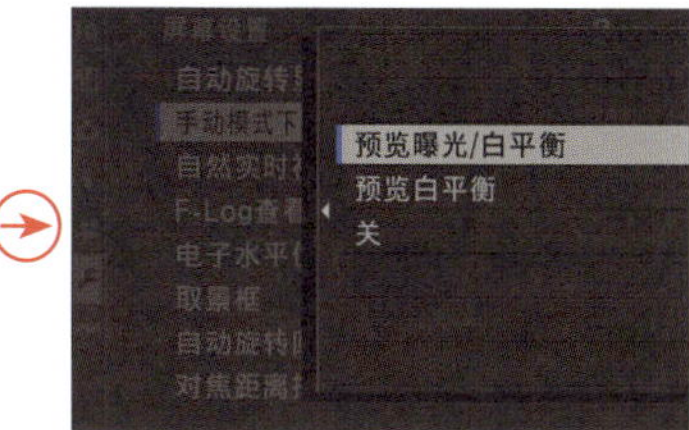

❸ 按▼或▲方向键选择所需选项，然后按MENU/OK按钮确认

设置“自然实时视图”以预览效果

“自然实时视图”与上面菜单的功能类似，不同的是，它不限于手动模式，并且可以控制LCD显示屏中显示胶片模拟、白平衡及其他设定的效果。

- 开：此选项用于在低对比度、背光场景及其他难以看清被摄对象阴影细节的拍摄场景下，使LCD显示屏更清晰地显示被拍摄场景，因此，显示屏中画面的色彩和色调将与最终照片有所不同。此时，显示屏不显示胶片模拟、白平衡等效果，但可以显示创意滤镜，以及黑白、棕褐色效果。
- 关：选择此选项，可以在显示屏中预览胶片模拟、白平衡及其他设定的效果，通常建议保持选择此选项。

设定步骤

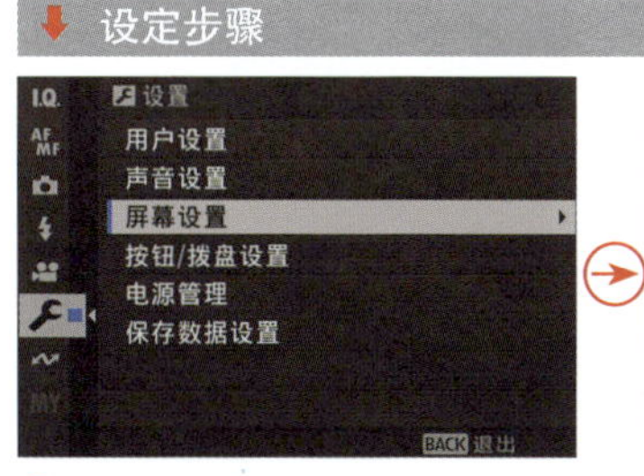

❶ 在**设置**菜单中选择**屏幕设置**选项，然后按▶方向键

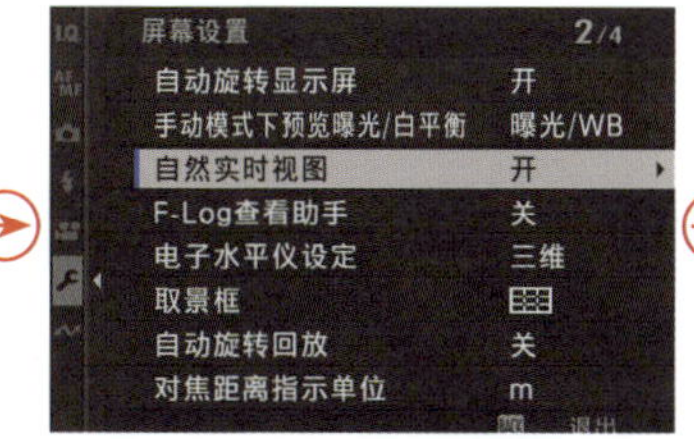

❷ 按▼或▲方向键选择**自然实时视图**选项，然后按▶方向键

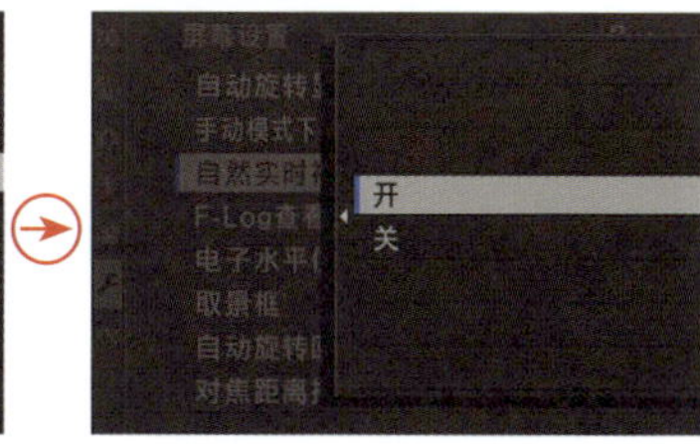

❸ 按▼或▲方向键选择**开**或**关**选项，然后按MENU/OK按钮确认

B 门曝光模式

在使用B门模式拍摄时，持续地完全按下快门按钮将保持快门打开状态，直到松开快门按钮时快门才被关闭，即完成整个曝光过程，因此曝光时间取决于快门按钮被按下与被释放的过程。B门模式特别适合拍摄光绘、天体、焰火等需要长时间曝光并手动控制曝光时间的题材。为了避免出现画面模糊的问题，在使用B门模式拍摄时，应该使用三脚架及遥控快门线。

所有数码微单相机在其他模式下一般都只支持最低30s的快门速度，即如果曝光时间比30s更长，只能利用B门模式手动控制曝光时间。在B门模式下，富士X-T5相机最长可保持快门开启60分钟。

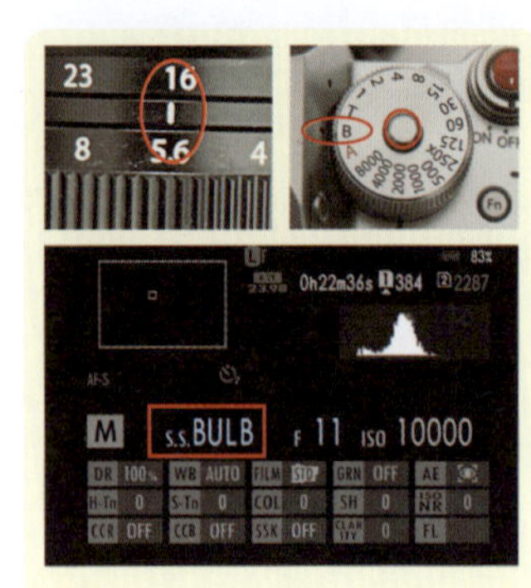

设定方法

按下快门速度拨盘锁定释放按钮，然后旋转快门速度拨盘选择B，即为B门模式。在B门模式下，可以旋转光圈环选择所需光圈值。若将镜头上的光圈模式开关拨至A，则快门速度将固定为30s。

T 门曝光模式

T门模式允许摄影师在第一次按下快门后松开手，相机将持续曝光，直到第二次按下快门为止。这种方式可以使摄影师在长时间曝光过程中释放双手，进行其他操作，特别适用于需要精确控制曝光时间但又不想一直按住快门的场景。

在使用T门模式时，首先需要确定所需的曝光时间，这通常需要根据拍摄场景的光线条件、相机性能以及摄影师的创意需求来综合考虑，T门模式适用于星空、城市夜景以及慢门水景题材，帮助摄影师获得更加丰富的画面效果。

第 5 章

高素质富士原厂镜头及常用附件介绍

镜头标志名称解读

镜头名称中通常会包含很多数字和字母，镜头上各数字和字母都有特定的含义，熟记这些数字和字母代表的含义，就能很快地了解一款镜头的性能。富士 X-T5 相机可用富士 XF 和 XC 系列镜头。

▲ XF 18-55 mm F2.8-4 R LM OIS

XF 18-55mm F2.8-4 R LM OIS

① ② ③ ④ ⑤ ⑥

① XF：代表此镜头适用于 X 系列微单相机。

② 18-55mm：代表镜头的焦距范围。

③ F2.8-4：代表此镜头在广角 18mm 焦距段时可用的最大光圈为 F2.8，在长焦端 55mm 焦距段时可用的最大光圈为 F4。

④ R：代表此镜头使用光圈环。

⑤ LM：代表此镜头采用线性马达。

⑥ OIS：代表此镜头采用光学防抖技术。

▲ 使用广角镜头拍摄海面，让前景的礁石呈现较强的透视感，低速快门将流动的海水拍成了雾化的效果，从而使画面有很强的空间感、纵深感及静谧感。『焦距：17mm ┆ 光圈：F16 ┆ 快门速度：6s ┆ 感光度：ISO160』

镜头焦距与视角的关系

每款镜头都有固有的焦距，焦距不同，拍摄视角和拍摄范围也不同，而且不同焦距下的透视、景深等效果也有很大的区别。例如，使用广角镜头的 14mm 焦距拍摄时，其视角能够达到 114° ；而使用长焦镜头的 200mm 焦距拍摄时，其视角只有 12° 。不同焦距镜头对应的视角如下图所示。

由于不同焦距镜头的视角不同，因此不同焦距镜头适用的拍摄题材也有所不同。比如，焦距短、视角宽的镜头常用于拍摄风光；而焦距长、视角窄的镜头常用于拍摄体育运动员、鸟类等位于远处的对象。

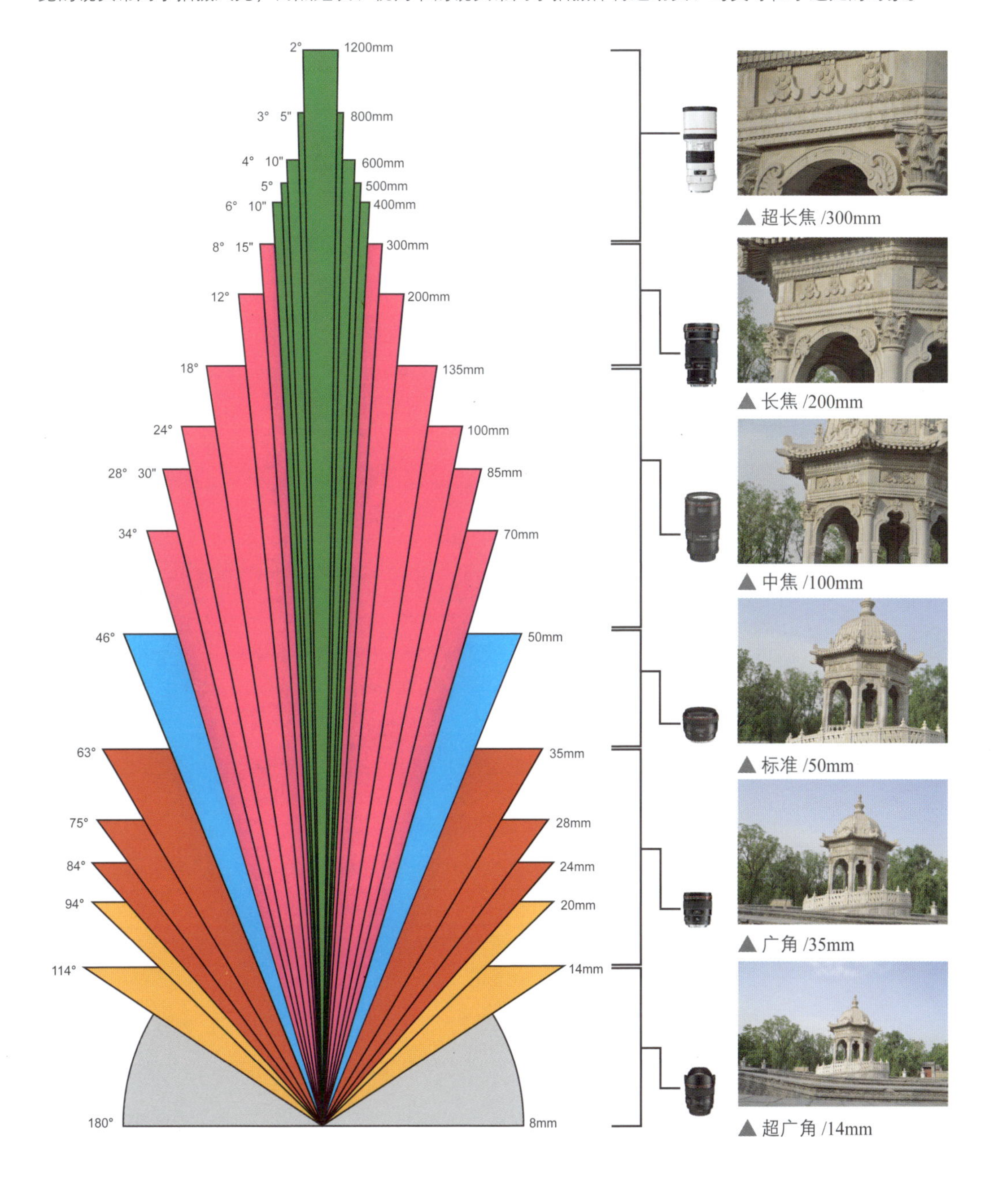

▲ 超长焦 /300mm

▲ 长焦 /200mm

▲ 中焦 /100mm

▲ 标准 /50mm

▲ 广角 /35mm

▲ 超广角 /14mm

理解焦距转换系数

富士 X-T5 相机使用的是 APS-C 画幅的 CMOS 感光元件（23.5mm × 15.6mm），由于尺寸要比全画幅的感光元件（36mm × 24mm）小，因此其视角也会变小（即焦距变长）。但为了与全画幅相机的焦距数值统一，也为了便于描述，一般可以通过换算的方式得到统一的等效焦距，其中富士 APS-C 画幅相机的焦距换算系数为 1.5。

因此，在使用同一支镜头的情况下，如果将其装在全画幅相机上，焦距为 100mm；当将其装在 APS-C 画幅的富士 X-T5 相机上时，拍摄视角就等同于一支焦距为 150mm 的镜头，用公式表示为：APS-C 等效焦距 = 镜头实际焦距 × 转换系数（1.5）。

Q：为什么画幅越大视野越宽？

A：常见的相机画幅有中画幅、全画幅（即 135 画幅）、APS-C 画幅、4/3 画幅等。画幅尺寸越大，纳入画面的景物也就越多，呈现出来的视野也就显得越宽广。

在右侧的示例图中，展示了 50mm 焦距画面在 4 种常见画幅上的视觉效果。拍摄时，相机所在的位置不变，由照片之间的差别可以看出，画幅越大，所拍摄到的景物越多，50mm 焦距在中画幅相机上显示的效果就如同使用广角镜头拍摄，在 135 画幅相机上是标准镜头，在 APS-C 画幅相机上就成为中焦镜头，在 4/3 相机上就算长焦镜头。因此，在其他条件不变的前提下，画幅越大，则画面视野越宽广，画幅越小，则画面则视野越狭窄。

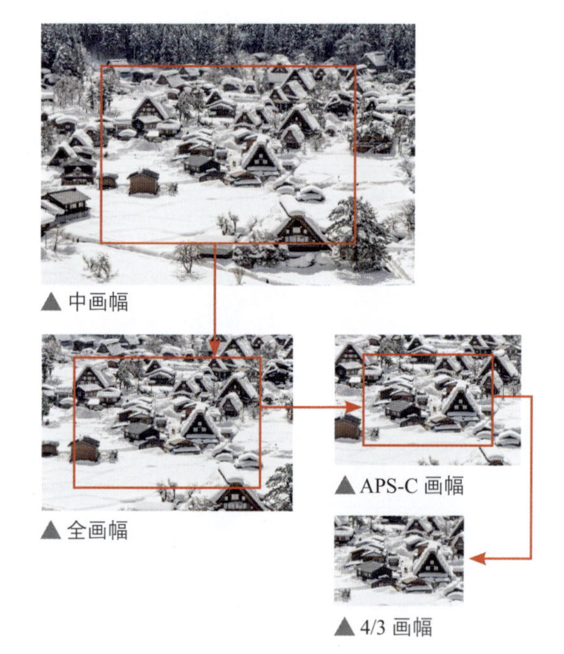

▲ 中画幅

▲ 全画幅

▲ APS-C 画幅

▲ 4/3 画幅

了解恒定光圈镜头与浮动光圈镜头

恒定光圈镜头

恒定光圈，即指在镜头的任何焦段下都拥有相同的光圈。如 XF 16-55mmF2.8 R LM WR 在 16 ~ 55mm 之间的任意一个焦距下拥有 F2.8 的大光圈，以保证充足的进光量、更好的虚化效果，所以价格也比较高。

▲ 恒定光圈镜头 XF 16-55mmF2.8 R LM WR

浮动光圈镜头

浮动光圈，是指光圈会随着焦距的变化而改变，例如 XF 55-200mmF3.5-4.8 R LM OIS，当焦距为 55mm 时，最大光圈为 F3.5；而焦距为 200mm 时，其最大光圈就自动变为 F4.8。浮动光圈镜头的性价比较高是其较大的优势。

▲ 浮动光圈镜头 XF 55-200mmF3.5-4.8 R LM OIS

定焦镜头与变焦镜头的优劣势

在选购镜头时，除了要考虑原厂、副厂、拍摄用途，还涉及定焦与变焦镜头之间的选择。

如果用一句话来说明定焦与变焦的区别，那就是，“定焦取景基本靠走，变焦取景基本靠扭”。由此可见，两者之间最大的区别就是，一个焦距固定，另一个焦距不固定。

下面通过表格来了解一下两者的区别。

定焦镜头	变焦镜头
XF 56mm F1.2R APD	XF 16-55mmF2.8 R LM WR
恒定大光圈	浮动光圈居多，少数为恒定大光圈
最大光圈可达到 F1.8、F1.4、F1.2	少数镜头最大光圈能达到 F2.8
焦距不可调节，改变景别靠走	可以调节焦距，改变景别不用走
成像质量优异	大部分镜头成像质量不如定焦镜头
除了少数超大光圈镜头，其他定焦镜头售价都低于恒定光圈的变焦镜头	生产成本较高，镜头售价较高

▲ 在这组照片中，摄影师只需选好合适的拍摄位置，就可利用变焦镜头拍摄出不同景别的人像作品

5 款富士龙高素质镜头点评

XF 16-55mmF2.8 R LM WR 广角镜头

此款镜头采用 12 组 17 片结构，配备了 F2.8 的恒定大光圈，可以实现优质的图像质量，9 片圆形光圈叶片可以形成平滑的圆形散景效果，并且对球面像差进行了有效抑制，使得在拍摄时，无论前景还是后景都能形成漂亮的散景效果。

此外，镜头还使用了 3 片超低色散玻璃镜片，能有效减少降低横向色差（广角）和轴向色差（望远），提高镜头的反差和分辨率；使用 3 片非球面镜片，能大大降低广角的成像畸变，保证其具有出众画质。安装在富士 X-T5 相机上，等效焦距为 24~84mm，覆盖了从广角到中焦的常用焦距，是典型的标准变焦镜头，可用于拍摄人像、风光等常见题材。

由于此款镜头的重量较轻，因此搭配富士 X-T5 相机使用时，整体比例感觉很协调，携带也很方便。

镜片结构	12 组 17 片
最大光圈	F2.8
最小光圈	F22
最近对焦距离（m）	0.6（标准拍摄模式） 0.3（微距拍摄模式）
滤镜尺寸（mm）	77
规格（mm）	约 83.3 × 129.5
重量（g）	655g

XF 56mmF1.2 R APD 定焦镜头

富士龙 XF 56mmF1.2 R APD 是一款标准定焦镜头，安装在富士微单机身上，视觉效果非常好。这款镜头的最大光圈为 F1.2，使用最大光圈拍摄时，即使光线并不充足，也能够得到不错的拍摄效果。

富士纳米技术巅峰之作的内置 APD 滤镜，可以使相机拍摄出更为平滑的散景效果，能够让被摄对象更突出并更具创意。此款镜头不仅在拍摄人像时表现优秀，还适用于其他广泛的拍摄对象，如静物、花卉、街景等拍摄题材。而加入的 1 片非球面镜片和 2 片超低色散镜片，可以有效减少画面的畸变和色差，从而使得图像质量更为优秀。

镜片结构	8 组 11 片
最大光圈	F1.2
最小光圈	F16
最近对焦距离（m）	0.7
滤镜尺寸（mm）	62
规格（mm）	约 72.2 × 69.7
重量（g）	405g

XF 55-200mmF3.5-4.8 R LM OIS 变焦镜头

此款镜头提供了较大光圈以及具有高速自动对焦性能的线性马达，同时具有图像防抖功能，允许摄影师使用提高 4.5 挡的快门速度进行拍摄，并且镜头重量仅为 580g，可以保证在弱光环境下手持拍摄的画质。

此款镜头的变焦比为 3.8 倍，安装在富士 X-T5 相机上，其长焦端的换算焦距达到了 305mm，因此非常适合拍摄体育运动、野生动物等题材。

此款镜头可以与 XF 18-55mm F2.8-4 R LM OIS 或 XF 16-55mmF2.8 R LM WR 镜头搭配使用，从而用两支镜头覆盖 18~200mm 的焦距段，实现“两支镜头走天下”的目标。

镜片结构	10 组 14 片
最大光圈	F3.5~4.8
最小光圈	F22
最近对焦距离（m）	1.1
滤镜尺寸（mm）	62
规格（mm）	约 75×177
重量（g）	580g

XF 18-135mmF3.5-5.6 R LM OIS WR 变焦镜头

此款镜头最大的优点就是变焦范围大，其变焦比达 7.5 倍，等效焦段覆盖范围为 27~206mm，因此可用于拍摄人像、运动、风景、动物、静物等多种题材。

镜头采用了高性能玻璃材质，包括 4 片非球面玻璃镜片和 2 片 ED 玻璃镜片，拥有卓越的清晰度和丰富的对比度，使得广角端和长焦端都具有强大的表现力。整个镜头内的镜片都覆有多层 HT-EBC 涂层，具有高渗透性和低反射率，能够有效地减少逆光拍摄时常见的重影和炫光。

此外，此款镜头改进了低频运动的检测性能，并开发了精确感知检测信号模糊性的算法，使低速快门范围的修正性能提高了两倍，并且镜头仅重 490g，体积小巧，与富士相机结合使用，可以实现不使用三脚架的轻装拍摄风格。

镜片结构	12 组 16 片
最大光圈	F3.5~5.6
最小光圈	F22
最近对焦距离（m）	0.6（标准拍摄模式） 0.45（微距拍摄模式）
滤镜尺寸（mm）	67
规格（mm）	约 75.7×158
重量（g）	490g

XF 80mmF2.8 R LM OIS WR Macro 镜头

这款微距镜头是 X 系列镜头中首款拥有 F2.8 最大光圈及 1 倍放大倍率的镜头，安装在富士 X-T5 相机上，等效焦距为 122mm，可轻松拍出高分辨率的画面和柔美的焦外效果，是拍摄花卉、微距、人像和静物的理想选择。

此款镜头采用全新开发的光学图像防抖系统，最高可以实现 5 挡防抖性能，在拍摄微距题材时，可以有效避免移位抖动情况，同时还可以抑制角度抖动。

此外，此镜头还采用了线性马达，可以实现快速安静的自动对焦，在近距离拍摄易被打扰的对象时非常实用。若将此款镜头与 1.4 倍或 2 倍望远增倍镜配合使用，可以实现更远距离的微距题材创作。

镜片结构	12 组 16 片
光圈叶片数	9
最大光圈	F2.8
最小光圈	F22
最近对焦距离（cm）	25
最大放大倍率	1
滤镜尺寸（mm）	62
规格（mm）	80×130
重量（g）	750

选购镜头时的合理搭配

不同焦段的镜头有着不同的功用，如 85mm 焦距镜头被奉为人像摄影的不二之选，而 50mm 焦距镜头在人文、纪实等领域也有着无可替代的地位。根据被摄对象的不同，可以选择广角、中焦、长焦以及微距等多个焦段的镜头。

如果要购买多支镜头以满足不同的拍摄需求，一定要注意焦段的合理搭配，比如 XF 16-55mmF2.8 R LM WR、XF 55-200mmF3.5-4.8 R LM OIS、XF100-400mmF4.5-5.6 R LM OIS WR，覆盖了从广角到长焦最常用的焦段，并且各镜头之间焦距的衔接极为紧密，即使是专业摄影师使用，也能够满足绝大部分拍摄需求。

即使是普通的摄影爱好者，在选购镜头时也应该特别注意各镜头间的焦段搭配，尽量避免重合，甚至可以留出一定的“中空”，以避免焦段重合造成浪费，毕竟好的镜头是很贵的。

16~55mm 焦段

XF 16-55mmF2.8 R LM WR

55~200mm 焦段

XF 55-200mmF3.5-4.8 R LM OIS

100~400mm 焦段

XF100-400mmF4.5-5.6 R LM OIS WR

用三脚架与独脚架保持拍摄的稳定性

脚架类型及各自的特点

在拍摄微距、长时间曝光题材或使用长焦镜头拍摄动物时，脚架是必备的摄影配件之一。使用脚架可以让相机更稳定，即使在长时间曝光的情况下，也能够拍摄到清晰的照片。

对比项目		说　明
铝合金	碳素纤维	铝合金脚架较便宜，但较重，不便携带； 碳素纤维脚架的档次要比铝合金脚架高，便携性、抗震性、稳定性都很好，但是价格很高
三脚	独脚	三脚架稳定性好，在配合快门线、遥控器的情况下，可实现完全脱机拍摄； 独脚架的稳定性要弱于三脚架，在使用时需要摄影师来控制独脚架的稳定性。但由于其体积和重量只有三脚架的 1/3，因此携带十分方便
三节	四节	三节脚管的三脚架稳定性高，但略显笨重，携带稍显不便； 四节脚管的三脚架能收纳得更短，因此携带更为方便。但在脚管全部打开时，由于尾端的脚管比较细，稳定性不如三节脚管的三脚架更好
三维云台	球型云台	三维云台的承重能力强、构图十分精准，缺点是，占用的空间较大，在携带时稍显不便； 球型云台体积较小，只要旋转按钮，就可以让相机迅速转到需要的角度，操作起来十分便利

分散脚架的承重

在海滩、沙漠、雪地拍摄时，由于沙子或雪比较松散，三脚架的支架会不断地陷入其中，即使是质量很好的三脚架，也很难保持拍摄的稳定性。

尽管陷进足够深的地方能有一定的稳定性，但是沙子、雪会覆盖整个支架，容易造成脚架的关节处损坏。

在这样的情况下，就需要一些物体来分散三脚架的重量，一些厂家生产了“雪靴”，安装在三脚架上可以防止脚架陷入雪或沙子中。如果没有雪靴，也可以自制三脚架的“靴子”，比如，平坦的石块、旧碗碟或屋顶的砖瓦等都可以。

▲ 扁平状的“雪靴”可以防止脚架陷入沙子或雪中

视频拍摄稳定设备

手持式稳定器

手持相机拍摄视频，往往会产生明显的抖动。这时就需要使用可以让画面更稳定的器材，比如手持稳定器。

这种稳定器的操作无须练习，只需选择相应的模式，即可拍出比较稳定的画面，而且体积小、重量轻，非常适合业余视频爱好者使用。

在拍摄过程中，稳定器会不断自动进行调整，从而抵消掉手抖或在移动时造成的相机震动。

由于此类稳定器是电动的，所以在搭配上手机 APP 后，可以实现一键拍摄全景、延时摄影、慢门轨迹拍摄等特殊效果的拍摄。

▲ 手持式稳定器

摄像专用三脚架

与便携的摄影三脚架相比，摄像三脚架为了更好的稳定性而牺牲了便携性。

一般来讲，摄影三脚架在 3 个方向上各有 1 根脚管，也就是三脚管。而摄像三脚架在 3 个方向上最少各有 3 根脚管，也就是共有 9 根脚管，再加上底部的脚管连接设计，其稳定性要高于摄影三脚架。另外，脚管数量越多的摄像专用三脚架，其最大高度也更高。

对于云台，为了在摄像时能够实现在单一方向上精确、稳定地转换视角，摄像三脚架一般使用带摇杆的三维云台。

▲ 摄像专用三脚架

滑轨

相比稳定器，利用滑轨移动相机录制视频可以获得更稳定、更流畅的镜头表现。利用滑轨进行移镜、推镜等运镜时，可以呈现出电影级的效果，所以是更专业的视频录制设备。

另外，如果希望在录制延时视频时呈现一定的运镜效果，准备一个电动滑轨就十分有必要了。因为电动滑轨可以实现微小、匀速持续移动，从而在短距离的移动过程中，拍摄下多张延时素材，这样通过后期合成，就可以得到连贯、顺畅、带有运镜效果的延时摄影画面。

▲ 滑轨

视频拍摄采音设备

在室外或者不够安静的室内录制视频时，单纯通过相机自带的麦克风和声音设置往往无法得到满意的采音效果，这时就需要使用外接麦克风来提高视频的音质。

无线领夹麦克风

无线领夹麦克风也被称为“小蜜蜂”。其优点为小巧、便携，并且可以在不面对镜头，或者在运动过程中进行收音；缺点为，当需要对多人采音时，则需要准备多个发射端，相对来说比较麻烦。另外，在录制采访视频时，也可以将“小蜜蜂”发射端拿在手里，当作“话筒”使用。

▲便携的“小蜜蜂”

枪式指向性麦克风

枪式指向性麦克风通常安装在相机的热靴上进行固定。因此录制一些面对镜头说话的视频，比如讲解类、采访类视频时，就可以着重采集话筒前方的语音，避免周围环境中的噪声。

同时，在使用枪式麦克风时，也不用在身上佩戴麦克风，可以让被摄者的仪表更为自然、美观。

▲枪式指向性麦克风

为麦克风戴上防风罩

为避免户外录制视频时出现风噪声，建议各位为麦克风戴上防风罩。防风罩主要分为毛套防风罩和海绵防风罩，其中海绵防风罩也被称为防喷罩。

一般来说，户外拍摄建议使用毛套防风罩，其效果比海绵防风罩更好。

而在室内录制视频时，使用海绵防风罩即可。不仅能起到去除杂音的作用，还可以防止唾液喷入麦克风，这也是海绵防风罩也被称为防喷罩的原因。

▲毛套防风罩

▲海绵防风罩

视频拍摄灯光设备

在室内录制视频时，如果利用自然光来照明，那么如果录制时间稍长，光线就会发生变化。比如，下午 2 点到 5 点，光线的强度和色温都在不断降低，导致画面出现由亮到暗、由色彩正常到色彩偏暖的变化，从而很难拍出画面影调、色彩一致的视频。而如果采用室内一般的灯光进行拍摄，灯光亮度又不够，打光效果也无法控制。因此，想录制出效果更好的视频，一些比较专业的室内灯光是必不可少的。

简单实用的平板 LED 灯

一般来讲，在拍摄视频时往往需要比较柔和的灯光，让画面中不会出现明显的阴影，并且呈现柔和的明暗过渡。而在不增加任何其他配件的情况下，平板 LED 灯本身就能通过大面积的灯珠打出比较柔和的光。

当然，也可以为平板 LED 灯增加色片、柔光板等配件，让光质和光源色产生变化。

▲ 平板 LED 灯

更多可能的 COB 影视灯

这种灯的形状与影室闪光灯非常像，并且同样带有灯罩卡口，从而让影室闪光灯可用的配件在 COB 影视灯上均可使用，让灯光更加可控。

常用的配件有雷达罩、柔光箱、标准罩和束光筒等，可以打出或柔和、或硬朗的光线。

因此，丰富的配件和光效是更多的人选择 COB 影视灯的原因。有时候人们也会把 COB 影视灯当作主灯，把平板 LED 灯当作辅助灯进行组合打光。

▲ COB 影视灯搭配柔光箱

短视频博主最爱的 LED 环形灯

如果不懂布光，或者不希望在布光上花费太多时间，只需要在面前放一盏 LED 环形灯，就可以均匀地打亮面部并形成眼神光了。

当然，也可以将 LED 环形灯与其他灯光配合使用，让面部光影更为均匀。

▲ 环形灯

简单实用的三点布光法

三点布光法是拍摄短视频、微电影的常用布光方法。“三点”分别为位于主体侧前方的主光，以及另一侧的辅光和侧逆位的轮廓光。

这种布光方法既可以打亮主体，将主体与背景分离，还能够营造一定的层次感、造型感。

一般情况下，主光的光质相对辅光要硬一些，从而让主体形成一定的阴影，增加影调的层次感。既可以使用标准罩或蜂巢来营造硬光，也可以通过相对较远的灯位来提高光线的方向性。也正是因此，在三点布光法中，主光与主体之间的距离往往比辅光要远一些。作为补充光线，辅光的强度应该比主光弱，主要用来形成较为平缓的明暗对比。

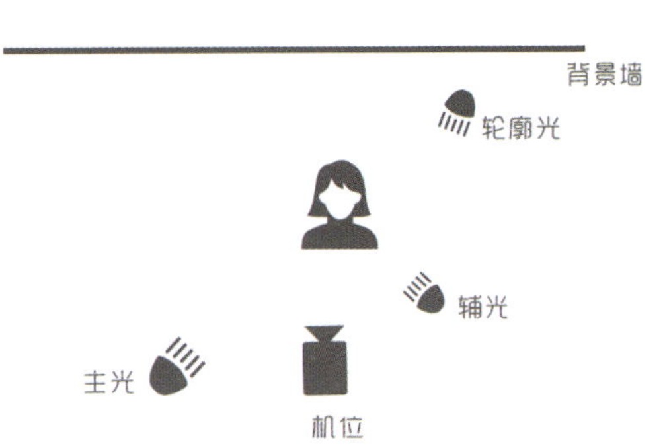

在三点布光法中，也可以不要轮廓光，而用背景光来代替，从而降低人物与背景的对比，让画面整体更明亮，影调也更为自然。如果想为背景光加上不同颜色的色片，还可以通过色彩营造独特的画面氛围。

用氛围灯让视频更美观

前面讲解的灯光基本上只有将场景照亮的作用，但如果想让场景更美观，那么还需要购置氛围灯，从而为视频画面增加不同颜色的灯光效果。

例如，在右图所示的场景中，笔者的后面使用了两盏氛围灯，一盏能够自动改变颜色，一盏是恒定的暖黄色。

下面展示的 3 个主播使用的背景，同样使用了不同的氛围灯。

▶ 笔者用的变形氛围灯

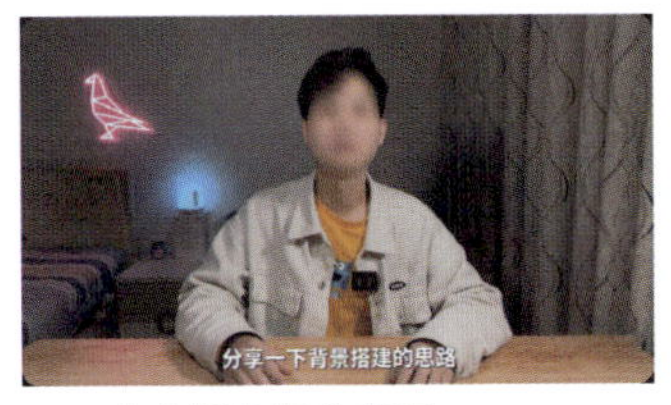

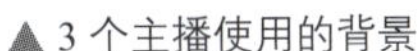
▲3 个主播使用的背景

第 6 章
镜头语言和AI撰写分镜头脚本的方法

推镜头的 6 大作用

强调主体

推镜头是指从全景或别的大景位由远及近，向被摄对象推进来拍摄的运镜方式，最后使景别逐渐变成近景或特写镜头，最常用于强调画面的主体。例如，下面的组图展示了一个通过推镜头强调居中在讲解的女孩的效果。

突出细节

推镜头可以通过放大来突出事物细节或人物的表情、动作，从而使观众得以知晓剧情的重点在哪里，以及人物对当前事件的反应。例如，在早期的很多谈话类节目中，当被摄对象谈到伤心处，摄影师都会推上一个特写，展现满含泪花的眼睛。

引入角色及剧情

推镜头这种景别逐渐变小的运镜方式进入感极强，也常被用于视频的开场，在交代地点、时间、环境等信息后，正式引入主角或主要剧情。许多导演都会把开场的任务交给气势恢宏的推镜头，从大环境逐步过渡到具体的故事场景，如徐克的《龙门飞甲》。

制造悬念

当推镜头作为一组镜头的开始镜头使用时，往往可以制造悬念。例如，一个逐渐推进展示角色震惊表情的镜头可以引发观众的好奇心——角色到底看到了什么才会如此震惊?

改变视频的节奏

通过改变推镜头的速度可以影响和调整画面节奏，一个缓慢向前推进的镜头给人一种冷静思考的感觉，而一个快速向前推进的镜头给人一种突然间有所发现、有所醒悟的感觉。

减弱运动感

当以全景表现运动的角色时，速度感是显而易见的。但如果用推镜头以特写的景别来表现角色，则会由于没有对比而弱化运动感。

拉镜头的 6 大作用

展现主体与环境的关系

拉镜头是摄影师通过拖动摄影器材或以变焦的方式，将视频画面从近景逐渐变换到中景甚至全景的运镜方式，常用于表现主体与环境关系。例如，下面的拉镜头展现了模特与直播间的关系。

以小见大

例如，先特写面包店脱落的油漆、被打破的玻璃窗，然后逐渐后拉呈现一场灾难后的城市。这个镜头就可以把整个城市的破败与面包店连接起来，起到以小见大的作用。

体现主体的孤立、失落感

拉镜头可以将主体孤立起来。比如，一个女人站在站台上，火车载着她唯一的孩子逐渐离去，架在火车上的摄影机逐渐远离女人，就能很好地体现出她的失落感。

引入新的角色

在后拉过程中，可以非常合理地引入新角色、新元素。例如，在一间办公室中，领导正在办公，通过后拉镜头的操作，将旁边整理文件的秘书引入画面，并与领导产生互动。如果空间够大，还可以继续后拉，引入坐在旁边焦急等待的办事群众。

营造反差

在后拉镜头的过程中，由于引入了新元素，因此可以借助新元素与原始信息营造反差。例如，特写一个身着凉爽服装的女孩，镜头后拉，展现的环境却是冰天雪地。

又如，特写一个西装革履、正襟危坐的主持人，待拉远镜头之后，却发现他穿的是短裤、拖鞋。

营造告别感

拉镜头从视频效果上看起来是观众在后退，从故事中抽离出去，这种退出感、终止感具有很强的告别意味，因此，如果找不到合适的结束镜头，不妨试一下拉镜头。

摇镜头的 6 大作用

介绍环境

摇镜头是指机位固定，通过旋转摄影器材进行拍摄的运镜方式，分为水平摇拍及垂直摇拍。左右水平摇镜头适合拍摄壮阔的场景，如山脉、沙漠、海洋、草原和战场；上下摇镜头适合展示人物或建筑的雄伟，也可用于展现峭壁的险峻。

模拟审视观察

摇镜头的视觉效果类似于一个人站在原地不动，通过水平或垂直转动头部，仔细观察其所处的环境。摇镜头的重点不是起幅或落幅，而是在整个摇动过程中展现的信息，因此不宜过快。

强调逻辑关联

摇镜头可以暗示两个不同元素间的某种逻辑关系。例如，先拍摄角色，再随着角色的目光摇镜头拍摄衣橱，观众就能明白两者之间的联系。

转场过渡

在一个起幅画面后，利用极快的摇摄使画面中的影像全部虚化，过渡到下一个场景，可以给人一种时空穿梭的感觉。

表现动感

当拍摄运动的对象时，先拍摄其由远到近的动态，再利用摇镜头表现其经过摄影机后由近到远的动态，可以很好地表现运动物体的动态、动势、运动方向和运动轨迹。

组接主观镜头

若前一个镜头表现的是一个人环视四周，下一个镜头就应该用摇镜头表现其观看到的空间，即利用摇镜头表现角色的主观视线。

移镜头的 4 大作用

赋予画面流动感

移镜头是指拍摄时摄影机在一个水平面上左右或上下移动（在纵深方向移动则为推/拉镜头）进行拍摄的一种运镜方式。拍摄时，摄影机有可能被安装在移动轨上或配滑轮的脚架上，也有可能被安装在升降机上进行滑动拍摄。由于采用移镜头方式拍摄时，机位是移动的，所以画面具有一定的流动感，这会让观众感觉仿佛置身画面中，视频画面更有艺术感染力。

展示环境

移镜头展示环境的作用与摇镜头十分相似，但由于移镜头打破了机位固定的限制，可以随意移动，甚至可以越过遮挡物展示空间的纵深感，因而使用移镜头表现的空间比摇镜头更有层次，视觉效果更为强烈。最常见的是，在旅行过程中将拍摄器材贴在车窗上拍摄快速后退的外景。

模拟主观视角

以移镜头拍摄的视频画面，可以形成角色的主观视角，展示被摄角色以穿堂入室、翻墙过窗、移动逡巡的形式看到的景物。这样的画面能给观众很强的代入感，让人有身临其境的体验。

在拍摄商品展示、美食类视频时，常用这种运镜方式模拟仔细观察、检视的过程。此时，手持拍摄设备缓慢移动进行拍摄即可。

创造更丰富的动感

在具体拍摄时，如果拍摄条件有限，摄影师可能更多地采用简单的水平或垂直移镜拍摄，但如果有更大的团队、更好的器材，可综合使用移镜、摇镜及推拉镜头，以创造更丰富的动感视角。

跟镜头的 3 种拍摄方式

跟镜头又称“跟拍”，是跟随被摄对象进行拍摄的镜头运动方式。跟镜头可连续而详尽地表现角色在行动中的动作和表情，既能突出运动中的主体，又能交代动体的运动方向、速度、体态及其与环境的关系。按摄影机的方位可以分为前跟、后跟（背跟）和侧跟 3 种方式。

前跟常用于采访，即拍摄器材在人物前方，形成“边走边说”的效果。

体育或运动类视频通常采用侧面拍摄，表现运动员运动的姿态。

后跟用于追随线索人物游走于一个大场景之中，将一个超大空间里的方方面面一一介绍清楚，同时保证时空的完整性。根据剧情，还可以表现角色被追赶、跟踪的效果。

升降镜头的作用

上升镜头是指，让相机慢慢升起，从而表现被摄体的高大。在影视剧中，也被用来制造悬念；而下降镜头的方向则与之相反。升降镜头的特点在于，能够改变镜头和画面的空间，有助于增强戏剧效果。

例如，在电影《一路响叮当》中，使用了升镜头来表现高大的圣诞老人角色；在电影《盗梦空间》中，使用升镜头表现折叠起来的城市。

需要注意的是，不要将升降镜头与摇镜头混为一谈。比如，机位不动，仅将镜头仰起，此为摇镜头，展现的是拍摄角度的变化，而不是高度的变化。

甩镜头的作用

甩镜头是指，一个画面拍摄结束后，迅速旋转镜头到另一个方向的镜头运动方式。甩镜头时，画面的运动速度非常快，所以该部分画面内容是模糊不清的，但这正好符合人眼的视觉习惯（与快速转头时的视觉感受一致），所以会给观赏者带来较强的临场感。

值得一提的是，甩镜头既可以在同一场景中的两个不同主体间快速转换，模拟人眼的视觉效果；也可以在甩镜头后直接接入另一个场景的画面（通过后期剪辑进行拼接），从而表现同一时间。不同空间中并列发生的事情，此法在影视剧制作中经常出现。在电影《爆裂鼓手》中有一段精彩的甩镜头，镜头在老师与学生间不断甩动，体现了两者之间的默契与音乐的律动。

环绕镜头的作用

将移镜头与摇镜头组合起来，就可以实现一种比较炫酷的运镜方式——环绕镜头。

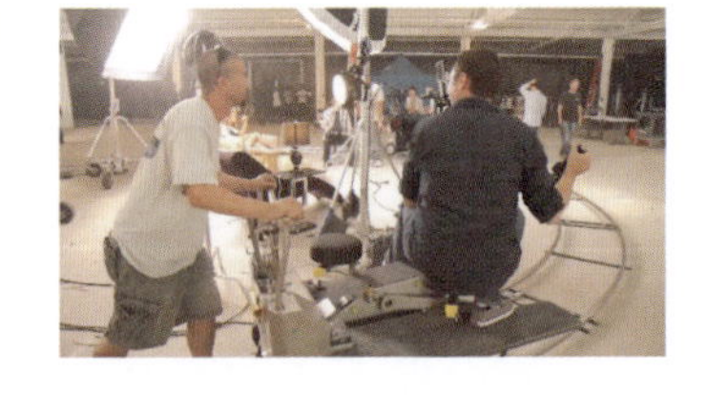

实现环绕镜头最简单的方法，就是将相机安装在稳定器上，然后手持稳定器，在尽量保持相机稳定的前提下绕人物走一圈，也可以使用环形滑轨。

通过环绕镜头可以 360° 全方位地展现主体，经常用于突出新登场的人物，或者展示景物的精致细节。

例如，一个领袖发表演说，摄影机在他们后面做半圆形移动，使领袖保持在画面的中央，这样就突出了中心人物。在电影《复仇者联盟》中，多个人员集结时，也使用了这样的镜头来表现集体的力量。

镜头语言之起幅与落幅

无论使用前面讲述的推、拉、摇、移等诸多种运镜方式中的哪一种，在拍摄时镜头通常都是由 3 部分组成的，即起幅、运动过程和落幅。

理解起幅与落幅的含义和作用

起幅是指运动镜头开始的画面。即从固定镜头逐渐转为运动镜头的过程中，拍摄的第一个画面被称为起幅。

为了让运动镜头之间的连接没有跳动感、割裂感，往往需要在运动镜头的结尾处逐渐转为固定镜头，称为落幅。

除了可以让镜头之间的衔接更加自然、连贯，起幅和落幅还可以让观赏者在运动镜头中看清画面中的场景。起幅与落幅的时长一般为 1 秒左右，如果画面信息量比较大，如远景镜头，则可以适当延长时间。

在使用推、拉、摇、移等运镜手法进行拍摄时，都以落幅为重点，落幅画面的视频焦点或重心是整个段落的核心。

如右侧图中上方为起幅，下方为落幅。

起幅与落幅的拍摄要求

由于起幅和落幅以固定镜头拍摄，考虑到画面的美感，在构图时要严谨。尤其是在拍摄到落幅阶段时，镜头停稳的位置、画面中主体的位置和所包含的景物均要精心设计。

如右侧图上方起幅使用 V 形构图，下方落幅使用水平线构图。

停稳的时间也要恰到好处。过晚进入落幅，在与下一段起幅衔接时会出现割裂感；而过早进入落幅，则又会导致镜头停滞时间过长，让画面显得僵硬、死板。

在镜头开始运动和停止运动的过程中，镜头速度的变化要尽量均匀、平稳，从而让镜头衔接更加自然、顺畅。

空镜头、主观镜头与客观镜头

空镜头的作用

空镜头又称景物镜头，根据镜头所拍摄的内容不同，可分为写景空镜头和写物空镜头。写景空镜头多为全景、远景，也称为风景镜头；写物空镜头则大多为特写和近景。

空镜头有渲染气氛的作用，也可以用来借景抒情。

例如，当在一档反腐视频节目结束时，旁白是“留给他的将是监狱中的漫漫人生”，画面是监狱高墙及墙上的电网，并且随着背景音乐逐渐模糊直到黑场。这个空镜头暗示了节目主人公余生将在高墙内度过，未来的漫漫人生将会是灰暗的。

此外，还可以利用空镜头进行时空过渡。

镜头一：中景，小男孩走出家门。

镜头二：全景，森林。

镜头三：近景，树木局部。

镜头四：中景，小男孩在森林中行走。

在这组镜头中，镜头二与三均为空镜头，很好地起到了时空过渡的效果。

客观镜头的作用

客观镜头的视点模拟的是旁观者或导演的视点，对镜头所展示的事情不参与、不判断、不评论，只是让观众有身临其境之感，因此也称为中间镜头。

新闻报道常常大量使用客观镜头，只报道新闻事件的状况、发生的原因和造成的后果，不作任何主观评论，让观众去思考和评判。画面是客观的，内容是客观的，记者的立场也是客观的，从而达到新闻报道客观、公正的目的。例如，下面是一组记录白天鹅栖息地的纪录片截图。

客观镜头的客观性包括两层含义。

客观反映对象自身的真实性。

对拍摄对象的客观描述。

主观镜头的作用

从摄影的角度来说，主观镜头就是摄影机模拟人的观察视角，视频画面展现人观察到的情景，这样的画面具有较强的代入感，也被称为第一视角画面。

例如，在电影中，当角色通过望远镜观察时，下一个镜头通常都会模拟通过望远镜观看到的景物，这就是典型的第一视角主观镜头。

网络上常见的美食制作讲解、台球技术讲解、骑行、跳伞、测评等类型的视频，多数采用主观镜头。在拍摄这样的主观镜头时，多数采用将 GoPro 等便携式摄像设备固定在拍摄者身上的方式，有时也会采用手持式拍摄，因为画面的晃动能更好地模拟一个人的运动感，从而将观众带入情节画面中。

在拍摄剧情类视频时，一个典型的主观镜头，通常是由一组镜头构成的，以告诉观众谁在看、看什么、看到后的反应及如何看。

回答这 4 个问题可以安排下面这样一组镜头。

一镜是人物的正面镜头，这个镜头要强调看的动作，回答是谁在看。

二镜是人物的主观镜头，这个镜头要强调所看到的内容，回答人物在看什么。

三镜是人物的反应镜头，这个镜头侧重强调看到后的情绪，如震惊、喜悦等。

四镜是带关系的主观镜头，一般是将拍摄器材放在人物的后面，以高于肩膀的高度拍摄。这个镜头提示看与被看的关系，体现二者的空间关系。

了解拍摄前必做的分镜头脚本

通俗地说，分镜头脚本就是将一段视频包含的每一个镜头拍什么、怎么拍，先用文字写出来或画出来（有人会利用简笔画表明分镜头脚本的构图方法），也可以理解为拍视频之前的计划书。

对于影视剧的拍摄，分镜头脚本有着严格的绘制要求，是前期拍摄和后期剪辑的重要依据，并且需要经过专业的训练才能完成。但作为普通摄影爱好者，大多数都是以拍摄短视频或者 VlOG 为目的，因此只需了解其作用和基本撰写方法即可。

指导前期拍摄

即便拍摄一条时长仅为 10 秒左右的短视频，通常也需要 3 ~ 4 个镜头来完成。那么 3 个或 4 个镜头计划怎么拍，就是分镜脚本中应该写清楚的内容。这样可以避免到了拍摄场地后现场构思，既浪费时间，又可能因为思考时间太短，而得不到理想的画面。

值得一提的是，虽然分镜头脚本有指导前期拍摄的作用，但不要被其束缚。在实地拍摄时，如果有更好的创意，则应该果断采用新方法进行拍摄。

后期剪辑的依据

根据分镜头脚本拍摄的多个镜头，需要通过后期剪辑合并成一段完整的视频。因此，镜头的排列顺序和镜头转换的节奏都需要以分镜头脚本作为依据。尤其是在拍摄多组备用镜头后，很容易相互混淆，导致不得不花费更多的时间进行整理。

另外，由于拍摄时现场的情况很可能与预期不同，所以前期拍摄未必完全按照分镜头脚本进行。此时就需要懂得变通，抛开分镜头脚本，寻找最合适的方式进行剪辑。

分镜头脚本的撰写方法

掌握了分镜头脚本的撰写方法，也就学会了如何制订短视频或者 VlOG 的拍摄计划。

一份完善的分镜头脚本应该包含镜头编号、景别、拍摄方法、时长、画面内容、拍摄解说和音乐 7 部分内容。下面逐一讲解每部分内容的作用。

（1）镜头编号：镜头编号代表各个镜头在视频中出现的顺序。在绝大多数情况下，它也是前期拍摄的顺序（因客观原因导致个别镜头无法拍摄时，则会先跳过）。

（2）景别：景别分为全景（远景）、中景、近景和特写，用于确定画面的表现方式。

（3）拍摄方法：针对被摄对象描述镜头运用方式，是分镜头脚本中唯一对拍摄方法的描述。

（4）时间：用来预估该镜头的拍摄时长。

（5）画面：对拍摄的画面内容进行描述。如果画面中有人物，则需要描绘人物的动作、表情和神态等。

（6）解说：对拍摄过程中需要强调的细节进行描述，包括光线、构图及镜头运用的具体方法等。

（7）音乐：确定背景音乐。

提前对上述 7 部分内容进行思考并确定，整段视频的拍摄方法和后期剪辑的思路、节奏就基本确定了。虽然思考的过程比较费时，但“磨刀不误砍柴工”，做一份详尽的分镜头脚本，可以让前期拍摄和后期剪辑轻松很多。

撰写分镜头脚本实践

了解了分镜头脚本所包含的内容后，就可以尝试自己进行撰写了。这里以在海边拍摄一段短视频为例，向读者介绍分镜头脚本的撰写方法。

由于分镜头脚本是按不同镜头进行撰写的，所以一般都是以表格的形式呈现。但为了便于介绍撰写思路，会先以成段的文字进行讲解，最后通过表格的形式呈现最终的分镜头脚本。

首先整段视频的背景音乐统一确定为陶喆的《沙滩》，然后再通过分镜头讲解设计思路。

镜头1：人物在沙滩上散步，并在旋转过程中让裙子散开，表现出在海边散步的惬意。所以“镜头1”利用远景将沙滩、海水和人物均纳入画面中。为了让人物在画面中显得比较突出，应穿着颜色鲜艳的服装。

镜头2：由于“镜头3”中将出现新的场景，所以将“镜头2”设计为一个空镜头，单独表现“镜头3”中的场地，让镜头彼此之间具有联系，起到承上启下的作用。

镜头3：经过前面两个镜头的铺垫，此时通过在垂直方向上拉镜头的方式，让镜头逐渐远离人物，表现出栈桥的线条感与周围环境的空旷、大气之美。

镜头4：最后一个镜头则需要将画面拉回到视频中的主角——人物身上。同样通过远景来表现，同时兼顾美丽的风景与人物。在构图时要利用好栈桥的线条，形成透视牵引线，增强画面的空间感。

经过上述思考，即可将分镜头脚本以表格的形式呈现出来了，最终的成品参见下表。

▲ 镜头1

▲ 镜头2

▲ 镜头3

▲ 镜头4

镜号	景别	拍摄方法	时间	画面	解说	音乐
1	远景	移动机位拍摄人物与沙滩	3秒	穿着红衣的女子在海边的沙滩上散步	采用稍微俯视的角度，表现出沙滩与海水，女子可以摆动起裙子	《沙滩》
2	中景	以摇镜头的方式表现栈桥	2秒	狭长栈桥的全貌逐渐出现在画面中	摇镜头的最后一个画面，需要栈桥透视线的灭点位于画面中央	同上
3	中景+远景	中景俯拍人物，采用拉镜头的方式，让镜头逐渐远离人物	10秒	从画面中只有人物与栈桥，再到周围的海水，再到更大的空间	通过长镜头，以及拉镜头的方式，让画面中逐渐出现更多的内容，引起观赏者的兴趣	同上
4	远景	以固定机位拍摄	7秒	女子在优美的栈桥上翩翩起舞	利用栈桥让画面更具空间感。人物站在靠近镜头的位置，使其占据一定的画面比例	同上

使用 AI 生成分镜头脚本

在短视频快速发展的时代，创作分镜头脚本成为短视频不可或缺的一部分，很多人在具体写脚本的时候总会抓耳挠腮，创作困难。在科技日新月异的今天，我们可以借助 AI 工具生成分镜头脚本。这样不仅改变了传统的创作方式，更是对短视频创作领域的一次深度颠覆和革新。

AI 工具撰写功能已经非常强大，只需要输入相关指令，AI 便会依照算法快速生成相关内容。此外还有强大的模型库可供使用，十分方便，只需要点击相关视频镜头模型，再按照自己的想法修改指令，AI 便能以惊人的速度生成详细的分镜头脚本。这种高效的工作模式，极大地节省了创作者的时间和精力。

目前包括文心一言、WPSAI、通义千问、智谱清言在内的多款国内大模型均可以创建不错的分镜头脚本，操作方法也较为相似，下面以文心一言为例，介绍其创作方法。

文心一言是一款由百度研发的人工智能大语言模型，以其创建分镜头脚本的具体操作如下所示。

（1）进入 https://yiyan.baidu.com/ 网址，进入文心一言首页，如下图所示。

（2）点击左上角“一言百宝箱”图标，出现模版选择页面，如下图所示。

（3）在左上角搜索文本框内输入关键词“脚本”，出现相关模版，笔者选择了“视频脚本创作”模版，点击该模板的“使用”按钮后，下方文本框内会出现相关文字模版，如下页上图所示。

"你是视频脚本创作大师，也是视频拍摄专家，
请为{对象}做一个宣传片脚本，
脚本的具体要求是{脚本要求}。

{对象}=固安一中
{脚本要求}=有镜头、旁白及场景，对话场景，背景音乐(请给出具体的音乐名称)，整体能吸引人的眼球，开头5秒要能抓住观众，视频大概时长 3 分钟。"

（4）接下来生成视频脚本，利用 AI 生成脚本是有一定技巧的，在文字指令中一定要包括视频具体要介绍的对象、景别、镜头要求音乐要求、视频类型、视频大概的内容以及其他具体的要求。

笔者想要生成一个甜品店宣传片的视频脚本，在文本框中输入了相关指令，如下图所示。

"你是视频脚本创作大师，也是视频拍摄专家，
请为一家叫"幸福烘焙"的甜品店做一个宣传片脚本，
脚本的具体要求是包括店面的介绍、甜品的制作过程、试吃甜品以及这家蛋糕店的特色。有远景、全景、中景、近景、特写等镜头（共16个）、旁白及场景，对话场景，背景音乐(What a Wonderful World)，整体能吸引人的眼球，开头5秒要能抓住观众，视频大概时长 3 分钟。"

（5）点击文本框右侧箭头图标，即可生成视频脚本。AI 生成的关于甜品店宣传片的视频部分脚本如下所示。

【镜头1】

（0:00~0:05）

画面：早晨的阳光洒在一家温馨的小店“幸福烘焙”上，门口鲜花盛开，店内透出暖暖的灯光。

旁白：在清晨的阳光下，幸福烘焙与你一同迎接新的一天。

【镜头2】

（0:06~0:10）

画面：店内环境，展示木质的桌椅、墙上的烘焙工具、店内的装饰等。

旁白：这里，每一处都充满了温馨与舒适，让你感受到家的味道。

【镜头3】

（0:11~0:20）

画面：店主在准备材料，新鲜的面粉、香甜的果酱、新鲜的水果等。

旁白：我们的甜品，选用最上等的材料，让你品尝到食材本身的鲜美。

【镜头4】

（0:21~0:35）

画面：店主开始制作甜品，展示精细的制作过程。

旁白：每一步都精心制作，用心烘焙，只为带给你最完美的味觉体验。

（6）如果对生成的脚本不满意，可点击“重新生成”按钮再次生成，直到满意为止，也可以在 AI 生成的脚本中自行修改内容。

第 7 章

富士相机录制常规、延时及慢动作视频的方法

拍摄视频的基本流程

使用富士 X-T5 相机拍摄视频的操作比较简单，下面列出基本流程。

❶ 将拍摄模式拨盘旋转至MOVIE图标。

❷ 如果希望手动控制视频的曝光参数，可将拍摄模式设置为M挡；如果希望相机自动控制视频的曝光参数，则设置为P、A或S模式。然后根据拍摄对象的运动状态，选择单次自动对焦模式或连续自动对焦模式。

❸ 在“视频设置”菜单的“摄像模式”子菜单中设置好视频尺寸与帧率。

❹ 设置好曝光、白平衡等参数后，完成对焦及构图，按下快门按钮即可开始录制，屏幕中将显示录制指示和剩余时间。

❺ 再次按下快门按钮则结束录制。

▲ 切至视频录制模式

▲ 在拍摄前，可以先半按快门进行自动对焦，或者转动镜头对焦环进行手动对焦 。

▲ 按下快门按钮，将开始录制视频，此时会在屏幕上方显示一个红色圆圈。

短片拍摄状态下的信息显示

在视频短片拍摄模式下，连续按DISP/BACK按钮，可在不同的信息内容之间切换。

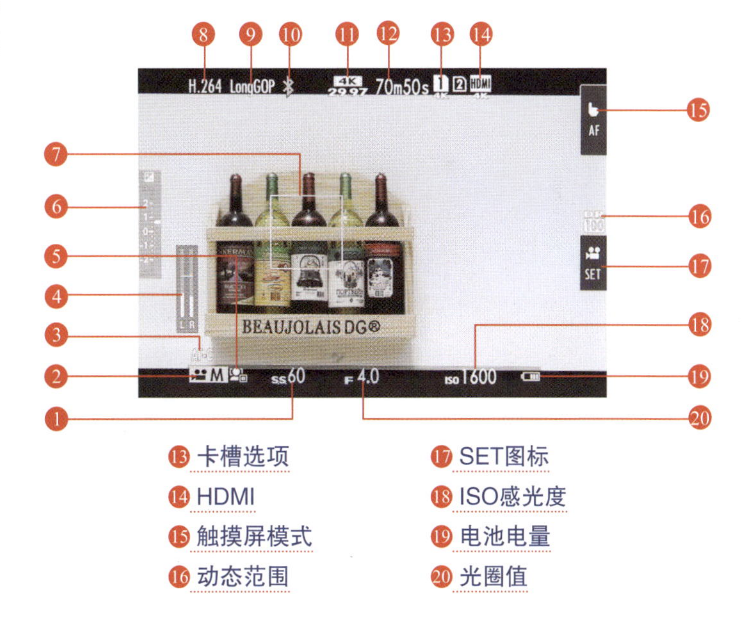

❶ 快门速度
❷ 拍摄模式
❸ 对焦模式
❹ 录制音量
❺ 脸部/眼睛对焦识别
❻ 曝光指示
❼ 对焦框
❽ 编解码器
❾ 摄像压缩
❿ 蓝牙开/关
⓫ 摄像模式
⓬ 剩余时间
⓭ 卡槽选项
⓮ HDMI
⓯ 触摸屏模式
⓰ 动态范围
⓱ SET图标
⓲ ISO感光度
⓳ 电池电量
⓴ 光圈值

设置视频拍摄模式

与拍摄照片一样，拍摄视频时也可以采用多种不同的曝光模式，如自动曝光模式、光圈优先曝光模式、快门优先曝光模式和全手动曝光模式等。

如果对曝光要素理解不够深入，可以直接设置为自动曝光或程序自动曝光模式。

如果希望精确地控制画面的亮度，可以将拍摄模式设置为全手动曝光模式。但在这种拍摄模式下，需要摄影师手动控制光圈、快门和感光度 3 个要素，下面分别讲解这 3 个要素的设置思路。

- 光圈：如果希望拍摄的视频具有电影般的效果，可以将光圈设置得稍微大一点，以虚化背景，获得浅景深效果；反之，如果希望拍摄出来的视频画面远近都比较清晰，就需要将光圈设置得稍微小一点。
- 感光度：在设置感光度的时候，主要考虑的是整个场景的光照条件。如果光照不很充分，可以将感光度设置得稍微大一点；反之，则可以降低感光度，以获得较为优质的画面。
- 快门速度：快门速度对视频影响比较大，笔者在下一节将会详细讲解。

理解快门速度对视频的影响

无论是拍摄照片，还是拍摄视频，曝光三要素中的光圈、感光度作用都是一样的，但唯独快门速度对视频录制有特殊的意义，因此需要详细讲解。

根据帧频确定快门速度

从视频效果来看，大量摄影师总结出来的经验是将快门速度设置为帧频2倍的倒数，此时录制的视频中运动物体的表现是最符合肉眼观看效果的。

比如，视频的帧频为 25P，那么应将快门速度设置为 1/50 秒（25 乘以 2 等于 50，再取倒数，为 1/50）。同理，如果帧频为 50P，则应将快门速度设置为 1/100 秒。

但这并意味着，在录制视频时，快门速度只能保持不变。在一些特殊情况下，当需要利用快门速度调节画面亮度时，在一定范围内进行调整是没有问题的。

快门速度对视频效果的影响

拍摄视频的最低快门速度

当需要降低快门速度提高画面亮度时，快门速度不能低于帧频的倒数。比如，当帧频为 25P 时，快门速度不能低于 1/25 秒。而事实上，也无法设置比 1/25 秒还低的快门速度，因为在录制视频时相机会自动锁定帧频倒数为最低快门速度。

▲ 在昏暗的环境下录制视频时，可以适当降低快门速度以保证画面亮度

拍摄视频的最高快门速度

当需要提高快门速度降低画面亮度时，其实对快门速度的上限是没有硬性要求的。但若快门速度过高，由于每一个动作都会被清晰定格，会导致画面看起来很不自然，甚至会出现失真的情况。

这是因为人的眼睛是有视觉时滞的，也就是当人们看到高速运动的景物时，景物会出现动态模糊的效果。而当使用过高的快门速度录制视频时，运动模糊效果消失了，取而代之的是清晰的影像。比如，在录制一些高速奔跑的人物时，由于双腿每次摆动的画面都是清晰的，就会看到很多条腿的画面，就会导致画面出现失真、不正常的情况。

因此，建议在录制视频时，快门速度最好不要高于最佳快门速度的2倍。

▲ 当人物进行快速移动时，画面中出现动态模糊效果是正常的

设置视频短片拍摄相关参数

设置视频尺寸及帧频

在“摄像模式”菜单中，可以选择视频拍摄的视频画面大小及纵横比、画面速率，选择不同的选项拍摄，所获得的视频清晰度不同，占用的空间也不同。

画面大小和纵横比

通过“摄像模式”菜单可以设置视频分辨率和纵横比。

视频分辨率是指，每一个画面中所显示的像素数量，通常以水平像素数量与垂直像素数量的乘积或垂直像素数量表示。视频分辨率数值越大，画面越精细，画质就越好。

需要注意的是，若要享受高分辨率带来的精细画质，除了需要设置相机录制高分辨率的视频，还需要观看视频的设备具有该分辨率画面的播放能力。

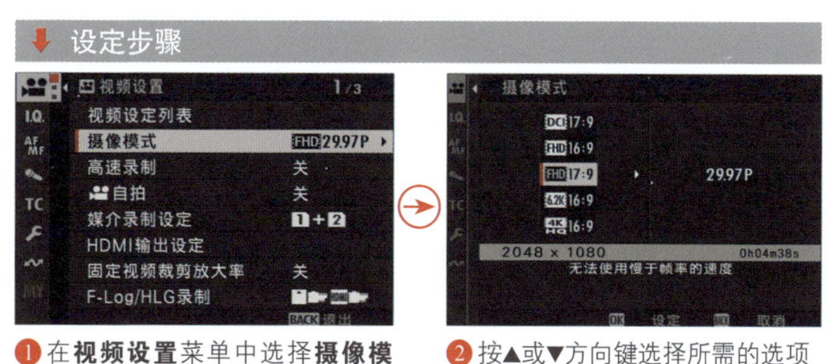

❶ 在**视频设置**菜单中选择**摄像模式**选项，然后按▶方向键

❷ 按▲或▼方向键选择所需的选项

比如录制了一段 4K（分辨率为 4096 × 2160）视频，但观看这段视频的电视、平板或者手机只支持全高清（分辨率为 1920 × 1080）播放，那么呈现出来的视频画质就只能达到全高清，而无法达到 4K 的效果。

因此，建议各位在拍摄视频之前先确定输出端的分辨率上限，然后再确定相机视频的分辨率设置。从而避免因为文件过大对存储和后期等操作造成不必要的负担。

4K超高清和FHD全高清两种画面大小又分别可选16：9 和 17：9的纵横比。

下图所示为屏幕上的像素点，而视频分辨率代表了视频画面中像素的数量，因此通常视频分辨率数值越大，图像越细腻，看上去会越清晰。

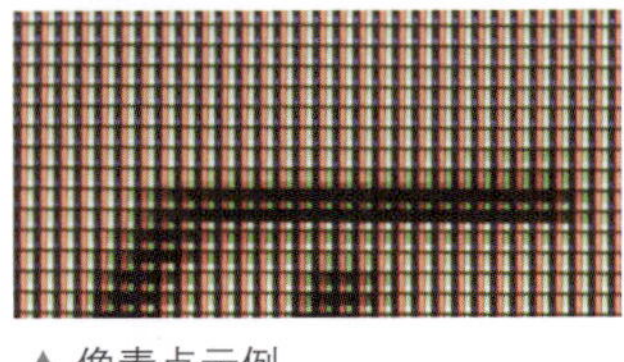

▲ 像素点示例

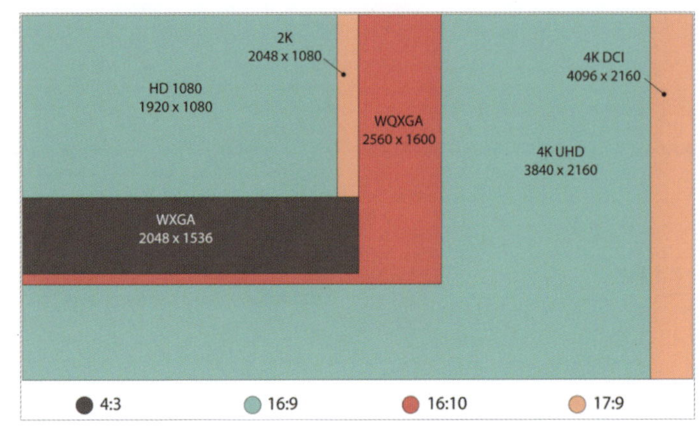

▲ 不同尺寸分辨率及比例示例

设置视频帧频

帧频是指一个视频每秒展示出来的画面数（fps），一般电影以每秒 24 张画面的速度播放，也就是一秒钟内在屏幕上连续显示出 24 张静止画面，其帧频为 24P。每秒显示的画面数多，视觉动态效果就流畅；反之，如果画面数少，观看时就有卡顿的感觉。

（1）从效果方面考虑。在录制常规视频时，如会议、室内教学等动作幅度较小的题材，可选用 30fps；如果希望视频流畅感更好，部分内容在后期制作时要生成慢动作效果，可以采用 60fps 拍摄。例如，许多婚礼摄像师，会用较高的帧频拍摄视频，再将抛花、碰杯等精彩细节制作为慢动作的画面效果，以营造浪漫感。

（2）从后期制作方面考虑。为了给后期制作留下空间，可以用稍高一些的帧频，如60fps拍摄。因为在后期制作时，从60fps 降到30fps比较容易，但要从30fps升格为60fps，则相对困难一些。

（3）从播放平台方面考虑。可以参考各平台的投稿标准，上面基本标明了视频文件的最低帧率。

设定步骤

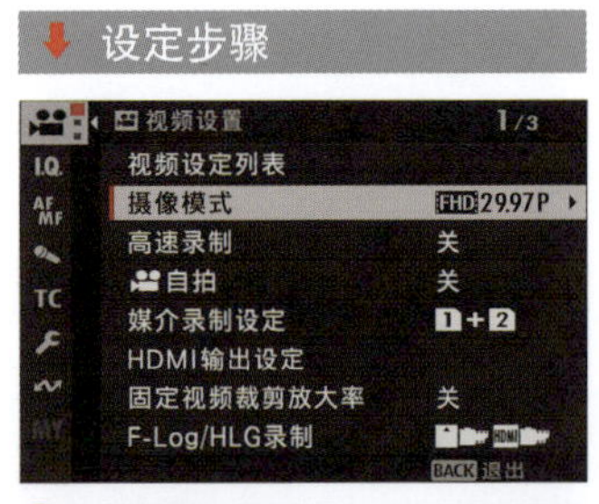

❶ 在**视频设置**菜单中选择**摄像模式**选项，然后按▶方向键

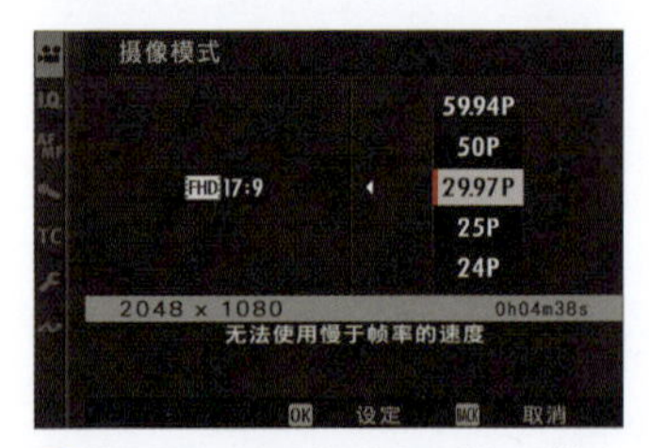

❷ 按▶方向键选择帧频列表，按▲或▼方向键选择所需的帧频选项，然后按MENU/OK按钮确认

设置视频编码格式

通过“设置视频编码格式”菜单可在H.265与H.264两种视频编码格式间进行选择。简单来说，H.264通用性强，H.265编码更先进，能以更小的文件来记录时间更长、画质更优的视频。此外，H.265在传输时需要的带宽是 H.264 的一半。但要处理H.265视频需要更强大的计算机硬件，而且目前在网络上支持播放H.265编码格式视频的浏览器及播放器并不普及。

若是6.2格式的视频，则仅能选择H.265编码格式。

设置视频压缩模式

视频的压缩类型会影响视频的质量与大小。选择ALL-Intra选项，可使相机对每个画面进行单独压缩，虽然文件会更大，但每个画面的数据都会单独保存，因此适合需要后期处理的视频。

选择Long GOP选项，则相机会按系列画面压缩视频，使文件更小，是拍摄普通长视频时平衡质量与文件大小的较好选择。

设置视频色度采样

通过右侧步骤进行操作可在420与422两种视频色度采样间进行选择。色度采样的原理较为复杂，包括444、422、420三种采样格式。对于初学者，可以这样简单理解，444编码是无损的，422编码是高度无损的，但色彩损失1/3，420编码是高度无损的，但色彩失真一半。因此，422的视频画质与文件大小均高于420的视频画质。

设置视频文件格式

通过右侧步骤进行操作可在MOV与MP4两种文件格式间选择。MOV格式是苹果公司的音频、视频文件格式，其特点是跨平台、存储空间要求小，但如果在非苹果设备上使用，则需要安装解码器。MP4文件格式的特点是通用性广，压缩率高，质量与文件格式大小平衡性较好。

设定步骤

❶ 在**视频设置**菜单中选择**视频设定列表**选项，然后按▶方向键

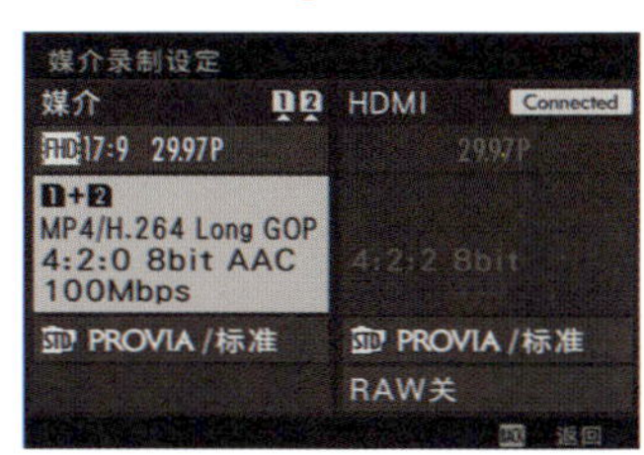

❷ 按◀或▶方向键选择**媒介录制设定**选项，然后按MENU/OK按钮

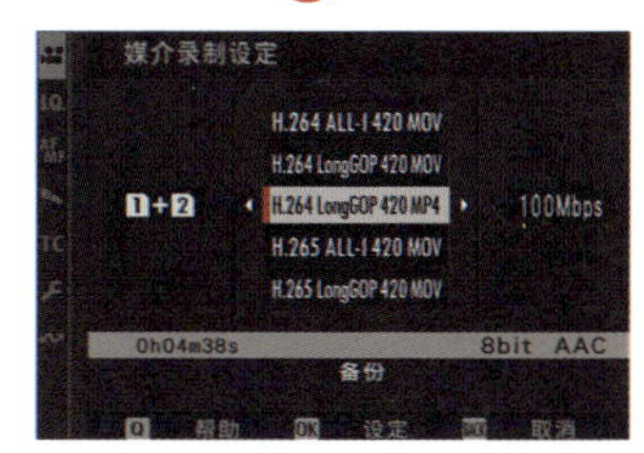

❸ 按◀或▶方向键选择中间的选项，再按▲或▼方向键选择所需选项

设置视频码率

码率又称比特率，指每秒传送的比特（bit）数，单位为 bps（Bit Per Second）。

在相同的分辨率下，视频文件的码率越高，画面压缩率就越低，画面的精度就越高、质量也就越好，画质会越清晰，相应的每秒传送的数据就越多，对存储卡的写入速度要求也越高。

设置视频存储位置

富士X-T5有两个存储卡槽，可放置两张存储卡，通过“媒介录制设定”菜单可以在录制视频时，设置视频文件的保存位置及保存方式。

- 1→2：将视频记录至插槽 1 中的存储卡，直至录满为止。任何额外的视频将自动记录至插槽 2 中的存储卡。
- 2→1：将视频记录至插槽 2 中的存储卡，直至录满为止。任何额外的视频接着将自动记录至插槽 1 中的存储卡。
- 1+2：每个视频记录两次，每张存储卡各保存一次。
- HDMI：仅将视频记录至通过 HDMI 连接的设备。

设定步骤

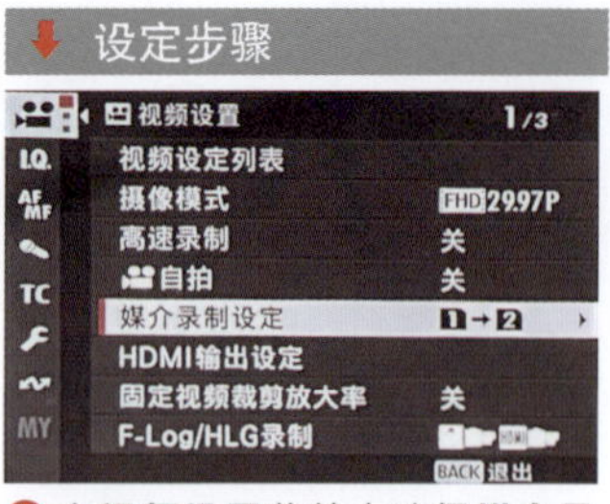

❶ 在**视频设置**菜单中选择**媒介录制设定**选项，然后按▶方向键

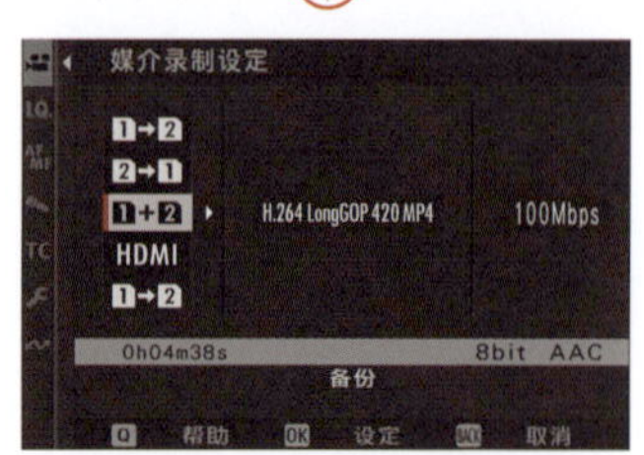

❷ 按▲或▼方向键选择所需选项，然后按MENU/OK按钮确认

利用短片裁切拉近被拍摄对象

在拍摄视频时，如果使用的镜头焦距不够长，可以选择“固定视频裁剪放大率”菜单，并选择“开”选项。

此时，相机统一在各种视频模式间采用 1.25：1的比例对画面进行裁剪，不仅有利于统一视频视角，而且还可以获得有拉近效果的视频画面。

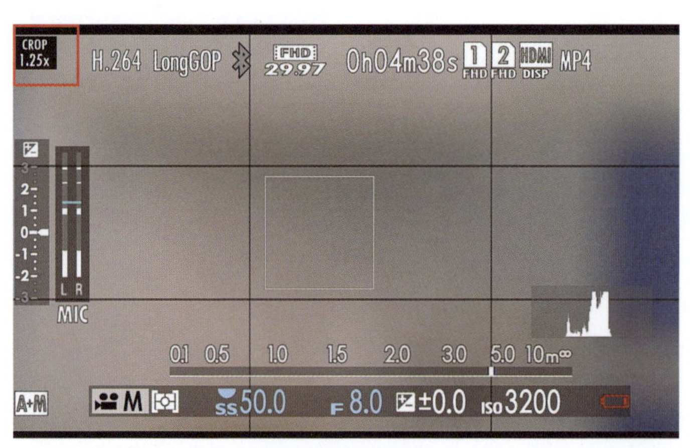

▲ 开启此功能后屏幕左上角显示裁剪比例图标

设定步骤

❶ 在**视频设置**菜单中选择**固定视频裁剪放大率**选项，再按▶方向键

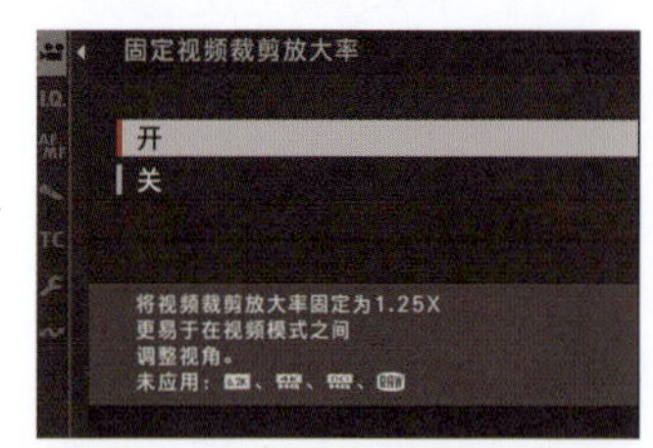

❷ 按▲或▼方向键选择所需选项，然后按MENU/OK按钮确认

录制视频时保持稳定

对拍摄来说，保持稳定性是非常重要的。

如果没有使用三脚架或专业的稳定设备，可以在拍摄视频时选择“图像稳定模式”菜单中的选项，以使相机稳定性更高。

- IBIS/OIS：启用相机内置稳定功能（IBIS）及镜头光学图像稳定功能（OIS），即使使用的镜头没有防抖功能，也可用此选项。
- IBIS/OIS + DIS：启用 IBIS、OIS 及依靠裁剪实现的数字图像稳定功能(DIS)。裁剪的幅度视“摄像模式”菜单中所选择的视频分辨率而定。另外，当视频分辨率为 6.2K、4K、DCI HQ、RAW 视频、高帧率视频时不可选择。
- 关：关闭图像稳定功能。

设定步骤

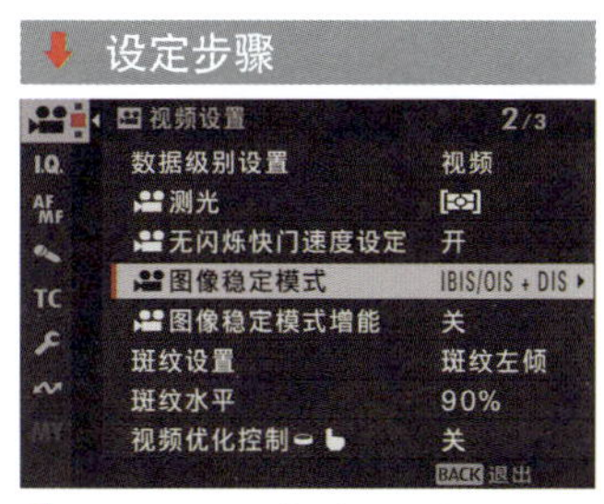

❶ 在**视频设置**菜单中选择**图像稳定模式**选项，然后按▶方向键

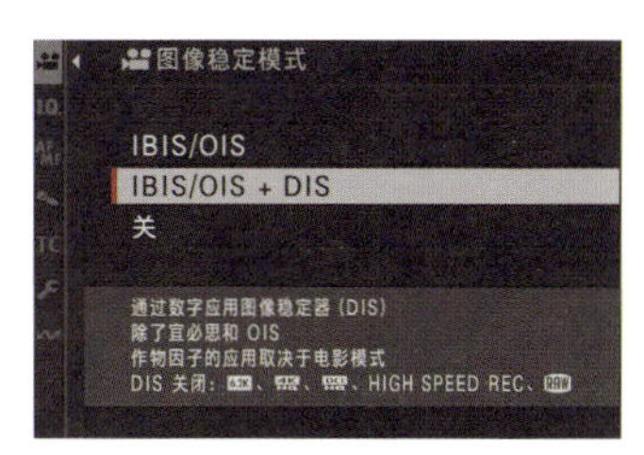

❷ 按▲或▼方向键选择所需选项，然后按MENU/OK按钮确认

设置相机稳定模式性能

当开启“图像稳定模式”功能时，为了更好地控制相机的稳定性能，可配合使用“图像稳定模式增能”菜单。

- 开：如果拍摄者处于运动幅度较小的手持相机拍摄视频状态，可以选择此选项，使相机降低参与稳定的各个构件的工作性能。
- 关：如果拍摄者处于运动幅度较大的手持相机平移、倾斜、跟踪拍摄视频的状态，可以选择此选项，使相机提高参与稳定的各个构件的工作性能。

设定步骤

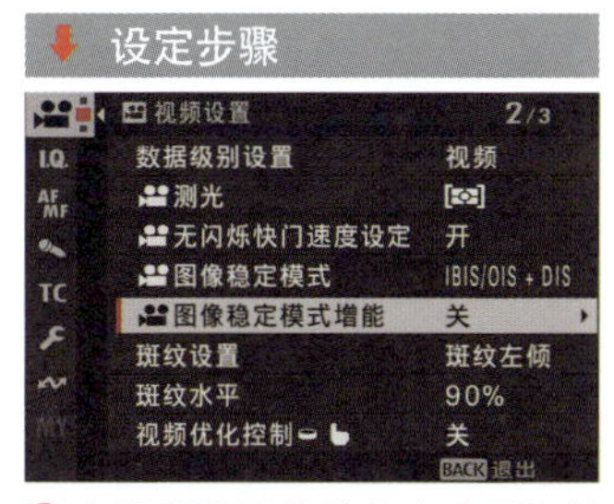

❶ 在**视频设置**菜单中选择**图像稳定模式增能**选项，然后按▶方向键

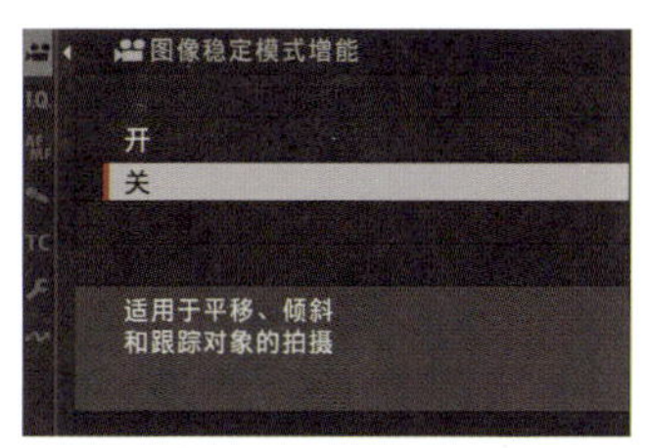

❷ 按▲或▼方向键选择所需选项，然后按MENU/OK按钮确认

实现自拍视频

与“自拍”模式一样，在拍摄短片时也可以自拍。利用此功能，一个人也能完成视频拍摄。

设定步骤

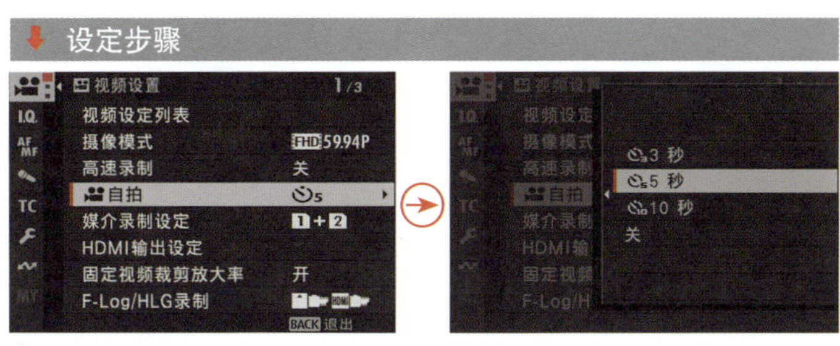

❶ 在**视频设置**菜单中选择**自拍**选项，然后按▶方向键

❷ 按▲或▼方向键选择需要的选项，然后按MENU/OK按钮确认

设置录制视频提示

当相机进入视频录制状态时，为了提示被拍摄对象及摄影师，相机提供了“记录帧提示器”和“信号灯”两个菜单。

记录帧指示器

当将“记录帧指示器”菜单设置为“开”时，在视频录制状态下，相机的液晶显示屏将会显示一个红色的边框；在录制慢动作视频时，会显示红色边框。

设定步骤

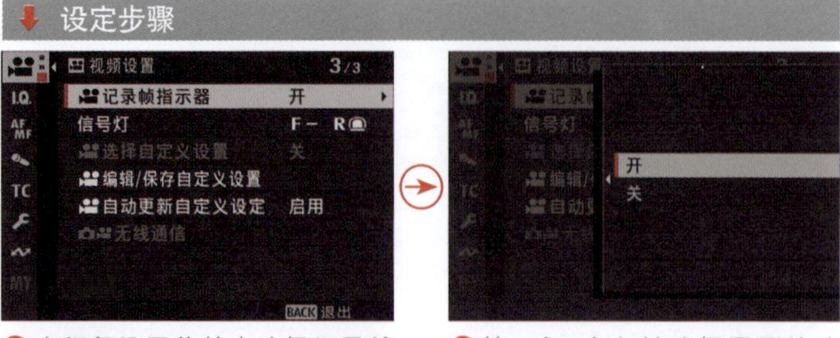

❶ 在**视频设置**菜单中选择**记录帧指示器**选项，然后按▶方向键

❷ 按▲或▼方向键选择需要的选项，然后按MENU/OK按钮确认

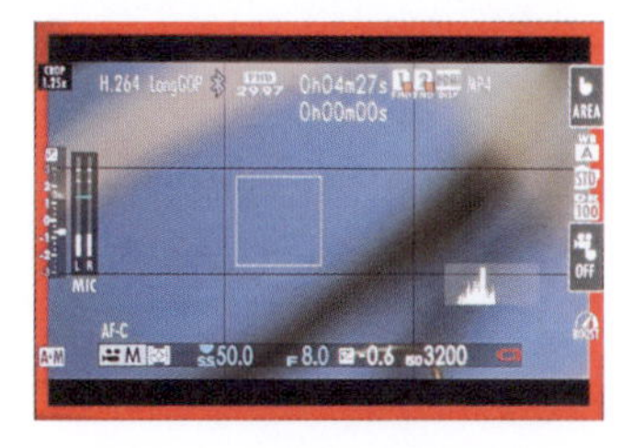

◀红框显示效果

信号灯

通过设置“信号灯”菜单，可以分别点亮相机正面的AF辅助照明灯及后面的拍摄提示灯。

- 前部关闭后部◉：在录制期间点亮指示灯。
- 前部关闭后部☼：在录制期间指示灯闪烁。
- 前部◉后部◉：在录制期间点亮指示灯和AF辅助灯。
- 前部◉后部关闭：在录制期间点亮AF辅助灯。
- 前部☼后部☼：在录制期间指示灯和AF辅助灯闪烁。
- 前部☼后部关闭：在录制期间AF辅助灯闪烁。
- 前部关闭后部关闭：在录制期间，指示灯和AF辅助灯都保持熄灭。

设定步骤

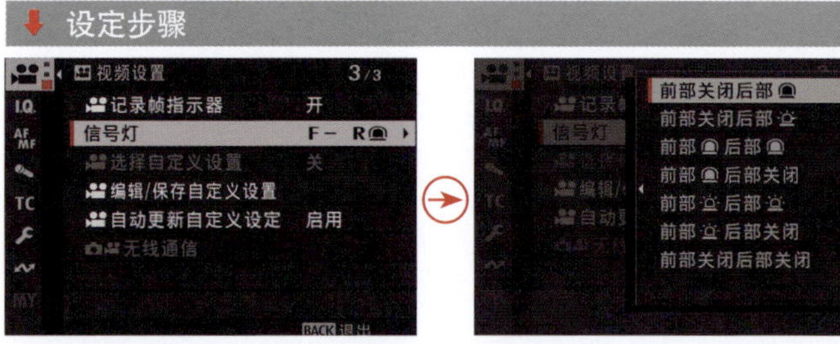

❶ 在**视频设置**菜单中选择**信号灯**选项，然后按▶方向键

❷ 按▲或▼方向键选择所需选项，然后按MENU/OK按钮确认

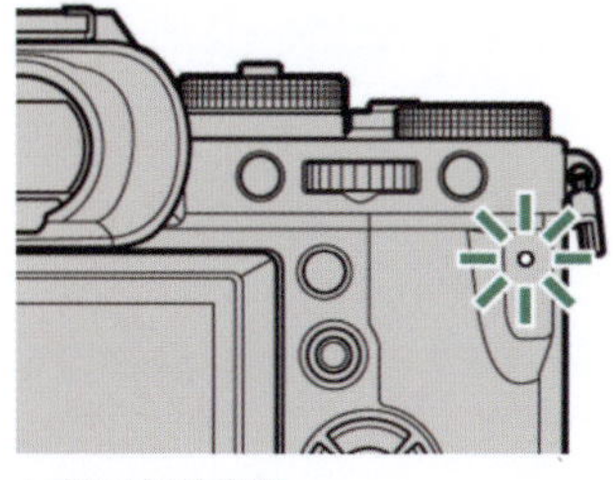

▲提示灯的位置

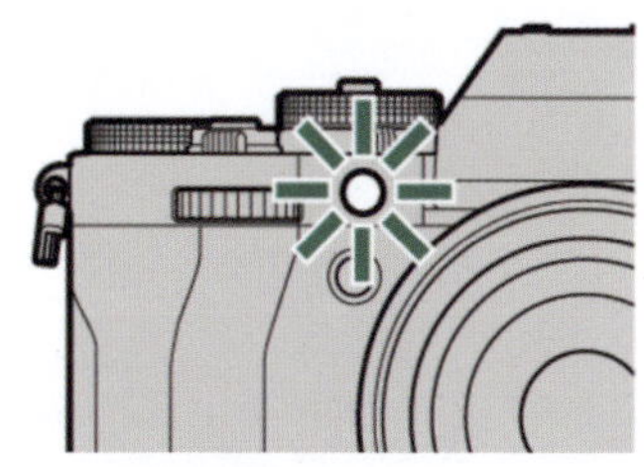

▲AF辅助灯的位置

利用斑纹定位过亮或过暗区域

在拍摄照片时，可以使用高光警告功能提示曝光区域，而在拍摄视频时，可以使用斑纹功能帮助用户查看画面曝光效果。通过“斑纹设置”菜单，用户可以指定在什么亮度级别的图像区域上方或周围显示斑纹，从而精确定位过暗或过亮的区域。

例如，为了避免过曝，将斑纹的级别设置为95%，这样当曝光参数或光线导致画面出现过曝区域时，则相对应的部位就会显示斑纹。

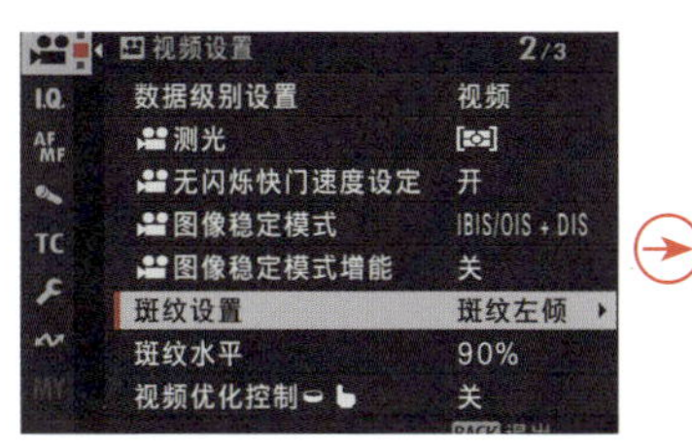

❶ 在**视频设置**菜单中选择**斑纹设置**选项，然后按▶方向键

❷ 选择**斑纹左倾**的效果

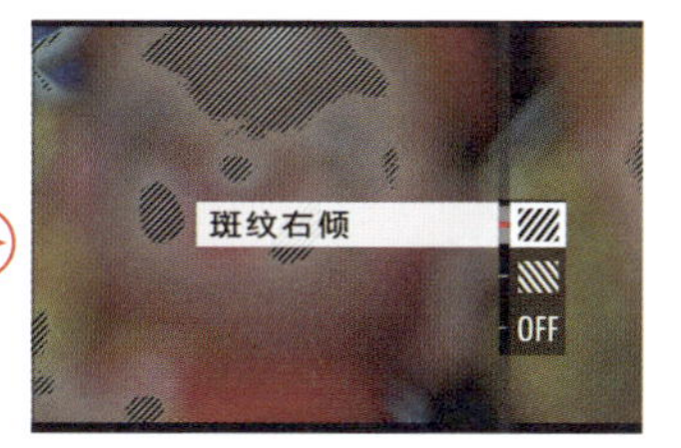

❸ 选择**斑纹右倾**的效果的

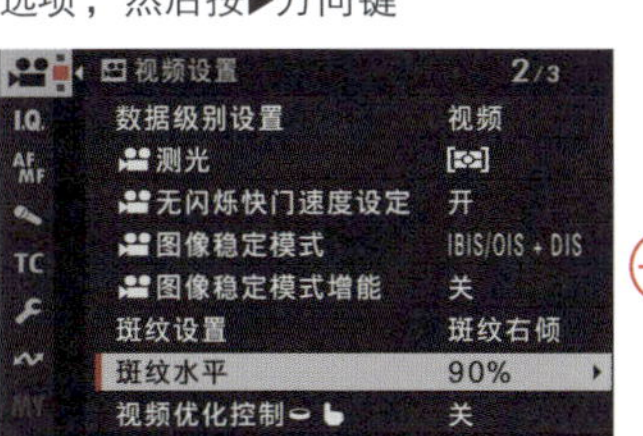

❹ 在**视频设置**菜单中选择**斑纹水平**选项，然后按▶方向键

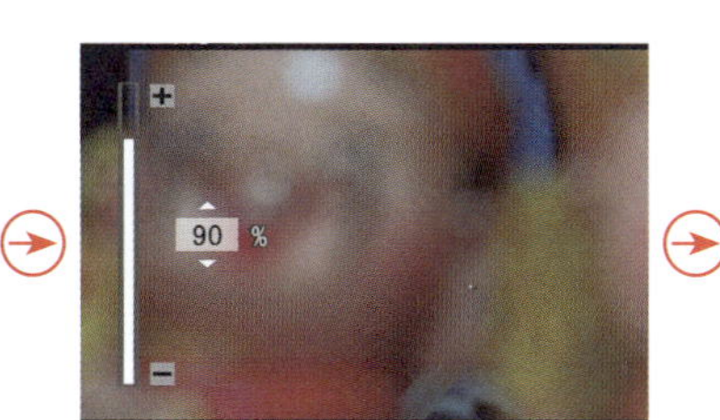

❺ 在此可以选择斑纹的显示级别

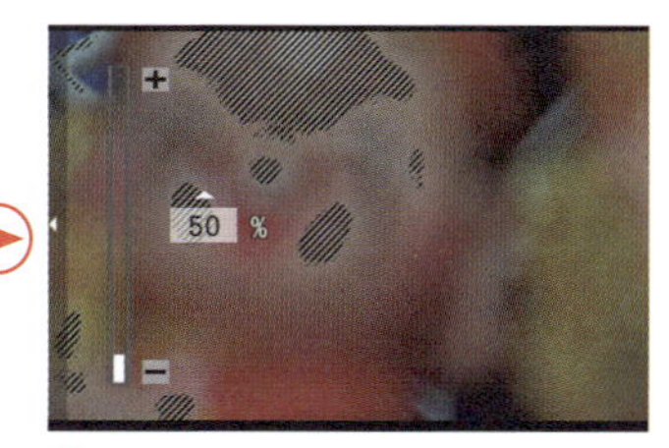

❻ 最低显示级别为50%

高频防闪烁拍摄

如果在以高频率闪烁的光源下拍摄，在视频中有可能出现滚动的条纹。

利用“无闪烁快门速度设定”菜单，能够以适合高频率闪烁的快门速度拍摄视频，从而减少闪烁对视频的影响。（此菜单对拍摄照片同样有效，如果想要获得更好的效果，可以配合使用“拍摄设置”中的“减少闪烁”命令）

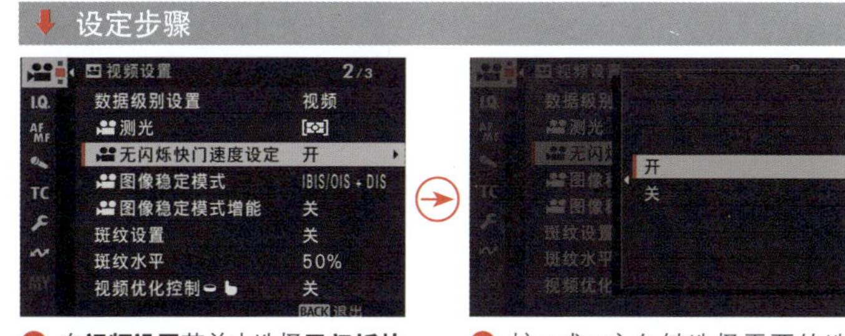

❶ 在**视频设置**菜单中选择**无闪烁快门速度设定**选项

❷ 按▲或▼方向键选择需要的选项，然后按MENU/OK按钮确认

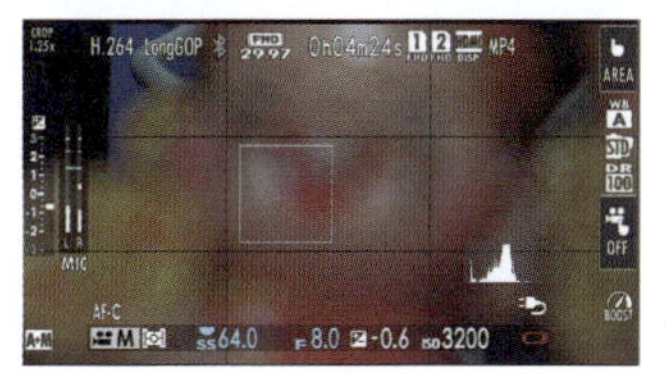

▲ 快门速度为1/64s示例

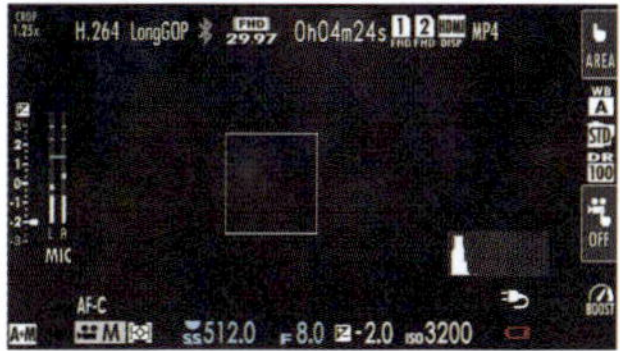

▲ 设置快门速度为1/512s示例

帧间减噪

在“帧间减噪”菜单中选择“自动”命令，可以让相机根据所拍视频的光线及影像细节进行自动降噪。

但从实测效果来看，只要光线不是太差，是否开启此功能对画面质量的影响并不大。

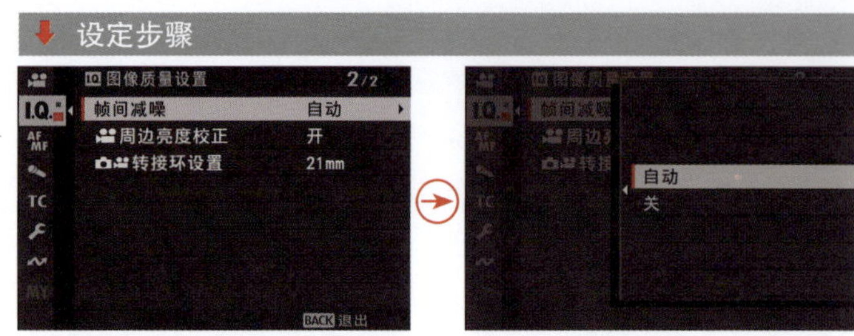

❶ 在**视频设置**菜单中选择**帧间减噪**选项，然后按▶方向键

❷ 按▲或▼方向键选择**自动**或**关**选项，然后按MENU/OK按钮确认

数据级别设置

通过“数据级别设置”菜单可以选择视频的信号范围。

- 视频范围：8位视频信号范围为16~235，10位视频信号范围为64~940。
- 满量程：8位视频信号范围为0~255，10位视频的信号范围为0~1023。

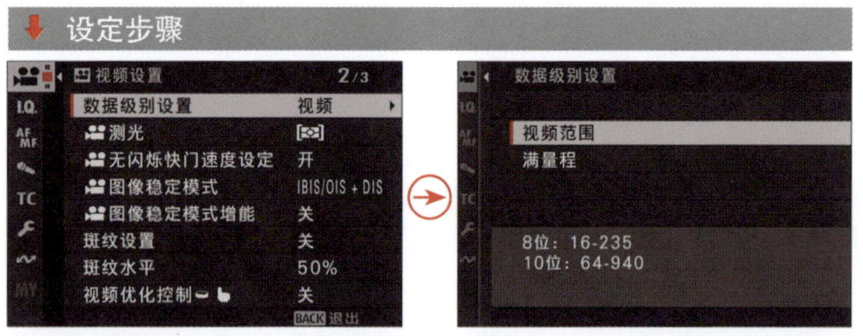

❶ 在**视频设置**菜单中选择**数据级别设置**选项，然后按▶方向键

❷ 按▲或▼方向键选择所需选项，然后按MENU/OK按钮确认

视频优化控制

使用“视频优化控制”菜单，可以防止将相机操作音录到视频中。

启用此功能后，光圈环、快门速度、感光度及曝光补偿拨盘将被禁用，只能在屏幕上通过视频优化控制按钮来更改拍摄设置或禁用视频优化控制。

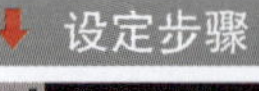

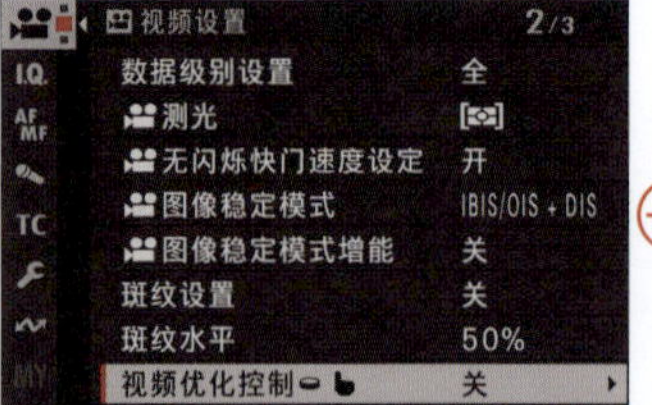

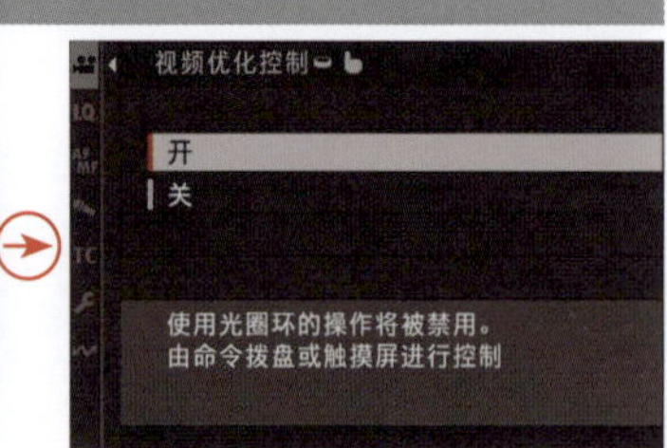

❶ 在**视频设置**菜单中选择**视频优化控制**选项，然后按▶方向键

❷ 按▲或▼方向键选择**开**或**关**选项，然后按MENU/OK按钮确认

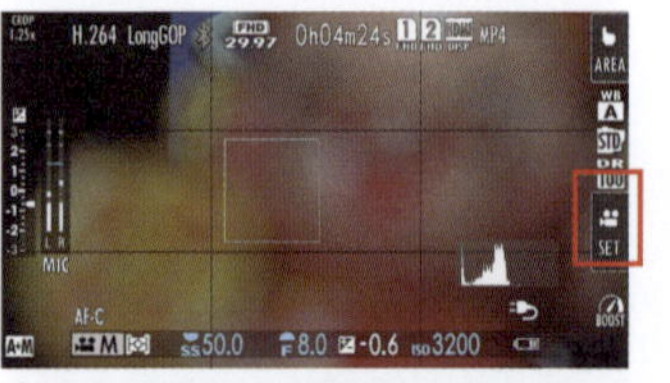

❸ 在**屏幕**上点击**视频优化控制**图标

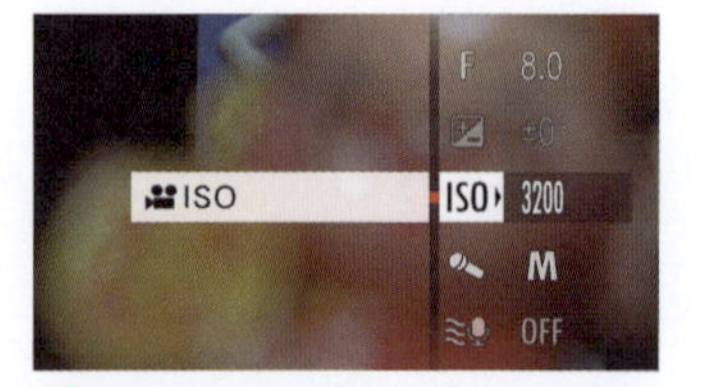

❹ 按▲或▼方向键选择所需选项，然后改变其参数

设置视频自动对焦相关参数

设置视频拍摄时的对焦模式

在拍摄视频时，可以通过屏幕触控完成对焦相关操作。与拍摄照片一样，在拍摄视频时同样可以使用以下3种对焦模式，切换方法参见前面章节的讲解。

- 单次自动对焦模式（AF–S）：如果被拍摄对象与相机均不会移动，例如拍摄风景或访谈场景，可以使用这种对焦模式。此时需要注意的是，如果开启了面部 / 眼睛识别功能，相机会自动切换到连续自动对焦模式。
- 连续自动对焦模式（AF–C）：如果拍摄的是运动的对象，或者相机处于运动状态，则需要使用这种对焦模式。在操作过程中要配合使用“AF–C 自定设定”菜单，才能获得更理想的效果。
- 手动对焦模式（MF）：如果要拍摄的对象难以对焦，可以尝试使用手动对焦模式，在拍摄常规视频时这种模式使用较少，但在电影及高质量的视频拍摄中，这种对焦模式反而是最常用的。

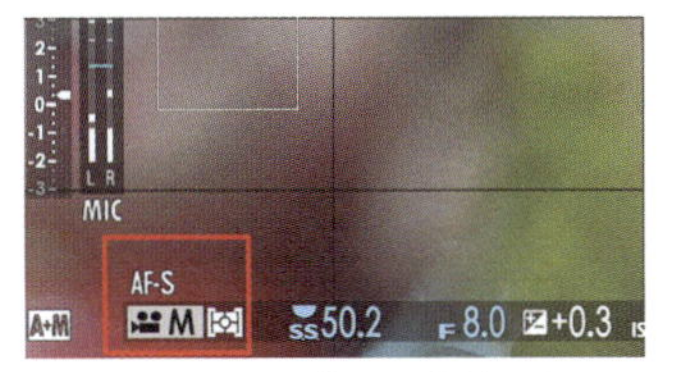

▲ AF-S模式下屏幕左下方的图标

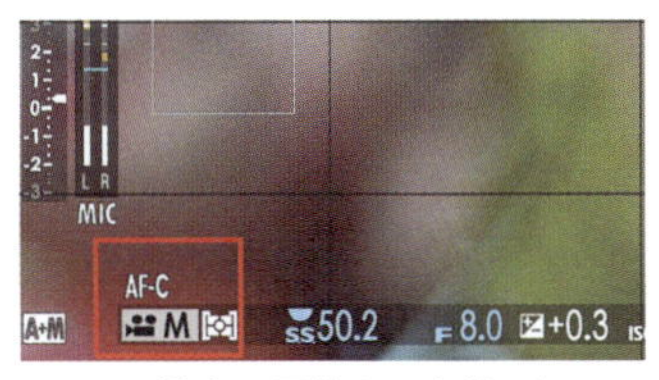

▲ AF-C模式下屏幕左下方的图标

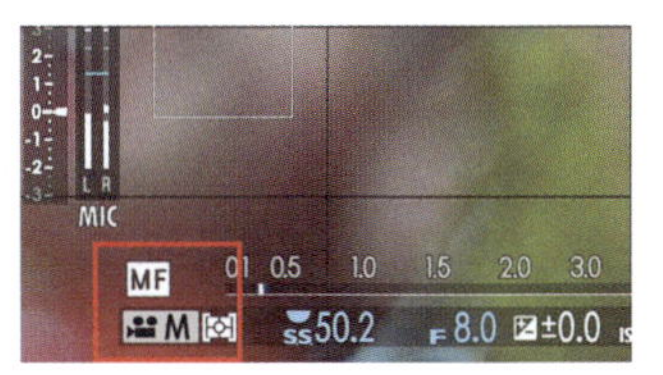

▲ MF模式下屏幕左下方的图标

设置视频拍摄时的对焦区域模式

在拍摄视频时，仅有两种自动对焦区域模式可选，一种是“多重”，另一种是“区域”。选择“多重”意味着让相机自动选择对焦区域，相机通常对焦于离相机最近或最容易被识别的对象；选择“区域”可以使相机对焦于屏幕显示的对焦区域框中的对象。

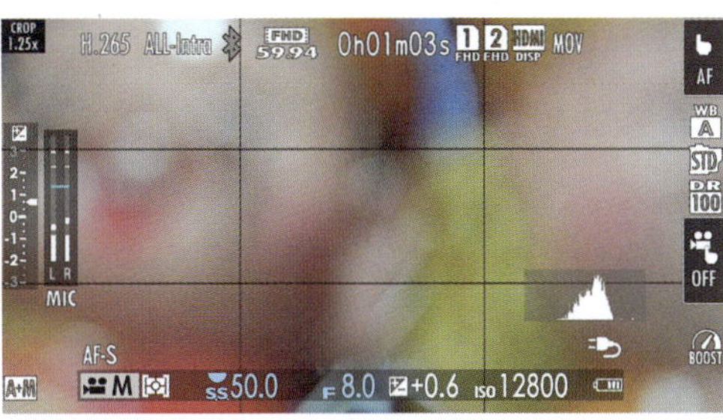

▶ 选择多重对焦区域模式屏幕不显示对焦框

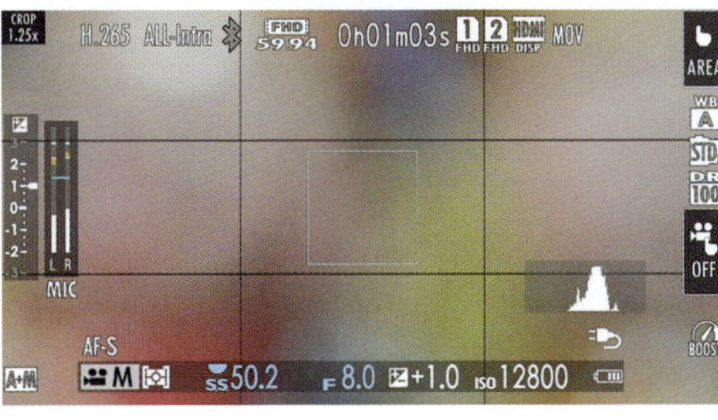

▶ 选择区域对焦区域模式屏幕显示对焦框

设定步骤

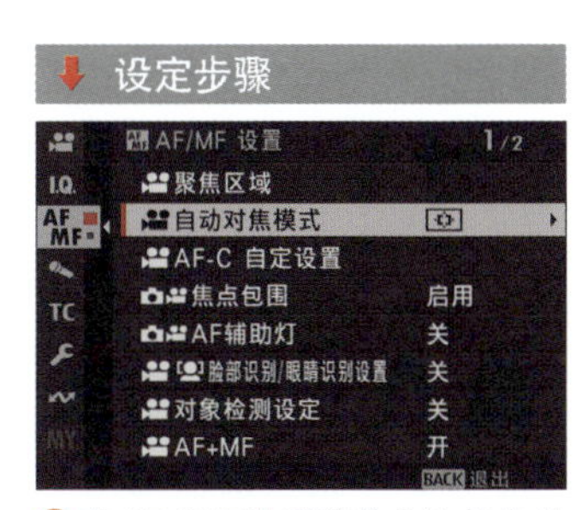

❶ 在**AF/MF设置**菜单中选择**自动对焦模式**选项，然后按▶方向键

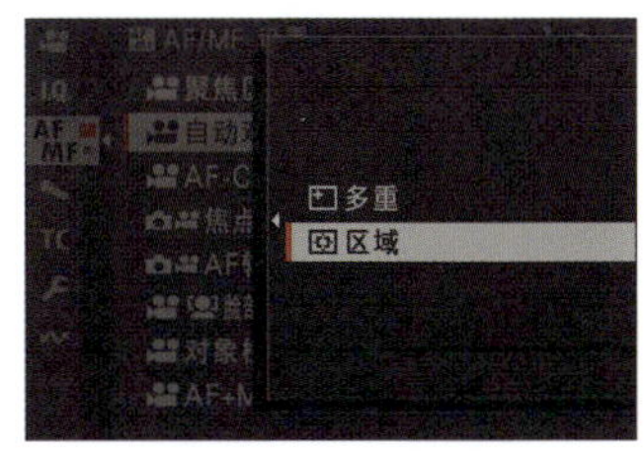

❷ 按▲或▼方向键选择所需选项，然后按MENU/OK按钮确认

检测被摄体

富士X-T5相机在上一代的基础上扩大了可检测被摄体的范围，已经可以对动物、鸟、飞机、自行车、火车及摩托车等物体进行检测识别。

当要拍摄的场景中有这种要重点表现的对象时，可以通过菜单选择对应的选项。

如果在对焦区域内检测到多个被拍摄对象，则相机会自动选择其中的一个。但拍摄者可以通过轻触显示屏重新定位对焦区域，以便选择不同的被拍摄对象。

▲ 新增的被摄体支持类型

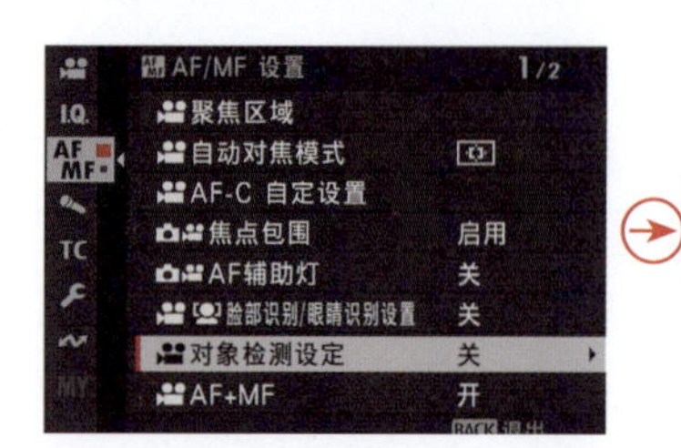

❶ 在**AF/MF设置**菜单中选择**对象检测设定**选项，然后按▶方向键

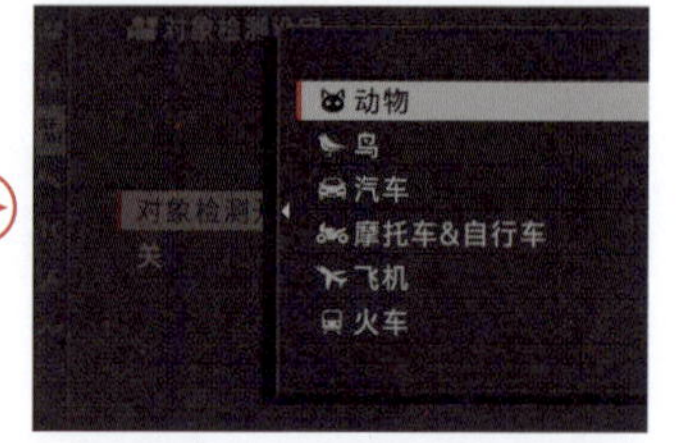

❷ 按▲或▼方向键选择所需选项，然后按MENU/OK按钮确认

即时自动对焦设定

“即时自动对焦设定”用于设置当在手动对焦模式下按下被指定为对焦锁定功能的按钮或AF-ON按钮时，相机是使用单次自动对焦模式（AF-S）还是连续自动对焦模式（AF-C）进行对焦。

这意味着，即使在使用手机对焦的情况下，也可以通过按AF-ON按钮，暂时切换至自动对焦模式。

设定步骤

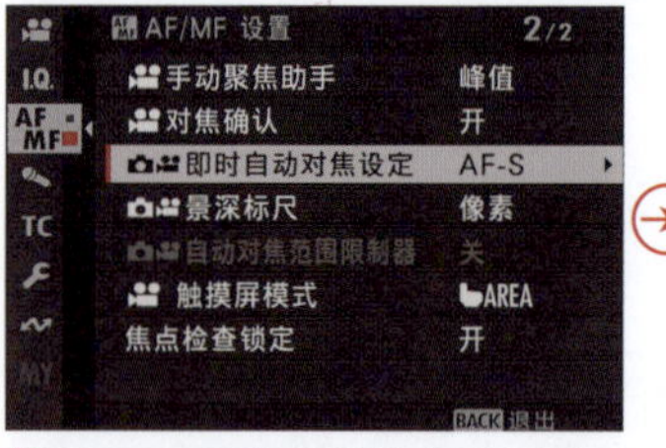

❶ 在**AF/MF设置**菜单中选择**即时自动对焦设定**选项，然后按▶方向键

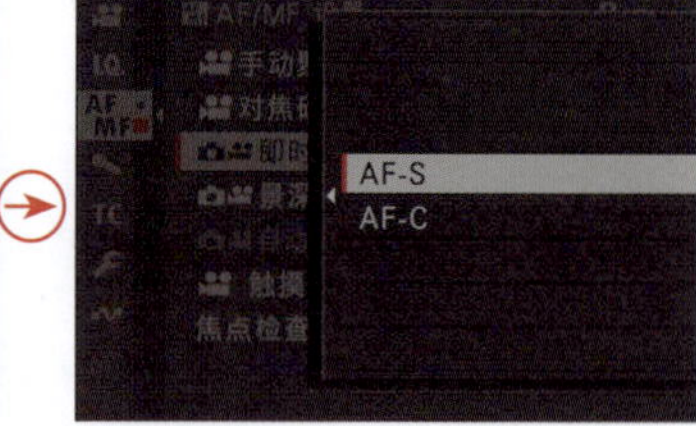

❷ 按▲或▼方向键选择所需选项，然后按MENU/OK按钮确认

焦点检查锁定

“焦点检查锁定”菜单用于控制对焦缩放功能在录制视频时是否有效。

设定步骤

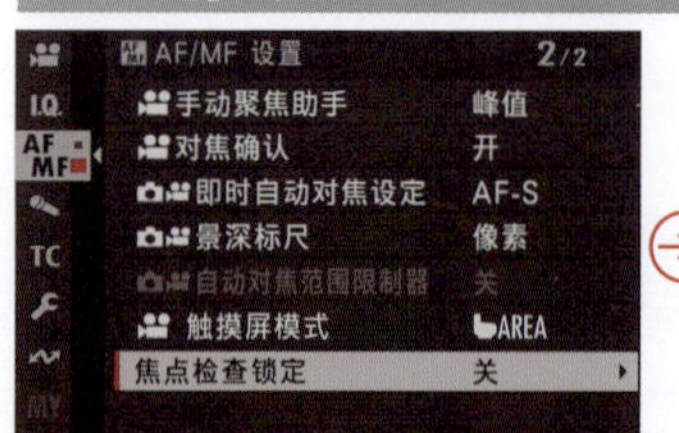

❶ 在**AF/MF设置**菜单中选择**焦点检查锁定**选项，然后按▶方向键

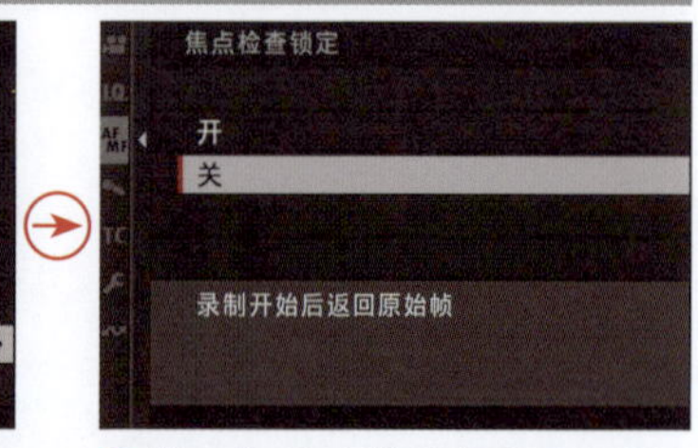

❷ 按▲或▼方向键选择所需选项，然后按MENU/OK按钮确认

AF-C自定设置

在“AF-C 自定设置”菜单中可以选择在 AF-C 对焦模式下录制视频时的对焦跟踪选项。

追踪灵敏度

“追踪灵敏度”有 5 个等级，如果设置为偏向快速端的数值，那么当被摄体偏离自动对焦点时，或者有障碍物从自动对焦点面前经过时，自动对焦点会迅速对焦其他物体或障碍物。

而如果设置偏向锁定端的数值，则自动对焦点会锁定被摄体，不会轻易对焦到别的位置。

AF速度

此选项用于设定在 AF-C 对焦模式下录制视频时，自动对焦功能的对焦速度。

可以将自动对焦转变速度从标准速度调整为慢（5 个等级之一）或快（5 个等级之一），以获得所需的短片效果。

设定步骤

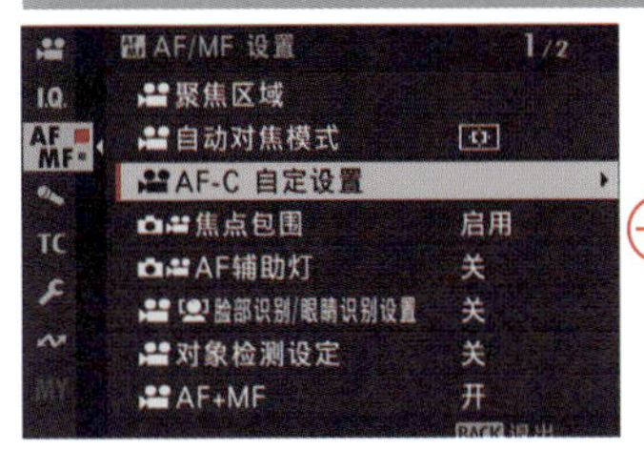

❶ 在**视频设置**菜单中选择**AF-C自定设置**选项，然后按▶方向键

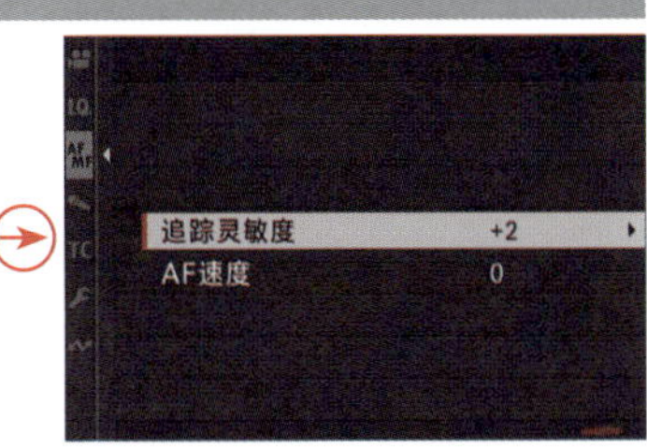

❷ 按▲或▼方向键选择**追踪灵敏度**选项，然后按▶方向键

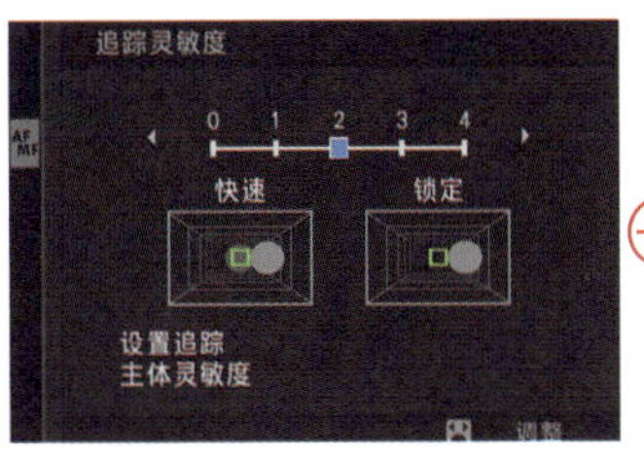

❸ 按◀或▶方向键选择所需的数值，然后按MENU/OK按钮确认

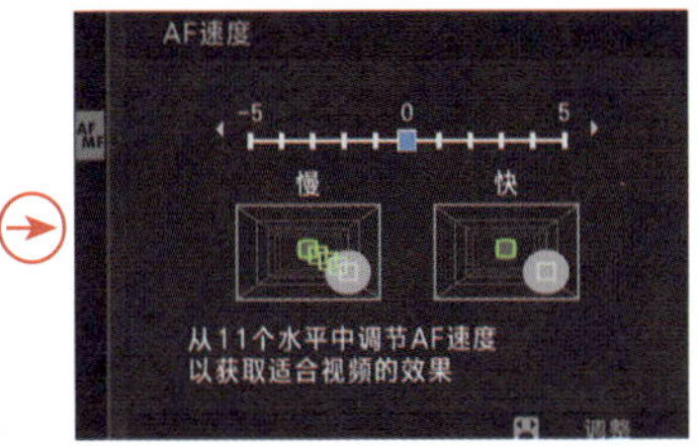

❹ 若在步骤❷中选择了**AF速度**选项，可在此界面中按◀或▶方向键选择所需的数值，然后按MENU/OK按钮确认

例如，在下图中，摩托车手短暂地被其他的摄影师遮挡，此时如果对焦灵敏度过高，对焦点就会落在其他摄影师身上，而无法跟随摩托车手，因此这个参数一定要根据当时的拍摄情况灵活设置。

▲ 摩托车手短暂地被其他的摄影师遮挡

识别面部与眼睛

无论是拍摄照片还是拍摄视频，只要被拍摄对象是人物，则富士X-T5相机均能正确识别被拍摄对象的面部及其眼睛，但这一设置需要通过“脸部识别/眼睛识别设置”菜单进行设置。

- 眼睛识别关：仅对焦于使用智能脸部优先坚持到的被拍摄对象的脸部。
- 眼睛识别自动：当检测到脸部时，相机自动选择对焦于哪只眼睛。
- R右眼识别优先：相机优先对焦于使用智能脸部优先所检测到的被拍摄对象的右眼。
- L左眼识别优先：相机优先对焦于使用智能脸部优先所检测到的被拍摄对象的左眼。

开启此功能时，即使选择的是单次自动对焦模式（AF-S），相机也会使用连续自动对焦模式进行对焦，此时“对象检测设定”功能将自动关闭。

对焦区域内检测到的单个脸部会用白框标记。若检测到多个脸部，则相机会自动选择其中一个。此时，通过轻触显示屏可重新定位对焦区域，以便选择不同的面部。

当让相机对焦于眼睛时，可以使用指定的“左眼/右眼切换”功能按钮使对焦点从一只眼睛切换至另一只眼睛。

如果被拍摄对象短暂离开画面，相机将等待其返回，此时白框的位置没有脸部，但这是正常的。

如果被拍摄对象被头发、眼镜或其他物体遮挡，相机便无法检测到被拍摄对象的眼睛，此时就会对焦于被拍摄对象的整个脸部。

当被拍摄模特侧向镜头，左右眼与相机的距离不同时，建议开启眼部识别功能，并通过菜单指定距离相机较近的眼睛。

设定步骤

❶ 在**AF/MF设置**菜单中选择**脸部识别/眼睛识别设置**选项，再按▶方向键

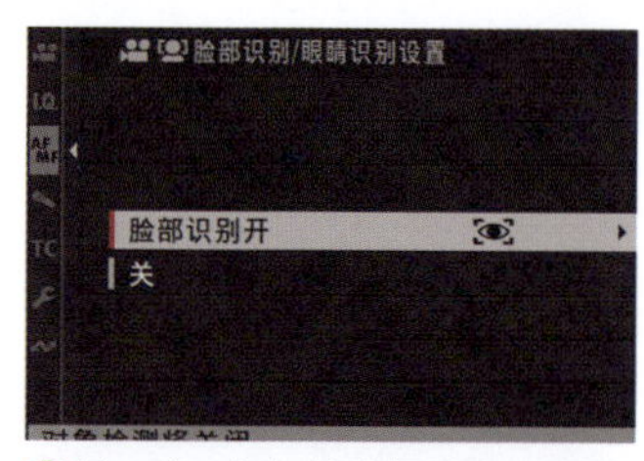

❷ 按▲或▼方向键选择**脸部识别开**选项，再按▶方向键

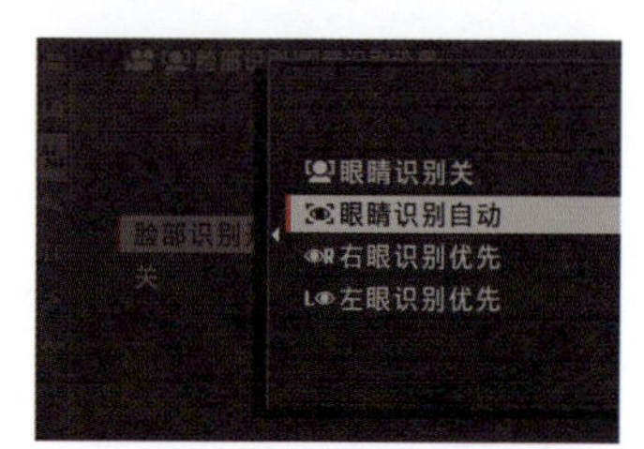

❸ 按▲或▼方向键选择所需选项

使用触控方式进行视频对焦操作

在拍摄视频时，设置“触摸屏模式”菜单，可以通过屏幕触控的操作方式，完成对焦相关操作。

- AF：轻触屏幕可使相机对焦于所选点。
- 区域：轻触屏幕可定位对焦区域。
- 关闭：关闭触摸屏操作。

设定步骤

❶ 在**AF/MF设置**菜单中选择**触摸屏模式**选项，再按▶方向键

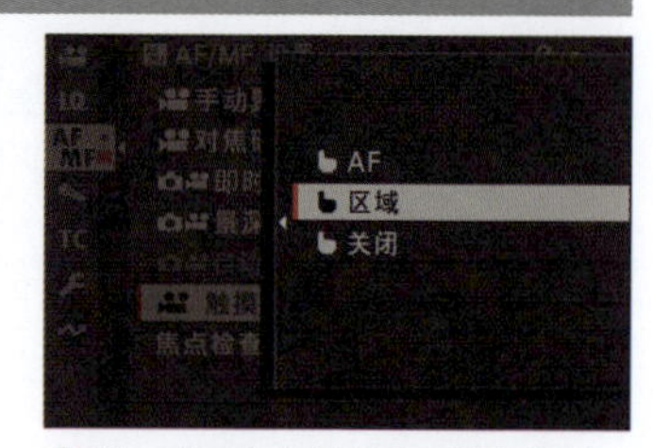

❷ 按▲或▼方向键选择所需选项，然后按MENU/OK按钮确认

需要注意的是，当在“自动对焦模式”菜单中选择“多重”选项时，无法在此菜单中选择“区域”选项。

音频设置

监听视频声音

在录制保留现场声音的视频时，监听视频声音非常重要，而且这种监听需要持续整个录制过程。因为在使用收音设备时，有可能因为没有更换电池，或者其他未知因素，导致现场声音没有被录入视频。有时现场可能有很低的噪声，确认这种声音是否会被录入视频的方法就是在录制时监听。通过使用 Type-C 转 3.5mm 耳机插孔转换头将耳机连接到相机上，即可听到声音。

▲ Type-C 转 3.5mm 耳机转换头

耳机音量

当将耳机插入相机时，通过此选项能够调整耳机音量。

可以从1~10中选择音量等级，选择“关”选项，则不会输出声音至耳机。

设定步骤

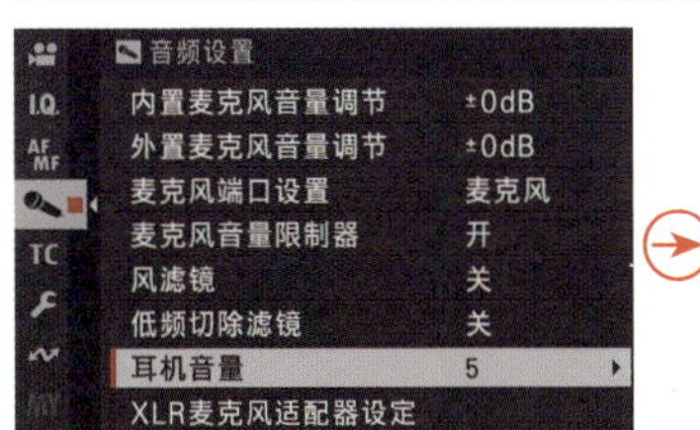

❶ 在**音频设置**菜单中选择**耳机音量**选项，按▶方向键

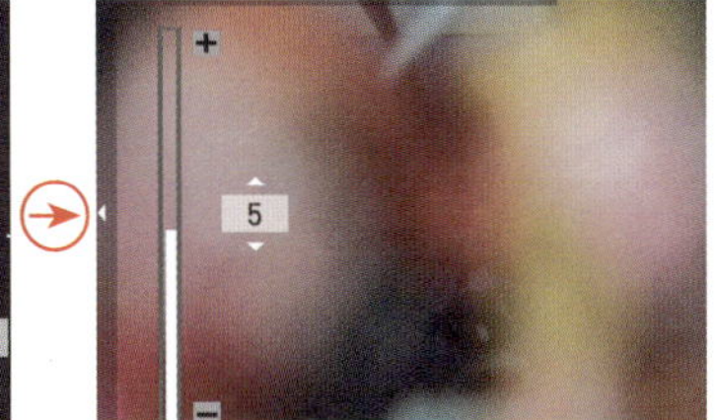

❷ 按▲或▼方向键选择具体音量大小，然后按▶方向键

内置麦克风音量调节

此选项用于调整内置麦克风的录制音量。

- 自动：选择此选项，相机将会自动调节录音音量。
- 手动：选择此选项，可手动从 25 个录制音量中选择，此选项适用于高级用户。数值较高时，杂音也大。
- 关：选择此选项，将不会记录声音。

设定步骤

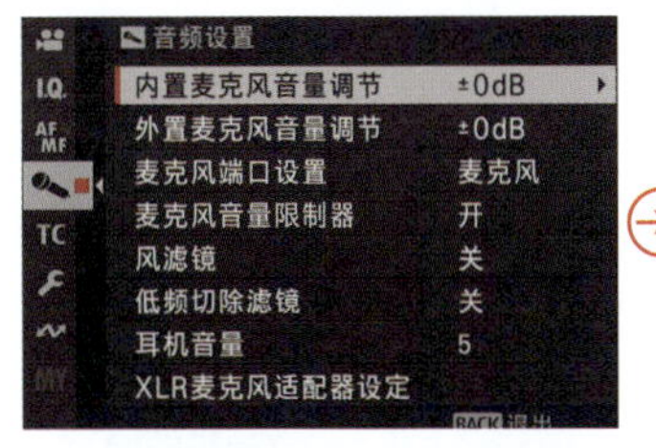

❶ 在**音频设置**菜单中选择**内置麦克风音量调节**选项，按▶方向键

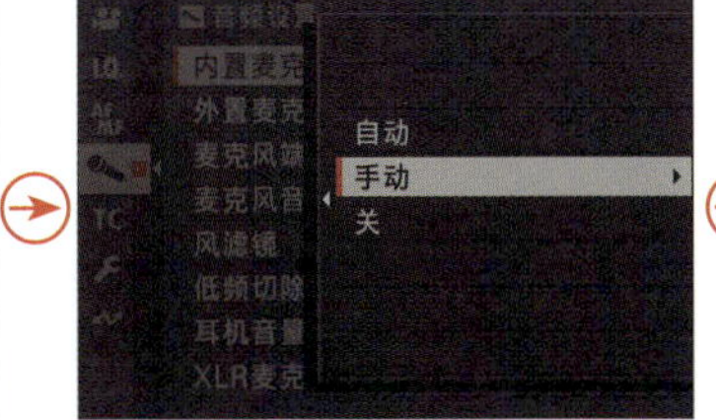

❷ 按▲或▼方向键选择**手动**选项，然后按▶方向键

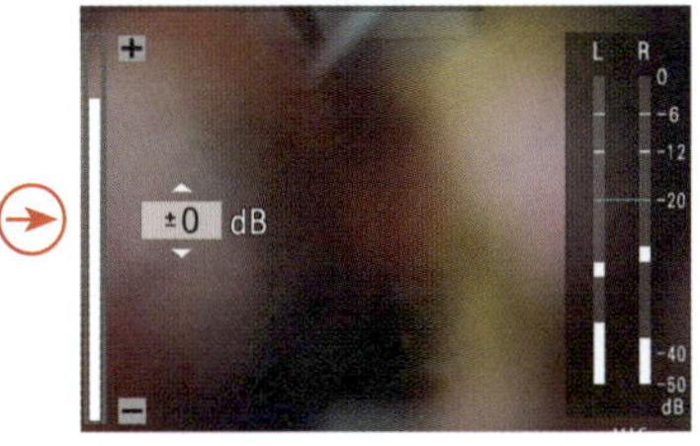

❸ 按▲或▼方向键调整内置麦克风音量

外置麦克风音量调节

此选项用于调整外置麦克风的录制音量，可设置选项与“内置麦克风音量调节”相同。

设定步骤

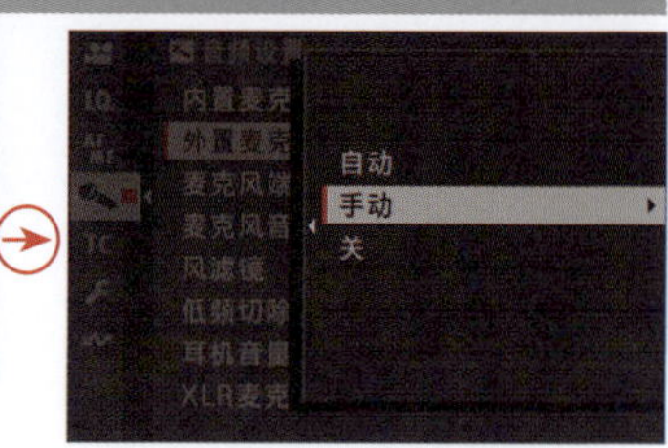

❶ 在**音频设置**菜单中选择**外置麦克风音量调节**选项，按▶方向键

❷ 按▲或▼方向键选择**手动**选项，然后按▶方向键，调整其音量

麦克风音量限制器

选择“开”选项，可减少因超过麦克风音频电路输入限制而产生的变声，对爆破音有效。

设定步骤

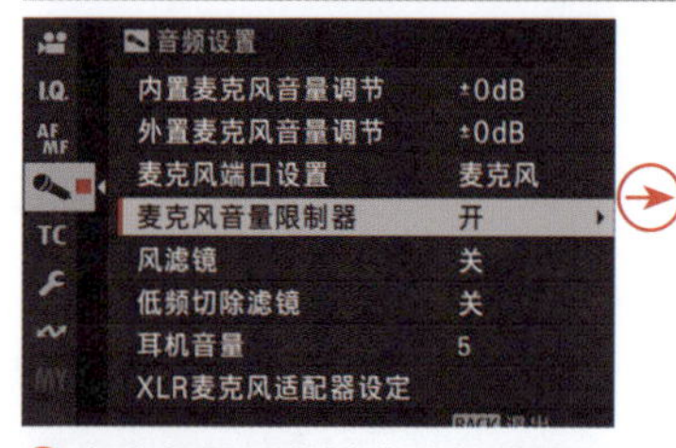

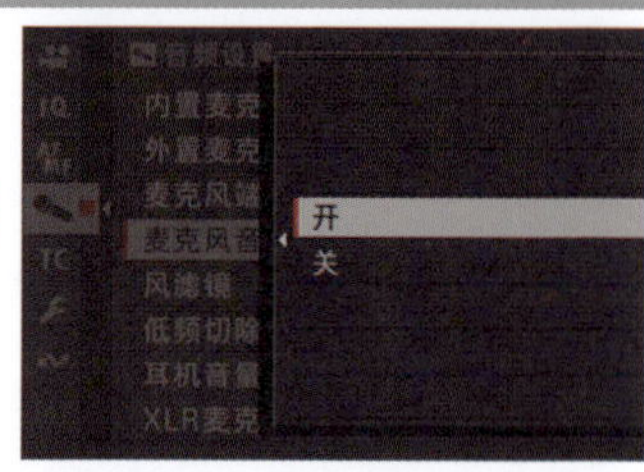

❶ 在**音频设置**菜单中选择**麦克风音量限制器**选项，按▶方向键

❷ 按▲或▼方向键选择所需选项，然后按MENU/OK按钮确认

风滤镜

选择“开”选项，可以降低户外录音时的风声噪声，包括某些低音调噪声；当在无风的场所录制时，建议选择“关”选项，以便能录制到更加自然的声音。

设定步骤

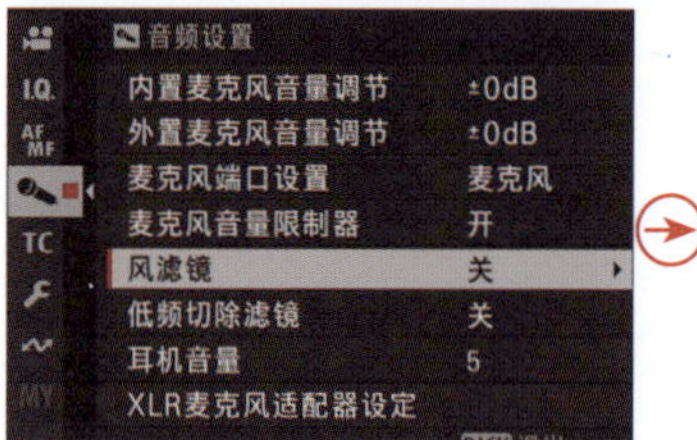

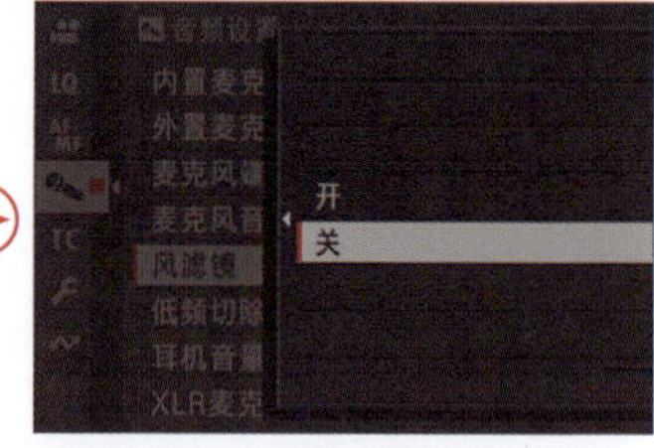

❶ 在**音频设置**菜单中选择**风滤镜**选项，按▶方向键

❷ 按▲或▼方向键选择所需选项，然后按MENU/OK按钮确认

低频切除滤镜

启用此菜单后，能减少录制过程中的低频嗡嗡噪声。

设定步骤

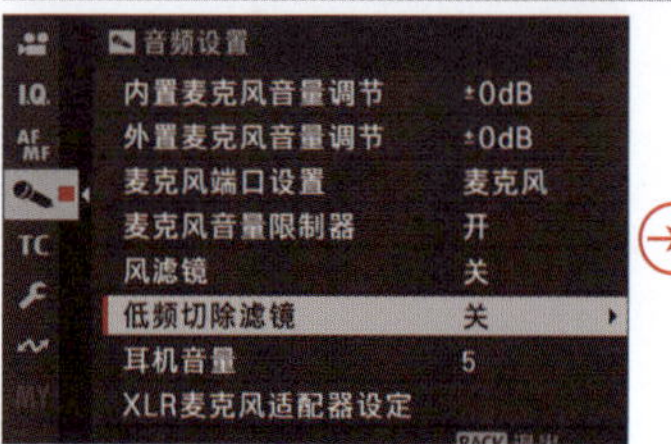

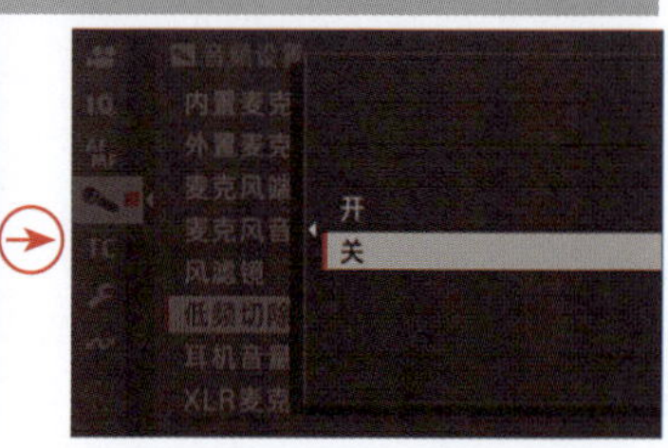

❶ 在**音频设置**菜单中选择**低频切除滤镜**选项，按▶方向键

❷ 按▲或▼方向键选择所需选项，然后按MENU/OK按钮确认

利用间隔定时器功能拍延时视频

延时摄影又称“定时摄影”，即利用相机的“间隔定时拍摄”功能，每隔一定的时间拍摄一张照片，最终形成一组具有完整过程的照片，用这些照片生成的视频能够呈现出经常在电视上看到的花朵开放、城市变迁、风起云涌的效果。

例如，花蕾的开放约需三天三夜共72小时，但如果每半小时拍摄一张照片，顺序记录其开花的过程，只需拍摄144张照片，将这些照片生成视频，并以正常帧频率放映（每秒24幅），在6秒钟之内即可重现花朵三天三夜的开放过程，能够给人带来强烈的视觉震撼。

因此延时摄影通常用于拍摄城市风光、自然风景、天文现象、生物演变等题材。

间隔定时拍摄

许多相机均有直接拍摄延时视频的功能，但富士X-T5相机没有提供此功能，因此只能使用相机的“间隔定时拍摄”功能先拍摄大量照片，再通过后期处理软件，将照片合成为延时视频。

设定步骤

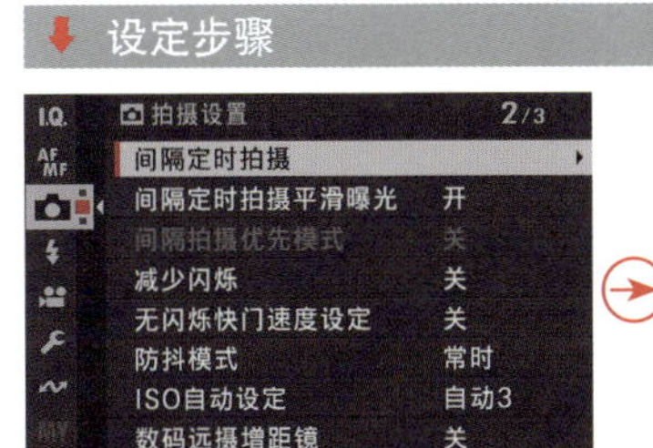

❶ 在**拍摄设置**菜单中选择**间隔定时拍摄**选项，然后按▶方向键

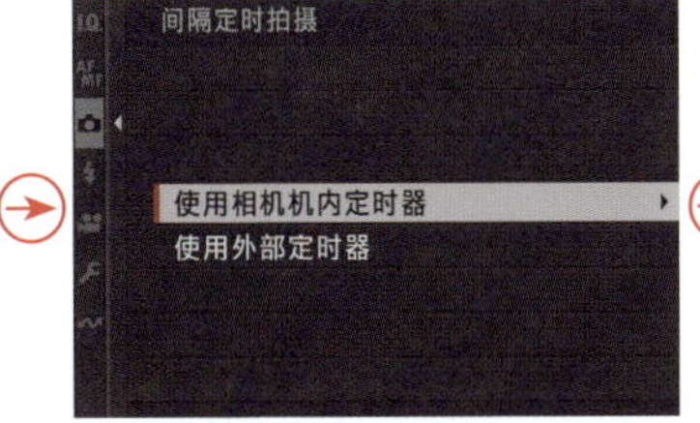

❷ 按▲或▼方向键选择定时器的类型，选择**使用相机机内定时器**选项

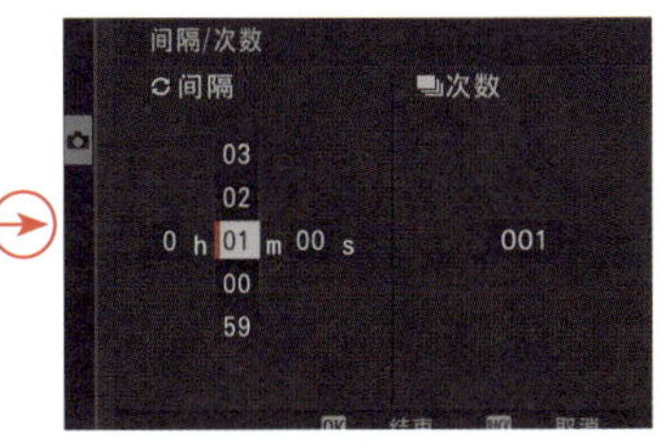

❸ 按▲或▼方向键选择每次拍摄间隔的时长数值

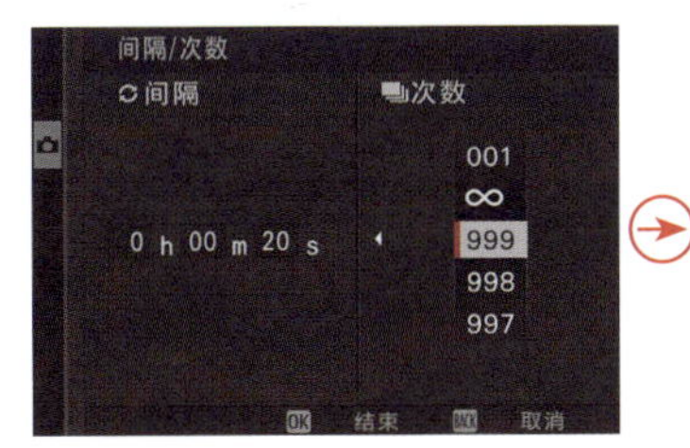

❹ 按▶方向键选择要拍摄的系列照片的总数量，然后按MENU/OK按钮

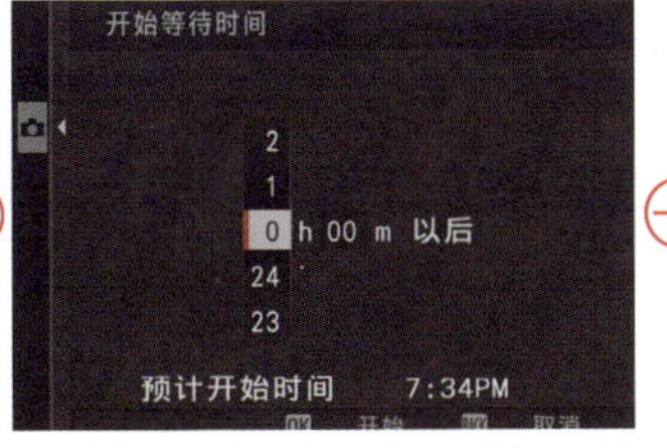

❺ 按▲或▼方向键选择开始间隔拍摄前需要等待的时间，完成后按MENU/OK按钮开始拍摄

❻ 开始拍摄后屏幕右上方显示当前拍摄张数，按MENU/OK按钮可随时中止拍摄

- 间隔：选择每次拍摄之间的间隔时间。
- 次数：选择间隔拍摄的总张数。可以在1~999张间设定，若选择了“∞”选项，则相机会持续拍摄直至存储卡已满。
- 使用外部定时器：可以通过手动控制曝光间隔，获得在非均匀间隔时间状态下连续拍摄的照片。

间隔定时拍摄平滑曝光

选择“开”选项可在间隔定时拍摄期间自动调整曝光，以防止在每次拍摄之间曝光发生显著变化。

拍摄对象的亮度变化较大时可能会使曝光不稳定。对于拍摄期间会显著变亮或变暗的被拍摄对象或场景，建议将“间隔”时间设为较小的值。

在手动模式（模式M）下，仅当将感光度设为A（自动）选项时，才可平滑曝光。

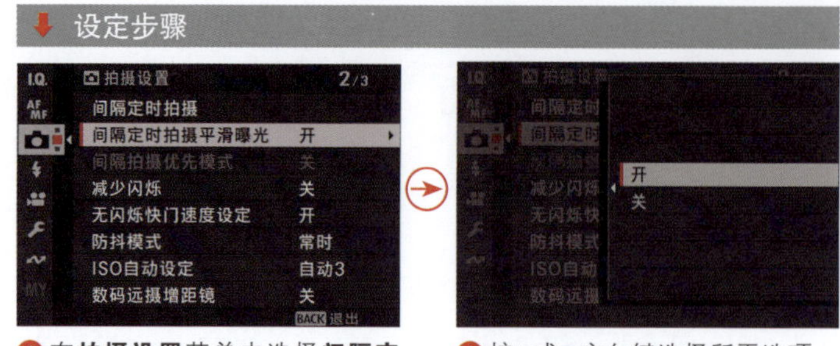

❶在**拍摄设置**菜单中选择**间隔定时拍摄平滑曝光**选项，然后按▶方向键

❷按▲或▼方向键选择所需选项，然后按MENU/OK按钮确认

间隔拍摄优先模式

如果选择“开”选项，则相机会在间隔定时拍摄期间调整快门速度，以确保曝光不会长于拍摄之间的间隔。

仅当将快门速度设为A（自动）时，该选项才可选，否则会呈灰色不可用状态 。

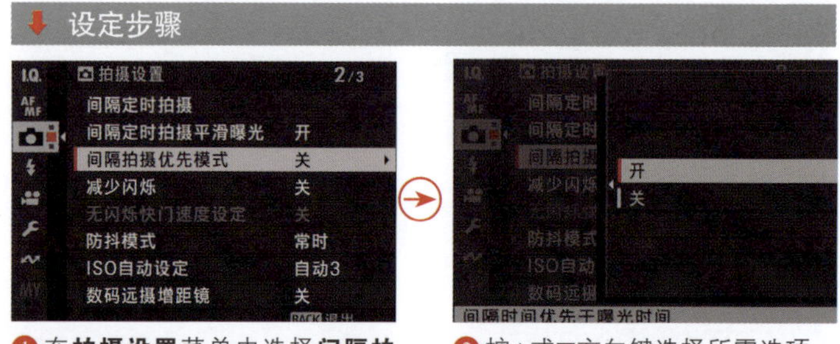

❶在**拍摄设置**菜单中选择**间隔拍摄优先模式**选项，然后按▶方向键

❷按▲或▼方向键选择所需选项，然后按MENU/OK按钮确认

使用富士X-T5相机进行延时摄影要注意以下几点。

- 不能使用自动白平衡，要通过手调色温的方式设置白平衡。
- 一定要使用三脚架进行拍摄，否则在最终生成的视频短片中会出现明显的跳动。
- 将对焦方式切换为手动对焦。
- 按短片的帧频与播放时长来计算需要拍摄的照片张数，例如，按25fps拍摄一个播放10秒的视频短片，就需要拍摄250张照片。而在拍摄这些照片时，彼此间的时间间隔是可以自定义的，可以是1分钟，也可以是1小时。

录制RAW格式的视频短片

使用“HDMI输出设定”菜单可以使相机录制高品质RAW格式的视频。

- RAW输出设定ATOMOS：将RAW视频输出至ATOMOS监视记录仪。
- RAW输出设定Blackmagic：将RAW视频输出至BlackmagicDesign设备。
- 关：不将RAW视频输出至外部录机。

录制视频时的注意事项：

- 视频尺寸为6.2K。
- 输出至外部设备的RAW视频不会保存至相机的存储卡中。
- 相机内部图像增强不适用于RAW输出。
- 录制时ISO感光度限制为ISO 800~ISO 12800之间。
- 当HDMI输出选为RAW时，对焦和变焦不可用。
- 通过HDMI输出至不兼容设备的RAW视频无法正确显示，显示为马赛克。
- 高速录制视频模式无法使用RAW输出。

◀ 安装外部录机录制RAW视频的拍摄现场

设定步骤

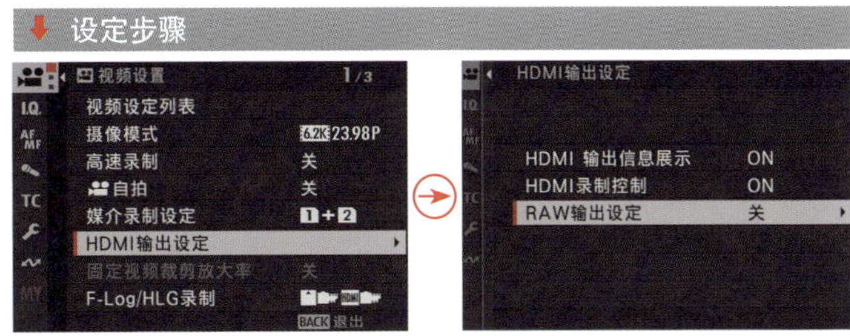

❶ 在**视频设置**菜单中选择**HDMI输出设定**选项，然后按▶方向键

❷ 按▲或▼方向键选择**RAW输出设定**选项，然后按▶方向键

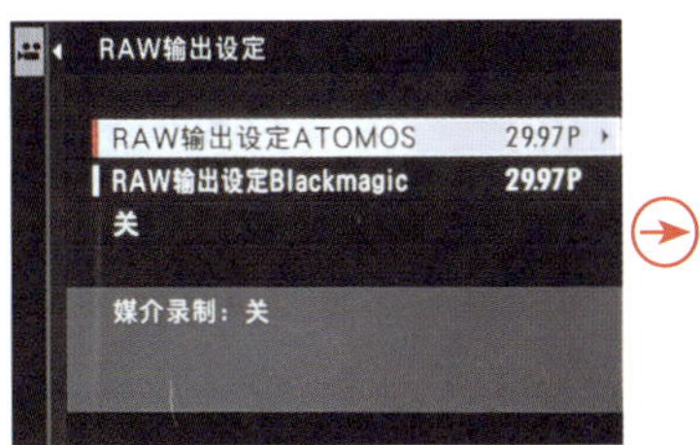

❸ 按▲或▼方向键选择所需选项，然后按▶方向键

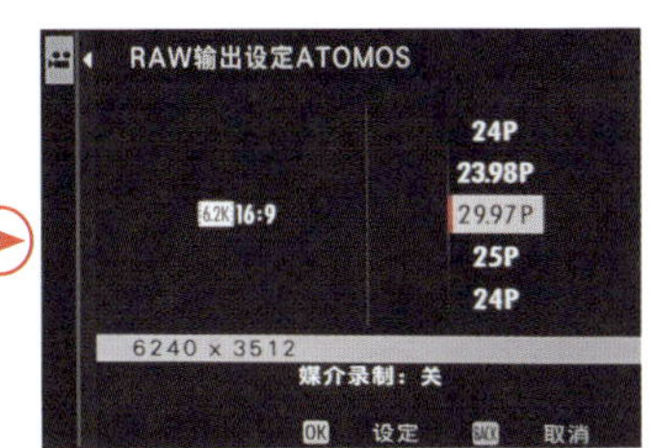

❹ 按▲或▼方向键选择所需选项

Q：什么是RAW格式的视频？其有什么优点？

A：简单来说，RAW格式的视频并不是传统意义上的“视频文件”，而是完整记录了相机传感器上原始数据的信息，因此可以说，RAW格式的视频是一种记录的形式，可以类比成数码时代的“胶卷底片”，无法被直接观看、播放，可以将RAW视频理解为整个视频是以RAW格式照片组合而成的。

因此，普通的视频与RAW视频相比，类似于JPEG照片相比于RAW照片，其有着巨大的后期加工优势。用户可以在后期编辑软件中对视频的白平衡、ISO、曝光、颜色进行任意调整，而且不会影响画面的质量。此外，在涉及绿幕抠像的视频加工方面，RAW格式视频也有先天优势，因为RAW格式的视频不进行色度抽样，因此使用RAW格式的视频进行抠像会使边缘更光滑。

但也正因RAW视频保存的是源数据，因此视频的文件非常大，对存储及进行后期加工的计算机有较高要求。

录制慢动作视频短片

让视频短片的视觉效果更丰富的方法之一，就是调整视频的播放速度，使其加速或减速播放，呈现快放或慢动作效果。

加速视频播放的方法很简单，通过后期处理软件将1分钟的视频压缩在10秒内播放完毕即可。

而要获得高质量的慢动作视频效果，则需要在前期录制出高帧频视频。例如，在默认情况下，如果以 25 帧 / 秒的帧频录制视频，1 秒只能录制 25 帧画面，回放时也是 1 秒。

但如果以 100 帧 / 秒的帧频录制视频，1 秒录制 100 帧画面，当以常规 25 帧 / 秒的速度播放视频时，1 秒内录制的视频则会在播放时延续 4 秒，呈现出电影中常见的慢动作效果。

这种视频效果特别适合表现那些重要的瞬间或高速运动的拍摄题材，如飞溅的浪花、腾空的摩托车、起飞的鸟儿等。

在“高速录制”菜单中可以设置以全高清画质录制高帧频视频，使相机能够以100帧/秒、120帧/秒、200帧/秒、240帧/秒的高帧频拍摄视频，在回放视频时，最高可以获得10倍慢动作视频效果。

使用此功能拍摄的视频是无声的，完成录制后，在相机中播放视频即可预览视频效果。

在人工光源环境下录制时，如果画面有频闪，可以尝试将快门速度调整为 100 帧 / 秒，或者将光源换成为直流电光源。

按右侧所示步骤选择所需选项时，首先要在左侧栏中选择视频比例，再于中间栏选择录制时的帧率，最后在右侧栏选择播放帧率。

例如，在中间栏选择 240P 的帧率，在右侧栏选择 29.97P 帧率时，获得的就是 8 倍（240/29.97=8）慢动作效果；但如果在右侧栏选择 23.98P，获得的就是 10 倍（240/23.98=10）慢动作视频效果。

设定步骤

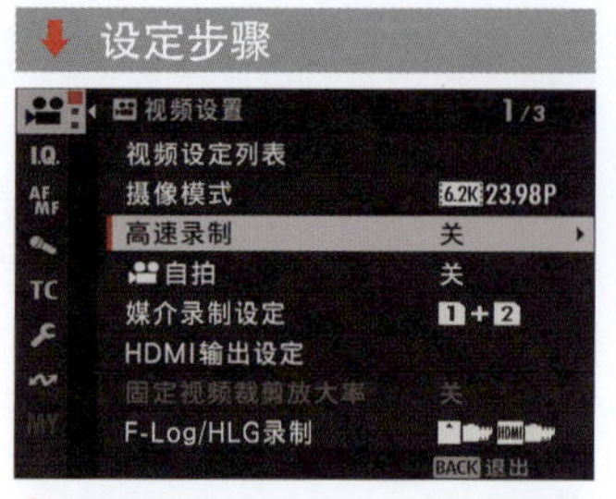

❶ 在**视频设置**菜单中选择**高速录制**选项，然后按▶方向键

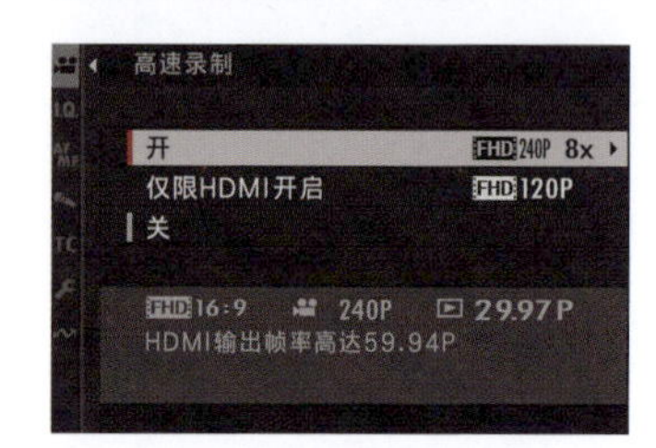

❷ 按▲或▼方向键选择**开**选项，然后按▶方向键

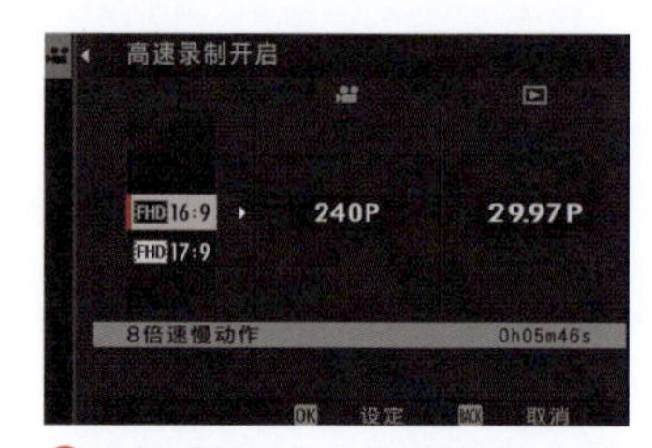

❸ 选择视频比例，然后按▶方向键

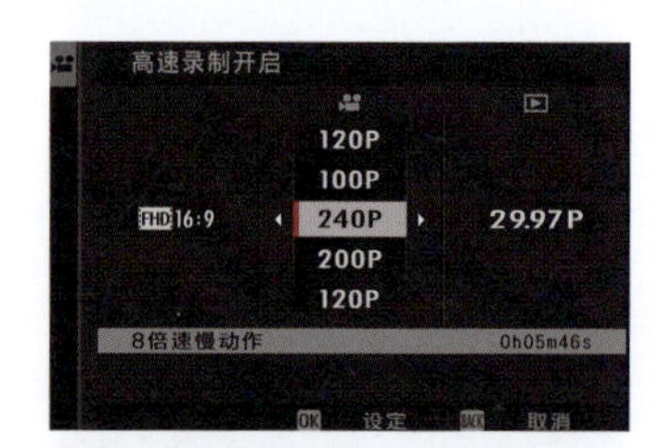

❹ 选择视频录制帧率，然后按▶方向键

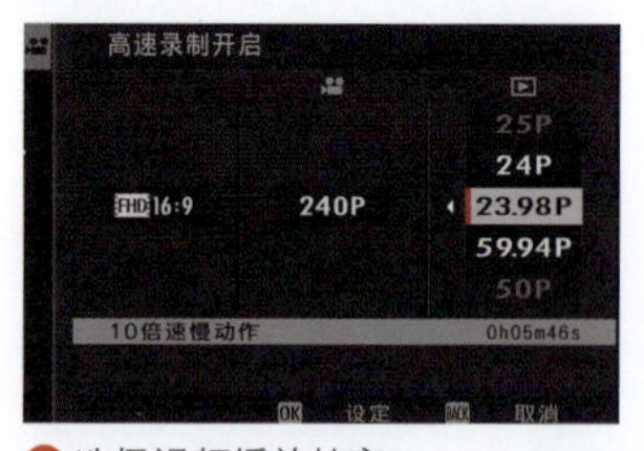

❺ 选择视频播放帧率

录制F-Log视频保留更多细节

当在明暗反差比较大的环境，如逆光下录制视频时，很难同时保证画面中最亮的区域（如天空）和最暗的区域（如人脸）都有细节。这时就可以使用F-Log模式进行录制，获取更广的动态范围，从而最大限度地保留这些细节。

设定步骤

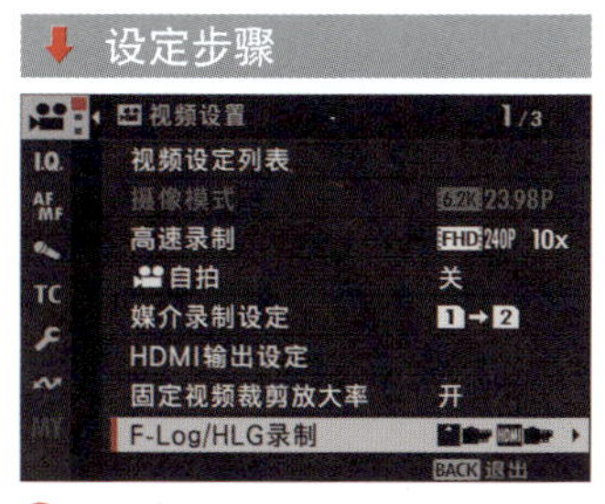

❶ 在**视频设置**菜单中选择**F-Log/HLG录制**选项，再按▶方向键

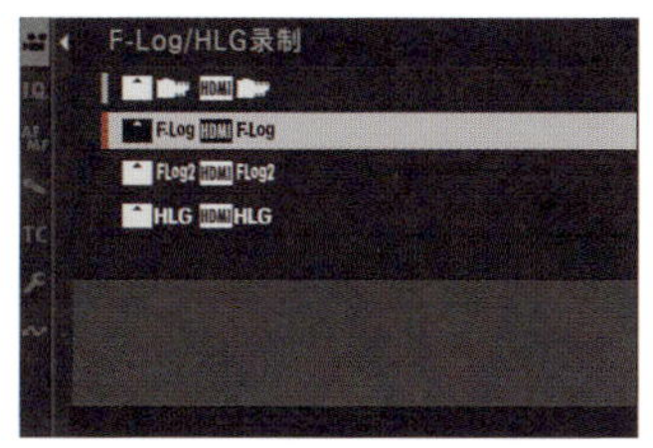

❷ 按▲或▼方向键选择所需选项，然后按MENU/OK按钮确认

认识 F-Log

F-Log 是一种对数伽马曲线，这种曲线可发挥图像感应器的特性，保留更多的高光和阴影细节。但使用 F-Log 模式拍摄的视频不能直接使用，因为视频画面的色彩饱和度和对比度都很低，整体效果发灰，所以需要后期处理来恢复视频画面的正常色彩。

视频使用胶片模拟进行处理，然后保存至存储卡并同时输出至 HDMI 设备。

F-Log F-Log：视频以 F-Log 格式记录至存储卡并输出至 HDMI 设备。

FLog2 FLog2：视频以 F-Log2 格式记录至存储卡，但以应用了胶片模拟的效果输出至 HDMI 设备。

HLG HLG：视频以 HLG 格式记录至存储卡并输出至 HDMI 设备。

HLG 是由英国 BBC 广播公司与日本放送协会 NHK 共同开发的 HDR 视频标准，其优点是，可以根据不同的显示设备显示出不同程度的 HDR 效果，由于其色彩空间为 Rec.2020，因此能够表现更丰富的色彩。

无论使用哪一个选项，都要注意感光度的限制。

当使用F-Log时，将感光度限制在 ISO 500 ~ ISO 12800 之间。

当使用F-Log2时，将感光度限制在 ISO 1000 ~ ISO 12800 之间。

当使用HLG时，将感光度限制在 ISO 800 ~ ISO 12800 之间。

由此不难看出，当使用这些选项时，起始感光度都非常高，因此如果在光线充足的户外拍摄，而且还希望使用大光圈以获得浅景深，则要给相机加上ND滤镜，以避免画面过曝。

认识并下载 LUT

LUT是Lookup Table（颜色查找表）的缩写，简单理解就是通过LUT，可以将一组RGB值输出为另一组RGB值，从而改变画面的曝光与色彩。

对于使用F-Log模式拍摄的视频，由于其色彩不正常，所以需要通过后期处理来调整。通常的方法就是，套用从官方网站上下载的LUT，来实现各种不同的色调。

▲ 左侧为套用 LUT 前的画面

截至 2023 年 2 月，富士用户均可以通过网址 https://fujifilm-x.com/global/support/download/lut/ 下载官方 LUT 文件，解开下载压缩包后，可以按机型找到对应的 LUT 文件。

▲ 富士官方 LUT 下载页面

套用 LUT

套用LUT也被称为一级调色，主要目的是统一各个视频片段的曝光和色彩，在此基础上，可以根据视频的内容及需要营造的氛围进行个性化的二级调色。

以Premiere软件为例，在“Lumetri颜色”面板中的“输入LUT”中选择“浏览”命令，然后根据自己使用的LOG型号，选择已下载的LUT。

▲ 在 Premiere 中套用富士官方 LUT

F-Log 查看助手

虽然套用LUT可以还原画面色彩，但仅限于视频后期处理阶段。当录制视频时，摄影师在显示屏中看到的仍然是色调偏灰的非正常色彩。如果希望看到正常的色彩，可以在使用F-Log模式拍摄时开启查看帮助功能。该功能可以让相机显示还原色彩后的画面，但相机依然是以F-Log模式记录视频的，所以依然保留了更多的高光及阴影部分的细节。

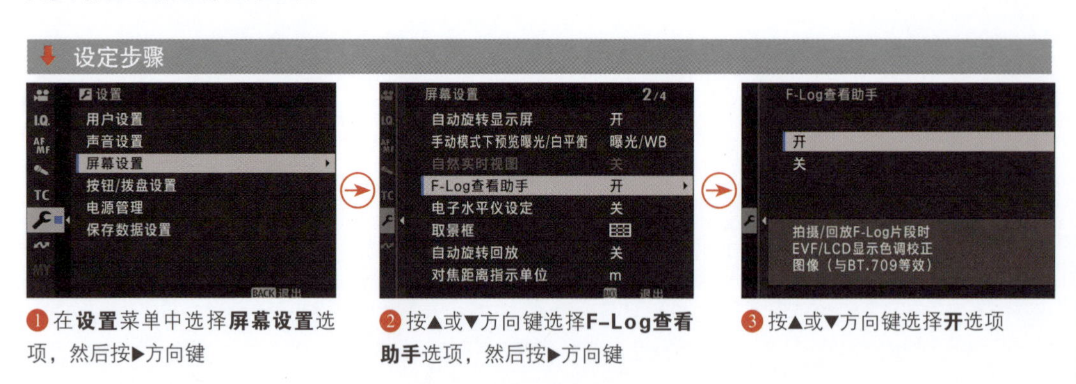

❶ 在**设置**菜单中选择**屏幕设置**选项，然后按▶方向键

❷ 按▲或▼方向键选择**F-Log查看助手**选项，然后按▶方向键

❸ 按▲或▼方向键选择**开**选项